北方民族大学文库

基于项目驱动的虚拟仪器开发

盛洪江　毛建东　著

科 学 出 版 社

北　京

内 容 简 介

本书共三篇：第一篇为LabVIEW的基础开发篇，主要为虚拟仪器技术、光电检测技术、传感器检测技术类学生提供实验、综合实训及毕业设计方面的专题；第二篇为LabWindows的基础开发篇，研究内容类似第一篇，但使用的是基于C语言的虚拟仪器；第三篇为综合开发篇，主要为作者参与的较大科研项目的开发经验。本书内容涵盖数据采集卡模拟输入输出、数字输入输出、计数器/定时器/频率计等常见功能，另有数据库、串口、无线收发控制、报表、传感器静态标定等内容，个别章节里穿插介绍了关于LabVIEW及LabWindows的一些数据采集产生方面的基础知识。

本书可以为从事虚拟仪器开发的科研人员提供一些例程与学习材料，也可以作为测控技术与仪器、自动化、电气工程及其自动化、信息工程、机电一体化等专业学生实训的参考书。

图书在版编目(CIP)数据

基于项目驱动的虚拟仪器开发 / 盛洪江，毛建东著. —北京：科学出版社，2019.1

ISBN 978-7-03-059697-0

Ⅰ. ①基… Ⅱ. ①盛… ②毛… Ⅲ. ①软件工具-程序设计 Ⅳ. ①TP311.56

中国版本图书馆CIP数据核字（2018）第263171号

责任编辑：祝 洁 张瑞涛 / 责任校对：郭瑞芝

责任印制：张 伟 / 封面设计：陈 敬

科学出版社 出版

北京东黄城根北街16号

邮政编码：100717

http://www.sciencep.com

北京中石油彩色印刷有限责任公司 印刷

科学出版社发行 各地新华书店经销

*

2019年1月第 一 版 开本：720×1000 B5

2019年1月第一次印刷 印张：19 3/4

字数：400 000

定价：120.00元

（如有印装质量问题，我社负责调换）

前　言

虚拟仪器是指在以通用计算机为核心的硬件平台上，由用户自己设计定义，具有虚拟的操作面板，测试功能由测试软件来实现的一种计算机仪器系统，是一种集计算机技术、现代测控技术、现代通信技术以及信号处理技术于一体的完美产物。美国国家仪器（NI）有限公司推出的基于 G（图形）语言的 LabVIEW 及基于 C 语言的 LabWindows/CVI 两款虚拟仪器软件集成化开发环境具有简单、高效、开发周期短及性价比高等优势，将信号采集、控制、分析、显示、通信和存储等无缝集成在一起，提供从研发、测试、生产到服务的产品开发所有阶段的解决方案，值得程序设计工程师学习与使用。

作者多年来从事以虚拟仪器技术作为开发手段的科研项目和虚拟仪器课程教学及实训，产生了撰写一本基于项目驱动的虚拟仪器开发专著的想法，并得到了宁夏回族自治区“十三五”重点建设专业自动化专业子项目的资助。

本书包含三篇内容：第一篇为 LabVIEW 的基础开发篇，主要内容为基于 G 语言的水位测量、集成温度、光栅尺、伏安特性测试、收银机及幅频特性测量等适宜于测量类综合实训的六个专题，其中交叉有传感器静态标定、基于 LabSQL 的数据库操作等内容；第二篇为 LabWindows 的基础开发篇，主要内容为基于 C 语言的照度仪、烟雾监测、倒车雷达、光栅测量、转速计及无线继电器控制等六个适宜于测量控制类毕业设计的专题，其中交叉有无线收发、报表设计及基于 DAO 的数据库操作等内容；第三篇为综合开发篇，主要内容为作者做过的直流电感测试仪、大气温度廓线探测器、单模光纤自动耦合系统及米散射激光雷达等四个科研项目的开发经验。

本书由盛洪江撰写第 1～14 章，毛建东撰写第 15 章与第 16 章，最后由盛洪江统稿。在书稿付梓之际，感谢 NI 有限公司及上海恩艾仪器有限公司技术人员提供的帮助及参考文档，特别感谢北方民族大学电信学院赵虎副教授热情提供第 16 章参考文献并提出修改意见，同时还要感谢参与程序测试与书稿整理的老师和同学。

由于作者水平有限，书中不足之处在所难免，敬请读者批评指正。若需要程序，读者可与作者联系，作者电子邮箱为 shjszp@163.com。

作　者

2018 年 7 月

目　　录

第三篇 综合开发篇

第一篇　LabVIEW 的基础开发篇

第 1 章　水位标定与测量系统

1.1　引　　言

本章结合虚拟仪器技术和传感器标定规范，设计并实现一个虚拟水位测量系统。整个系统分为硬件和软件两个部分。硬件部分采用美国国家仪器（NI）有限公司的 ELVIS 和水位传感器；软件部分使用 LabVIEW 开发平台编程实现。本章相关研究的主要目的是进行水位探测器的整体设计，掌握虚拟仪器的软件编程环境和 LabVIEW 的使用，并用图形化编程语言 LabVIEW 实现虚拟水位探测器的数据采集、标定、分析和存储。

本章内容可以概括为以下几点：

（1）水位传感器的选型工作及调理电路的设计；

（2）传感器标定算法研究；

（3）LabVIEW 的程序设计、仪器面板显示标定结果及实时水位测量数据。

1.2　ELVIS 平台介绍

NI 的教学实验室套件（educational laboratory virtual instrument suite，ELVIS）是动手设计与原型设计平台，它集成了目前最常用的 12 种仪器，包括示波器、数字万用表（digital multimeter，DMM）、任意波形发生器、波特图分析仪等，集成在适合于硬件实验室或课堂的使用中。原型板可根据用户设计需求放置传感器、双列直插式集成电路、三极管等分立元件组成电路，原型板左右两侧设计有±15V、±5V 电源，多路 AI、PFI，两路 AO，八路 DI、DO，发光二极管数字信号显示，两路计数器/定时器/频率计等资源，方便设计电路的电源使用，以及信号的输入输出等，极大地方便了用户的电子电路测试与测量。

1.3　水位采集系统的硬件电路连接

FMC 8003 液位变送器接入+24V 电源，当液位为 600mm（满量程），即传感器置于水箱底部时，输出电流幅值为 20mA；当液位为 0mm，即传感器取出水箱时，输出电流幅值为 4mA；接入 160Ω 的负载电阻可将电流转换为电压输出，方便 ELVIS 采集。水位采集系统外部电路连接图如图 1.1 所示。

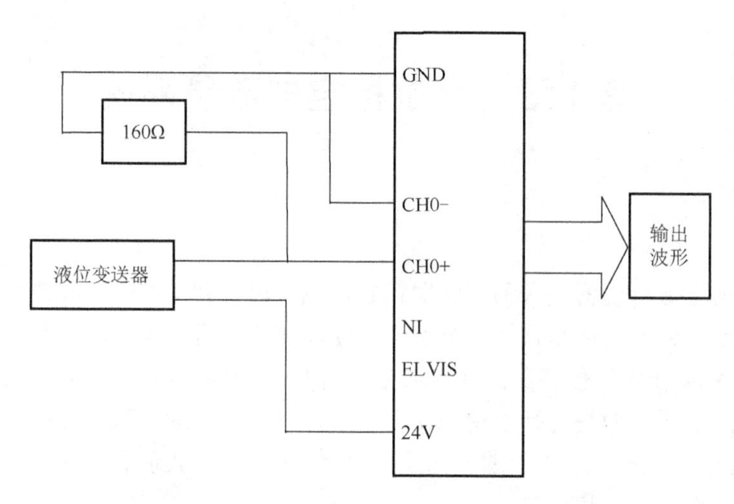

图 1.1　水位采集系统外部电路连接图

1.4　FMC 8003 液位变送器简介

FMC 8003 液位变送器如图 1.2 所示，该组件选用高精度、隔离式敏感组件，采用可靠的密封技术封装，外壳采用不锈钢结构，引出线选用防油防水通气屏蔽电缆，机械防护符合连接器防水最高等级标准 IP68 规范。它采用了先进的温度补偿技术，对已作补偿的传感器进行了二次温度补偿，保证了在 0～70℃的温度范围内温度误差小于 0.5%。

变送器产品有一体式和分体式：一体式结构精巧，不需调校，可直接投入被测液体中；分体式将信号处理电路置于电子外壳中，可方便用户调校。FMC 8003 系列产品适用于化工、冶金矿山、水利、城市供水和工业废水处理等领域，来进行液位或液体重量的测量和控制。

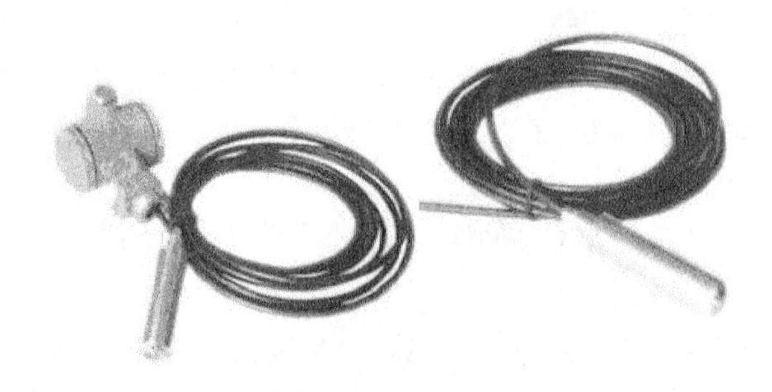

图 1.2　FMC 8003 液位变送器

FMC 8003 液位变送器主要技术指标见表 1.1。

表 1.1　FMC 8003 液位变送器主要技术指标

测量范围	精度要求	电源电压	负载电阻	长期稳定性	环境湿度	补偿温度	工作温度	测量形式	最大过载
0～600mm	≤0.5%	24V DC	≤500Ω	±0.2%/年	0～95%	0～70℃	-10～70℃	平衡罩式	不超过管长

静压测量原理：当液位变送器投入被测液体中某一深度时，传感器因液体重量受到的压力公式为

$$P = \rho gh + P_0 \tag{1.1}$$

式中，P 为变送器迎液面所受压力（Pa）；ρ 为被测液体密度（kg/m^3）；g 为当地重力加速度（m/s^2）；P_0 为液面上大气压（Pa）；h 为变送器投入液体的深度（m）。

通过导气不锈钢将液体的压力引入传感器的正压腔，再将液面上的大气压 P_0 与传感器的负压腔相连，以抵消传感器背面的 P_0，使传感器测得的压力为 ρgh，显然通过测取压力 P，可以得到液位深度。

1.5　静态标定原理

检测系统的静态特性是指当被测量 x 不随时间变化或随时间的变化程度远远慢于检测系统固有的最低阶运动模式的变化程度时，检测系统的输出量 y 与输入量 x 之间的函数关系，通常可以描述为

$$y = f(x) = \sum_{i=0}^{n} a_i x^i \tag{1.2}$$

式中，a_i 为检定系统的标定系数，反映了检测系统静态特性的本质特征。当式（1.2）写成

$$y = a_0 + a_1 x \tag{1.3}$$

时，检测系统的静态特性为一条直线，称 a_0 为零位误差，a_1 为静态灵敏度（或静态增益）。通常检测系统零位是可以补偿的，使检测系统的静态特性变为

$$y = a_1 x \tag{1.4}$$

此时的检测系统为线性的。检测系统静态标定原理图如图 1.3 所示。

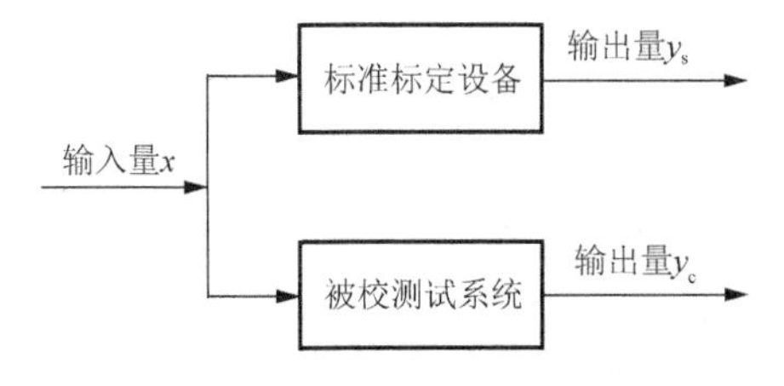

图 1.3　检测系统静态标定原理图

1.5.1　静态标定的条件

1. 静态标定对标定环境的要求

静态标定对标定环境的要求如下：

（1）无加速度、无震动、无冲击；

（2）温度在 15～25℃；

（3）相对湿度小于 85%；

（4）大气压强为 0.1MPa。

2. 静态标定对所用标定设备的要求

当标定设备和被标定的检测系统的确定性系统误差较小时可以抵偿，而只考虑它们的随机误差时，应满足以下条件：

$$\sigma_{\mathrm{s}} \leqslant \frac{1}{3}\sigma_{\mathrm{m}} \tag{1.5}$$

式中，σ_{s} 为标定设备的随机误差；σ_{m} 为被标定检测系统的随机误差。

如果标定设备和被标定检测系统的随机误差比较小，只考虑它们的系统误差时，应满足以下条件：

$$\varepsilon_{\mathrm{s}} \leqslant \frac{1}{10}\varepsilon_{\mathrm{m}} \tag{1.6}$$

式中，ε_{s} 为标定设备的系统误差；ε_{m} 为被标定检测系统的系统误差。

3. 静态标定对标定过程的要求

在上述条件下，在标定范围（即被标定的输入范围）内，选择 n 个测量点 x_i，共进行 m 个循环，于是可以得到 $2mn$ 个测试数据。

对于正行程的第 j 个循环，第 i 个测试点为（x_i，$y_{\mathrm{u}ij}$）；

对于反行程的第 j 个循环，第 i 个测试点为（x_i，$y_{\mathrm{d}ij}$）。

应当指出，n 个测点 x_i 通常是等分的，根据实际需要也可以是不等分的，同时第一个测点 x_1 就是被测量的最小值 $x_{\min}$，第 n 个测点 x_n 就是被测量的最大值 $x_{\max}$。

基于上述原理，得到了 $2mn$ 个数据组（x_i，$y_{\mathrm{u}ij}$），（x_i，$y_{\mathrm{d}ij}$），对其依据静态标定规范进行处理便可得到检测系统的静态特性。

对于第 i 个测点，基于上述标定值，所对应的平均输出为

$$\overline{y}_i = \frac{1}{2m}\sum_{j=1}^{m}(y_{\mathrm{u}ij} + y_{\mathrm{d}ij}), i = 1,2,3,\cdots,n \tag{1.7}$$

通过式（1.7）得到了检测系统 n 个测点对应的输入输出关系，这就是检测系

统的静态特性。在具体表述形式上，可以将 n 个测点用最小二乘法拟合成曲线来表示，检测系统的标定曲线如图 1.4 所示。对于计算机检测系统，一般直接利用上述 n 个离散的点进行分段（线性）插值来表示检测系统的静态特性。

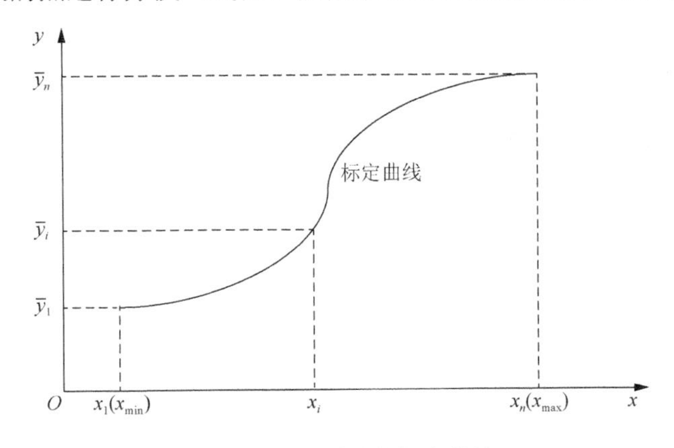

图 1.4　检测系统的标定曲线

1.5.2　传感器静态标定过程的数据测量

本项目给出标定数据举例，水位检测系统的标定数据见表 1.2，这只是实验中取得的部分数据。

表 1.2　水位检测系统的标定数据

行程	输入液位/cm	检测系统的输出/V				
		第 1 循环	第 2 循环	第 3 循环	第 4 循环	第 5 循环
正行程	0	0.655	0.659	0.671	0.671	0.669
	10	1.082	1.079	1.085	1.086	1.074
	20	1.465	1.451	1.468	1.469	1.449
	30	1.856	1.839	1.849	1.859	1.841
	40	2.235	2.227	2.221	2.235	2.231
	50	2.627	2.621	2.619	2.624	2.611
	59.3	2.999	2.998	2.997	3.001	2.997
反行程	59.3	3.001	2.999	2.997	2.998	3.001
	50	2.641	2.631	2.623	2.625	2.627
	40	2.251	2.241	2.241	2.241	2.243
	30	1.864	1.848	1.847	1.851	1.854
	20	1.478	1.463	1.461	1.469	1.459
	10	1.084	1.082	1.081	1.082	1.081
	0	0.658	0.665	0.668	0.671	0.665

1.5.3　标定过程中主要性能指标及计算

1. 线性度（非线性）

由式（1.3）描述的检测系统的静态特性是一条直线。但实际上，由于种种原因，检测系统实测的输入输出关系并不是一条直线，描述检测系统实际的静态特性校准曲线与某一参考直线不吻合程度的最大值就是线性度（linearity），如图 1.5 所示。

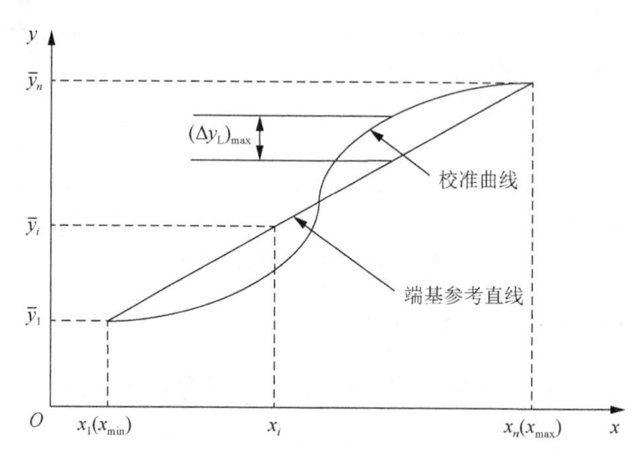

图 1.5　线性度

计算公式为

$$\xi_L = \frac{|(\Delta y_L)_{max}|}{y_{FS}} \times 100\% \tag{1.8}$$

$$(\Delta y_L)_{max} = \max|\Delta y_{i,L}|, i = 1,2,\cdots,n \tag{1.9}$$

$$\Delta y_{i,L} = \bar{y}_i - y_i \tag{1.10}$$

式中，y_{FS} 为满量程输出，$y_{FS} = |B(x_{max} - x_{min})|$，$B$ 为所选定的参考直线的斜率；$\Delta y_{i,L}$ 是第 i 个校准点平均输出值（参见式（1.7））与选定的参考直线的偏差，称为非线性偏差；$(\Delta y_L)_{max}$ 则是 n 个测点中的最大偏差[1]。

2. 迟滞

检测系统同一个输入量对应的正、反行程的输出不一致的现象就是迟滞（hysteresis），如图 1.6 所示。它是由检测系统机械部分的摩擦和间隙、敏感结构材料等缺陷、磁性材料的磁滞等引起的。

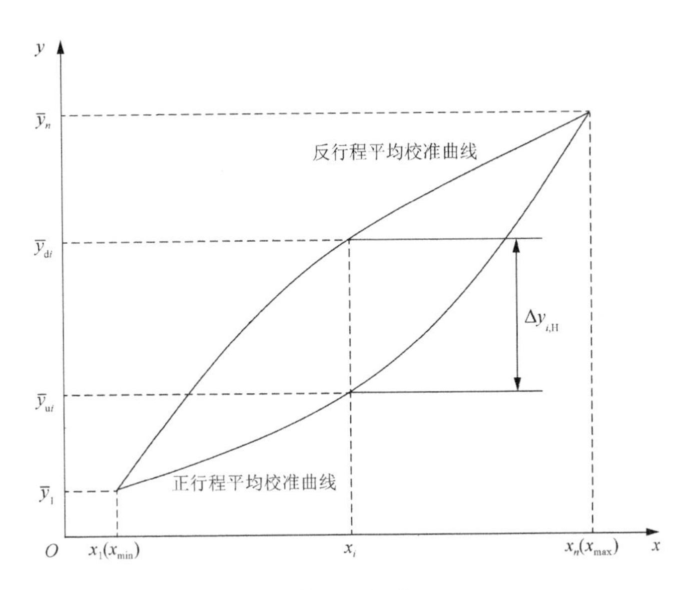

图 1.6　迟滞

对于第 i 个测点，其正、反行程输出的平均校准点分别为 $(x_i, \overline{y}_{ui})$ 和 $(x_i, \overline{y}_{di})$。

$$\overline{y}_{ui} = \frac{1}{m}\sum_{j=i}^{m} y_{uij} \tag{1.11}$$

$$\overline{y}_{di} = \frac{1}{m}\sum_{j=i}^{m} y_{dij} \tag{1.12}$$

第 i 个测点的正反行程偏差为

$$\Delta y_{i,H} = \left| \overline{y}_{ui} - \overline{y}_{di} \right| \tag{1.13}$$

则迟滞指标为

$$(\Delta y_H)_{max} = \max(\Delta y_{i,H}), i = 1, 2, \cdots, n \tag{1.14}$$

迟滞误差为[1]

$$\xi_H = \frac{\left|(\Delta y_H)_{max}\right|}{2 y_{FS}} \times 100\% \tag{1.15}$$

3. 重复性

对于同一个测点，检测系统按同一方向作全量程的多次重复性测量时，每一次的输出值都不一样，其大小是随机的。为了反映这一现象，此处引入重复性(repeatability)，如图 1.7 所示。

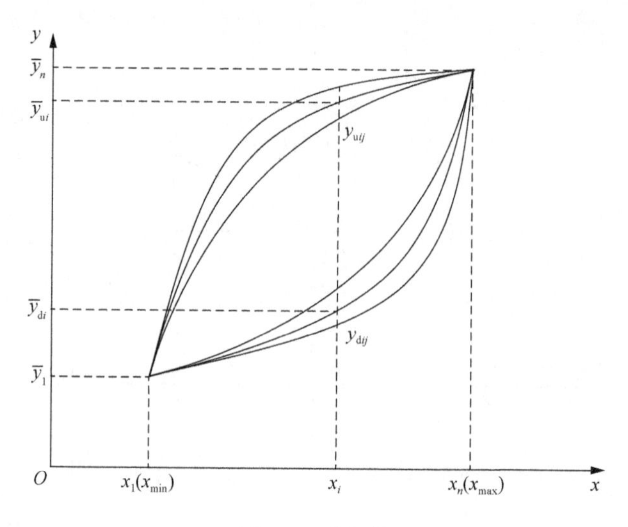

图 1.7　重复性

基于统计学的观点，将 y_{uij} 看作第 i 个测点正行程的子样，式（1.11）计算得到的 $\overline{y}_{ui}$ 则是第 i 个测点正行程输出值的数学期望值的估计值，可以利用极差法来计算第 i 个测点的标准偏差：

$$S_{ui}=\frac{w_{ui}}{d_m} \tag{1.16}$$

式中，d_m 为极差系数，取决于测量循环次数，即样本容量 m；w_{ui} 为极差，即第 i 个测点正行程 m 个标定值中最大值与最小值之差：

$$w_{ui}=\max(y_{uij})-\min(y_{uij}), j=1,2,\cdots,m \tag{1.17}$$

极差系数见表 1.3。

表 1.3　极差系数

参量	值										
m	2	3	4	5	6	7	8	9	10	11	12
d_m	1.13	1.69	2.06	2.33	2.53	2.70	2.85	2.97	3.08	3.17	3.26

S_{ui} 的物理意义是，当随机测量值 y_{uij} 可以看成是正态分布时，y_{uij} 偏离期望值 $\overline{y}_{ui}$ 的范围在（$-S_{ui}$，S_{ui}）之间的概率为 68.3%；在（$-2S_{ui}$，$2S_{ui}$）之间的概率为 95.4%；在（$-3S_{ui}$，$3S_{ui}$）之间的概率为 99.7%，正态分布概率曲线如图 1.8 所示。

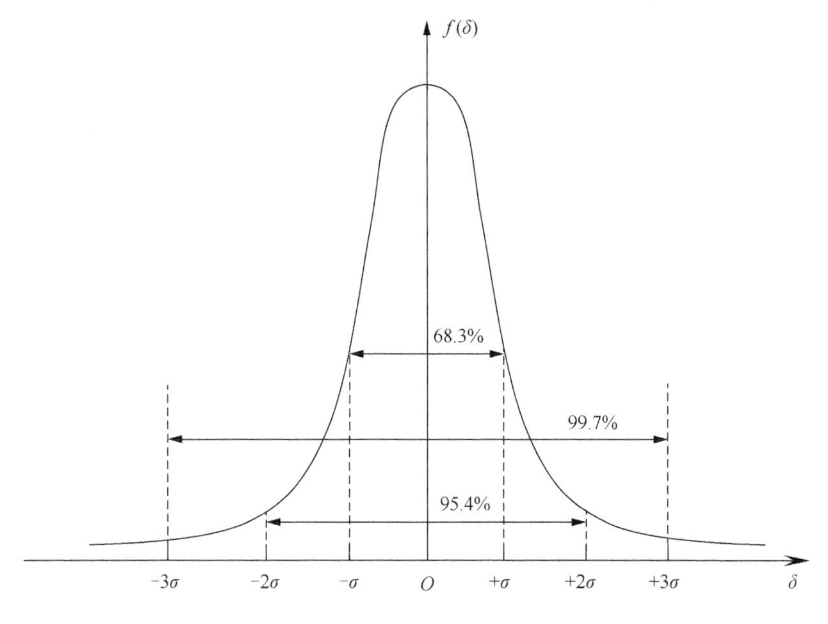

图 1.8　正态分布概率曲线

同理，可以给出第 i 个测点的反行程的子样标准偏差 S_{di}。

对于整个测量范围，综合考虑正反行程问题，并假设正反行程的测量过程是等精度的，即正行程的子样标准偏差和反行程的子样标准偏差具有相等的数学期望。这样第 i 个测点的子样标准偏差为

$$S_i = \sqrt{0.5(S_{ui}^2 + S_{di}^2)} \tag{1.18}$$

对于全部 n 个测点，当认为是等精度测量时，整个测试过程的标准偏差为

$$S = \sqrt{\frac{1}{n}\sum_{i=1}^{n} S_i^2} = \sqrt{\frac{1}{2n}\sum_{i=1}^{n}(S_{ui}^2 + S_{di}^2)} \tag{1.19}$$

整个测试过程的标准偏差 S 就可以描述检测系统的随机误差，则检测系统的重复性指标为[1]

$$\xi_R = \frac{3S}{y_{FS}} \times 100\% \tag{1.20}$$

式中，3 为置信概率系数，$3S$ 为置信界限或测量不确定度，其物理意义为，在整个测量范围内，检测系统相对于满量程输出的随机误差不超过 ξ_R 的置信概率为 99.7%。

4. 综合误差

可以采用直接代数和或方和根来表示综合误差，见式（1.21）和式（1.22）。

$$\xi_a = \xi_L + \xi_H + \xi_R \tag{1.21}$$

$$\xi_a = \sqrt{\xi_L^2 + \xi_H^2 + \xi_R^2} \tag{1.22}$$

现在的检测系统绝大多数应用了计算机，因此可以编程进行计算。将线性度误差作为参考点，这时就只考虑迟滞和重复性，非线性误差可以不考虑，则由式（1.23）来计算综合误差[1]：

$$\xi_a = \xi_H + \xi_R \tag{1.23}$$

1.5.4 基于MATLAB的静态性能指标数值计算

1. MATLAB 程序清单

下列程序段功能为：静态误差计算，输出线性度、迟滞、重复性、静态灵敏度及零位误差。

```
function [gamma_L,gamma_H,gamma_R,gamma,k,b]=StaticError(x,y)
d=[0,1.13,1.69,2.06,2.33,2.53,2.70,2.85,2.97,3.08,3.17,3.26];
[r,c]=size(y);
X=[];
for i=1:c
    X=[X x];
end
%least square method
ysize=r*c;
xmean=mean(x);
ymean=sum(sum(y))/ysize;
lxy=(X-xmean).*(y-ymean);
lxx=(X-xmean).*(X-xmean);
LXY=sum(sum(lxy));
LXX=sum(sum(lxx));
k=LXY/LXX;
b=ymean-k*xmean;
%Full Span
yLS=k*x+b;
yFS=yLS(end)-yLS(1);
%Hyteresis
yu=y(:,1:c/2);
yd=y(:,c/2+1:c);
yur=yu';ydr=yd';
yu_mean=mean(yur);
yd_mean=mean(ydr);
deltay_H=max(abs(yu_mean-yd_mean))
```

```
gamma_H=deltay_H/yFS/2;
%Linearity
yud_mean=(yu_mean+yd_mean)/2;
deltay_L=max(abs(yud_mean-yLS'))
gamma_L=deltay_L/yFS;
%Positive direction W and Reverse direction W
%Repeatability
yumax=max(yur);yumin=min(yur);
Wu=yumax-yumin;
Su=Wu/d(r);
ydmax=max(ydr);ydmin=min(ydr);
Wd=ydmax-ydmin;
Sd=Wd/d(r);
S=sqrt(sum(Su.^2+Sd.^2)/2);
S=S/sqrt(r)
gamma_R=3*S/yFS;
%General Error
gamma=sqrt(gamma_L^2+gamma_H^2+gamma_R^2);
```

2. 计算结果

应用一组样本数据和 MATLAB 脚本程序计算结果如下：

输入：x=[0;10;20;30;40;50;59.3]

输出：y=[0.655 0.659 0.671 0.671 0.669 0.658 0.665 0.668 0.671 0.665;1.082 1.079 1.085 1.086 1.074 1.084 1.082 1.081 1.082 1.081 ;1.465 1.451 1.468 1.469 1.449 1.478 1.463 1.461 1.469 1.459;1.856 1.839 1.849 1.851 1.841 1.864 1.848 1.847 1.851 1.854;2.235 2.227 2.221 2.235 2.231 2.251 2.241 2.241 2.241 2.243;2.627 2.621 2.619 2.624 2.611 2.641 2.631 2.623 2.625 2.627; 3.016 3.015 3.015 3.014 3.013 3.014 3.017 3.019 3.016 3.015]

调用程序：

```
[gamma_L,gamma_H,gamma_R,gamma,k,b]=StaticError(x,y)
deltay_H = 0.0136
deltay_L = 0.0147
S = 0.0053
gamma_L = 0.0063
gamma_H = 0.0029
gamma_R = 0.0068
gamma = 0.0097
```

```
k = 0.0393
b = 0.6743
```

由此可得本次测量水位传感器的静态标定直线为

$$y = 0.0393x + 0.6743 \tag{1.24}$$

因此液位高度为

$$x = \frac{y - 0.6743}{0.0393} \tag{1.25}$$

线性度误差为

$$\xi_{\mathrm{L}} = \frac{\left|(\Delta y_{\mathrm{L}})_{\max}\right|}{y_{\mathrm{FS}}} \times 100\% = 0.63\% \tag{1.26}$$

迟滞误差为

$$\xi_{\mathrm{H}} = \frac{\left|(\Delta y_{\mathrm{H}})_{\max}\right|}{2y_{\mathrm{FS}}} \times 100\% = 0.29\% \tag{1.27}$$

重复性误差为

$$\xi_{\mathrm{R}} = \frac{3S}{y_{\mathrm{FS}}} \times 100\% = 0.68\% \tag{1.28}$$

综合误差为

$$\xi_{\mathrm{a}} = \sqrt{\xi_{\mathrm{L}}^2 + \xi_{\mathrm{H}}^2 + \xi_{\mathrm{R}}^2} = 0.97\% \tag{1.29}$$

1.6 水位标定检测系统编程分析与技巧

1.6.1 基于虚拟仪器技术的通用采集系统编程概述

所谓通用采集系统，是指采集任务较少，功能较为简单，由软件触发的一类采集任务，能满足一般较为简单的工程需求，对在校学生数据采集入门、实习甚至完成毕业设计要求是较好的学习材料。由于本书各章给出一个工程实例进行讲述，有必要对基于虚拟仪器技术的采集系统的概念作一个概述，以 LabVIEW 2012 为例[2]。

LabVIEW 专门安排一个 DAQmx 数据采集子选板（位于函数→测量 IO→DAQmx 之下）用于数据采集，该选板大致分为 DAQ 助手节点、通用采集节点、属性控制节点及高级采集节点。

（1）DAQ 助手节点：是一个图形化的界面，用于交互式地创建、编辑和运行 NI-DAQmx 虚拟通道和任务，它可以通过一个图形流程配置简单和复杂的数据采集任务，无需编程便能快速构建任务，特别适用于初级使用者，其实 DAQ 助手创建的任务是虚拟通道、定时和触发以及其他与采集和生成相关属性的集合，可正向转化为相应节点，但是通过 DAQ 助手 Express VI 配置的任务，仅用于本地应用程序，无法用于其他应用程序，虽然 DAQ 助手 Express VI 可转换为 MAX 中保存的 NI-DAQmx 任务，任何应用程序都可访问该任务，也可通过 DAQmx 任务名常量或输入控件编辑任务并生成任务代码，另外比较重要的一点是，对于连续单点输入或输出，DAQ 助手 Express VI 可能无法提供最佳性能。

（2）通用采集节点：能完成大多数通用数据采集系统的功能。NI-DAQmx 的多数 VI 是一种多态的特殊的 VI，其功能是能够适应不同 DAQ 功能的一组核心 VI，例如模拟输入、模拟输出、数字 I/O 等。编制通用数据采集程序，对于 LabVIEW 一般按照数据流程来做，通用数据采集程序的一个模板如图 1.9 所示。

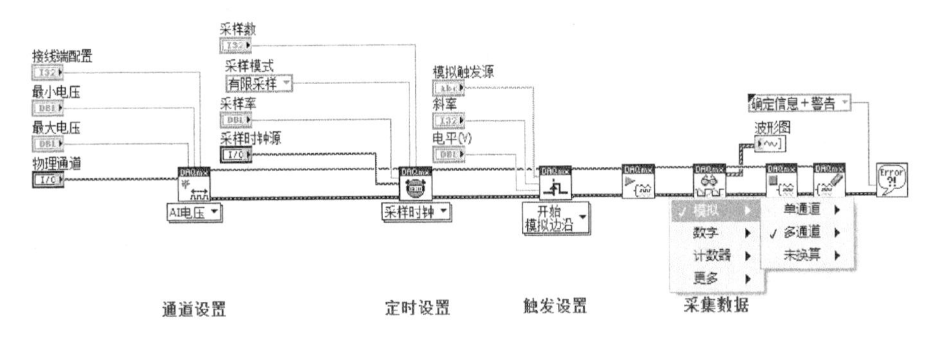

图 1.9　通用数据采集程序的一个模板

图 1.9 给出一个模拟边沿触发采样有限个数据的模拟电压采集程序，它是按照通道设置、定时设置、触发设置、任务开始、采集数据、停止任务及清除任务的数据流程顺序来设计，具有通用性。其中通道设置多态 VI 的实例分别对应于通道的 I/O 类型（如模拟输入/输出、数字输入/输出或计数器输入/输出六种形态）、测量或生成操作（如温度测量、电压测量或事件计数等）；定时设置多态 VI 的实例分别对应于任务使用的定时类型（如采样时钟）；触发设置多态 VI 的实例分别用于要配置的各种触发或触发类型（如图 1.9 配置任务在模拟信号超过指定的电平时，立即开始采集或生成采样），DAQmx 提供了三种启动触发器：模拟边沿、模拟窗和数字边沿，参考触发器则为一系列采样输入提供了一个参考点，在参考点之前采集的数据称为预触发数据，反之为后触发数据；采集或生成数据多态 VI 分别对应于返回采样的不同格式，同时读取（生成）单个/多个采样或读取（生成）单个/多个通道。这些多态 VI 的各种设置的概念必须搞清楚，才能设计出各种满足工程需求的采集程序。

（3）属性控制节点：用于对相应设备的一些更细的属性进行控制，包含定时、触发、读取、写入、实时、通道、转换等属性节点。右键单击该属性节点，在快捷菜单中选择过滤，属性节点将只显示系统已安装设备支持的属性。DAQmx 定时属性可用于配置任务的采样定时和持续期，DAQmx 触发属性可用于配置任务的触发；DAQmx 读取/写入属性可用于配置读取/写入操作，如缓冲区中读取/写入位置和查询读取/写入操作的当前状态等；DAQmx 实时属性可用于配置确定性应用程序的错误报告和恢复选项。

（4）高级采集节点：LabVIEW 2012 有 DAQmx 高级、高级任务选项和设备配置等三类 VI。通过 DAQmx 高级 VI 和函数可使用 NI-DAQmx 的高级功能和其他功能。DAQmx 高级任务选项 VI 和函数用于对任务进行高级配置和控制。AQmx 设备配置 VI 和函数用于硬件的配置和控制。它是数据采集驱动程序最底层的接口，很少有应用软件需要这些高级节点。

DAQ 函数或 VI 使用简单，只需对其各端口给定必要的配置信息即可。更为方便的是，LabVIEW 2012 或其他版本的 NI 范例查找器提供了常见的采集任务的例程，只需读懂并稍加修改就可为项目所用，范例查找器可在帮助菜单或开始窗口找到而启动，图 1.10 为范例查找器与数据采集有关的例程位置。

图 1.10　范例查找器与数据采集有关的例程位置

1.6.2　传感器标定的数据处理

由于数据处理的计算较为复杂，用 LabVIEW 常用节点来实现比较麻烦，可以用 LabVIEW 提供的 MATLAB 脚本节点来实现，测量数据静态误差处理 MATLAB 脚本如图 1.11 所示，但要求计算机安装有 MATLAB，当然也可以用 LabVIEW 提供类似 C 语言代码语法的公式节点来实现。

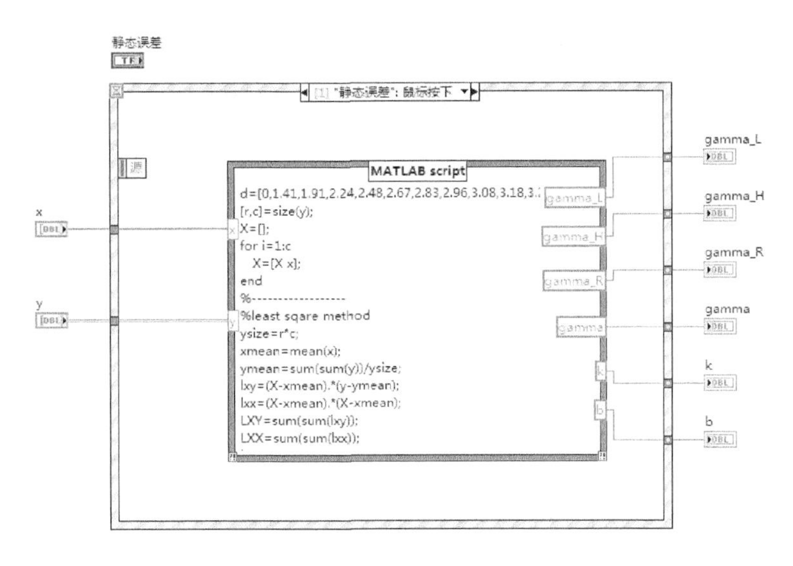

图 1.11　测量数据静态误差处理 MATLAB 脚本

1.6.3　静态标定采样程序等待的实现技巧

静态标定时采集程序应该等待，以便用户调整好采集设备再进行下一次测量。对于测量次数不等的标定，可以应用事件结构实现，单击“确定”按钮采集一次数据程序如图 1.12（a）所示，同时仪器面板加一个“标定结束”按钮，以便用户单击该按钮后能正常退出采集程序，单击“标定结束”按钮采集正常退出程序如图 1.12（b）所示，注意“标定结束”按钮不能和 while 结构的条件端子相连，那样标定程序不能正常退出，而应该在事件结构中再加一个事件分支“标定结束”：值改变事件。对于测量次数已定的静态标定，可参考图 1.14 总程序的解释。

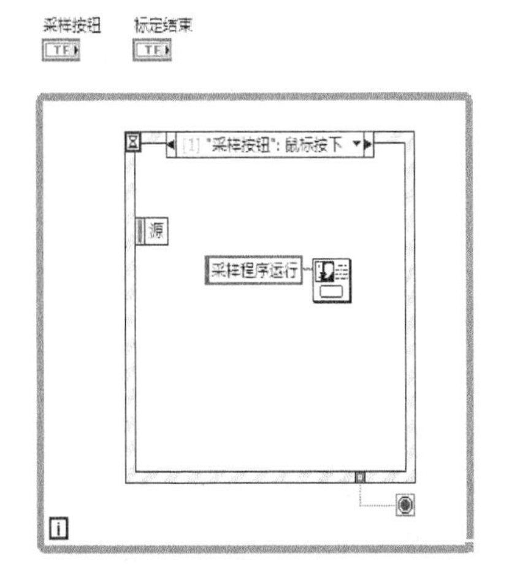

（a）单击“确定”按钮采集一次数据程序

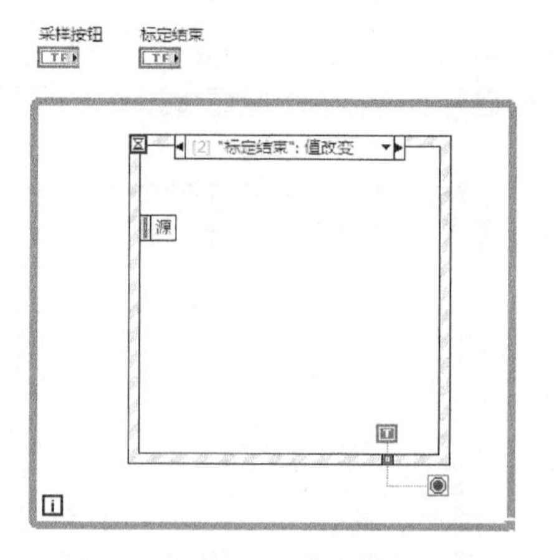

（b）单击“标定结束”按钮采集正常退出程序

图 1.12　静态标定程序等待的实现程序

1.7　前　面　板

水位标定检测系统前面板如图 1.13 所示。面板上部左侧为采集参数的设置，也可不设置，由程序框图常数给出；面板上部右侧为总共十次采集的数据显示；最右侧为形象的液罐水位显示。面板下部为事件响应按钮、采样按钮、拟合曲线、开始测量及停止按钮，另外为一些信息显示。

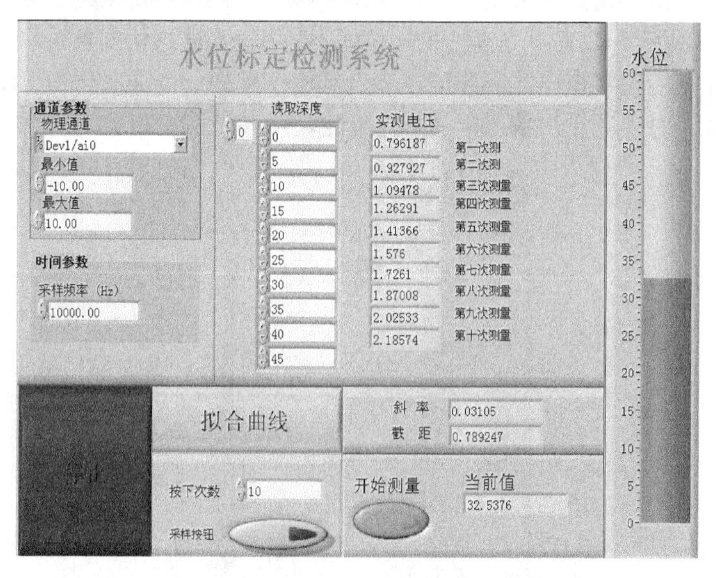

图 1.13　水位标定检测系统前面板

前面板工作过程如下：

（1）一次采集数据（输入 0mm）准备好后按下采样按钮实测电压，第一次测量数据显示控件显示实时电压（V），以此类推，取得第十次系统输出实时电压。

（2）按下拟合曲线按钮，程序转入静态数据标定，给出斜率 k 及截距 b。

（3）按下开始测量按钮，程序转入测量程序，由斜率及截距反演输入，即测量液位。

（4）按下退出按钮，测量结束。

1.8　程序框图

水位标定检测系统程序框图如图 1.14 所示，也可参考第 2 章 2.4 节内容。

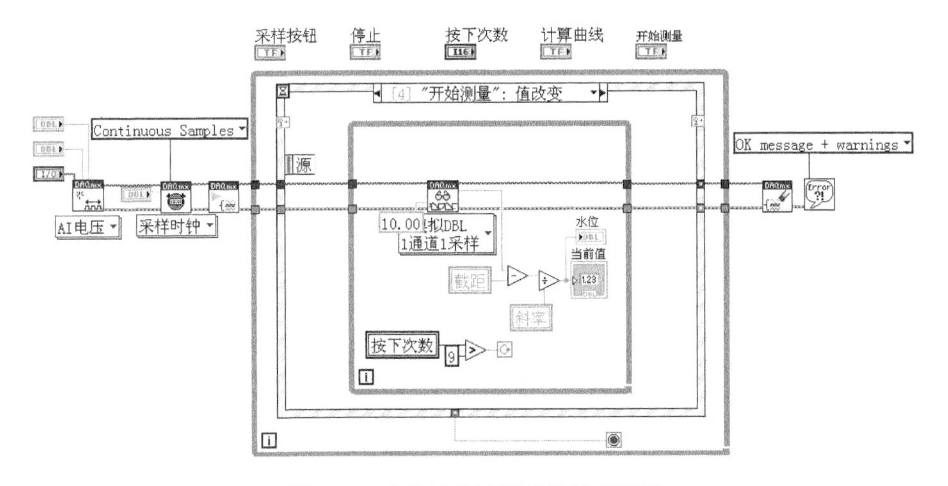

图 1.14　水位标定检测系统程序框图

（1）本工程项目系通用采集系统，只有一个采集点：FMC 8003 液位变送器输出。因此采集 VI 只用到 DAQmx 创建虚拟通道、DAQmx 采样、DAQmx 开始任务、DAQmx 读取及 DAQmx 清除任务共 5 个 VI，参数设置较为简单，主要是采样为连续采样，读取数据格式为模拟双精度 1 通道 1 采样。

（2）本采集系统采用测量次数已定的静态标定，如十次，则静态标定是否退出由“采样按钮”：鼠标按下事件决定，测量次数已定的静态标定等待程序如图 1.15 所示，这样需要在前面板增加一个显示按下次数的数值输入控件，将采集完毕按钮去掉，将 while 循环变量加 1 后和按下次数比较而决定退出。

（3）本程序框图“开始测量”：值改变事件分支如按下次数大于 9（由程序设定为 10 次，保证足够的采样数据），一直测量直到停止按下退出，该测量程序将液位变送器输出的电压反演为水位并显示，反演公式为

$$x = \frac{y - b}{k} \tag{1.30}$$

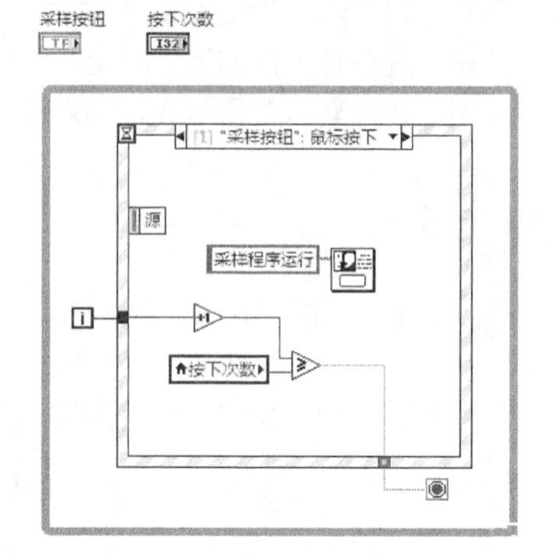

图 1.15　测量次数已定的静态标定等待程序

1.9　样　机　图

水位标定检测系统硬件图如图 1.16 所示，图右下侧玻璃水箱应保证 70cm 的高度，水箱边上从水箱低处粘有透明米尺，认定其为本系统的标准标定设备，作为实训学习例程用米尺作为标定设备是可以的。该系统核心设备为 NI ELVIS 实验平台，如图 1.17 所示。

图 1.16　水位标定检测系统硬件图

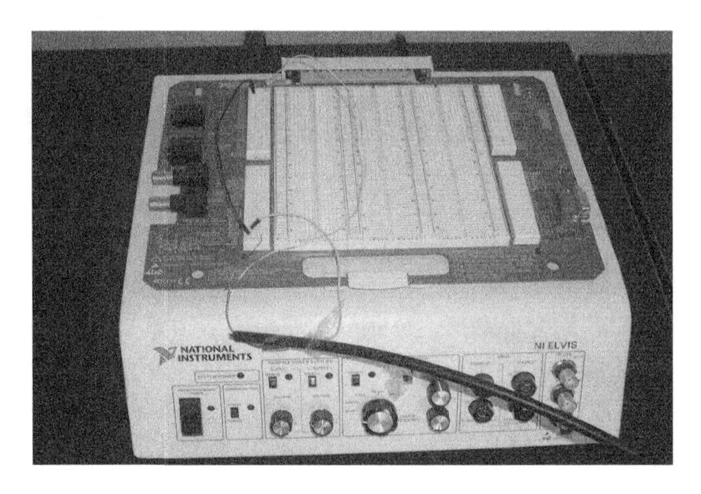

图 1.17　NI ELVIS 实验平台

第 2 章　集成温度计的虚拟仪器设计与标定

2.1　引　　言

本章拟在 ELVIS 原型板上搭建以集成温度传感器为核心组件的温度计，要求完成元件选型、调理电路设计、数据采集、静态标定、LabVIEW 程序设计等，前面板要求显示标定曲线和温度。该项目能培养学生熟悉 LabVIEW 程序设计并独立完成小规模软硬件设计的能力。

本章内容主要分为以下几点：

（1）温度传感器等资料搜集整理工作；

（2）在 ELVIS 原型板上构建测温系统；

（3）温度源的设计工作；

（4）LabVIEW 程序设计。

2.2　AD590 简介

AD590 是 AD 公司利用 PN 结正向电流与温度的关系制成的电流输出型两端温度传感器。实际上，我国也开发出了同类型的产品 SG590。这种器件在被测温度一定时相当于一个恒流源。该器件具有良好的线性和互换性，测量精度高，并具有消除电源波动的特性。即使电源在 5～15V 变化，其电流也只是在 1μA 以下作微小变化。带不锈钢外壳的 AD590 如图 2.1 所示。

图 2.1　带不锈钢外壳的 AD590

2.2.1　AD590 的功能及特征参数

AD590 是电流型温度传感器，通过对电流的测量可得到所需要的温度值。AD590L、AD590M 一般用于精密温度测量电路，它采用金属壳 3 脚封装，其中 1

脚为电源正端 V+；2 脚为电流输出端 I_0；3 脚为管壳，一般不用。集成温度传感器的底座及电路符号如图 2.2 所示。

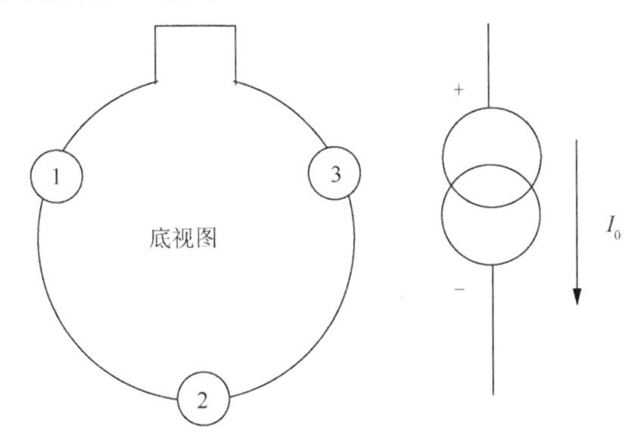

图 2.2　集成温度传感器的底座及电路符号

AD590 的主要特性参数见表 2.1。

表 2.1　AD590 的主要特性参数

项数	指标名称	单位	指标参数
1	工作电压	V	4～30
2	工作温度	℃	−55～150
3	输出电压	V	−1～6
4	温度分辨率	K	±1
5	测量精度	K	±0.3～±2.5
6	线性灵敏度	μA/K	1

其输出电流是以热力学温度零度（−273.15℃）为基准，每增加 1K，它会增加 1μA 输出电流，因此在室温 25℃（298K）时，其输出电流 $I_0 \approx 273+25=298$（μA）。

电流与温度的关系曲线为

$$V = k \times T + b \tag{2.1}$$

式中，T 为温度（K）；k 为斜率（V/K）；b 为截距（V）。AD590 电压−温度曲线如图 2.3 所示。

2.2.2　AD590 工作原理

在被测温度一定时，AD590 相当于一个恒流源，把它和 5～30V 的直流电源相连，并在输出端串接一个 10kΩ 的恒值电阻，那么，此电阻上流过的电流将和被测温度成正比，此时电阻两端将会有每开尔文 10mV 的电压信号。AD590 的基本电路如图 2.4 所示。

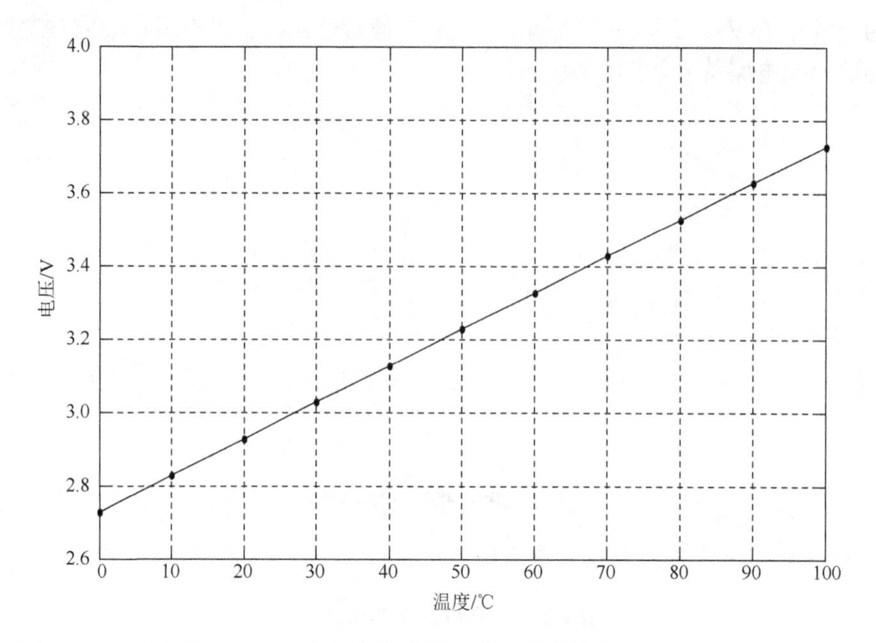

图 2.3　AD590 的电压-温度曲线（负载电阻 10kΩ）

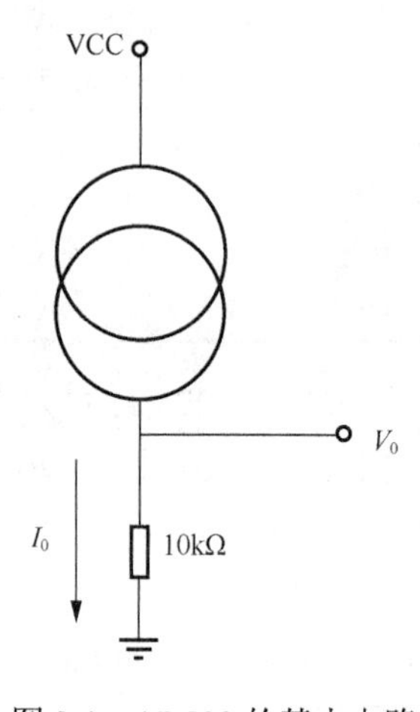

图 2.4　AD590 的基本电路

注意：V_0 的值为 I_0 乘以 10kΩ，以室温 25℃而言，输出值为 2.98V（10kΩ×298μA）。测量 V_0 时，不可分出任何电流，否则测量值会产生较大误差。

2.3　前　面　板

本标定系统前面板布局分四部分：物理通道参数设置及标定数据显示、采集电压显示及预设温度输入、实时温度计显示及测量标定测量流程控制按钮。

标定流程位于仪器面板的下部，依次按下按钮完成流程，其中采样按钮本程序要求按下五次，因程序调试时没有给出退出按钮，调试完毕可加入以方便程序退出。当然，程序设计者也可依据流程逻辑将按钮设置为启用或禁用并变灰，以方便流程不熟的操作者使用，实训教师可另行要求。温度采集标定系统仪器操作面板如图 2.5 所示。

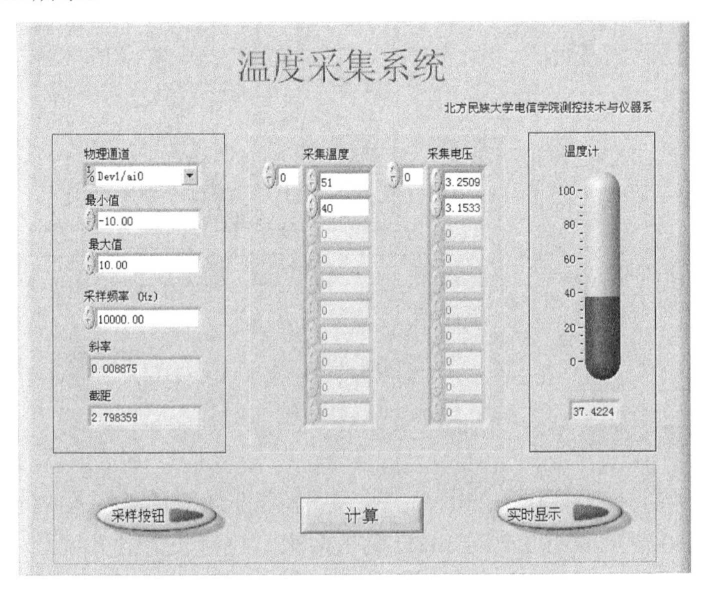

图 2.5　温度采集标定系统仪器操作面板

2.4　程 序 框 图

这是一个典型的模拟数据采集标定及测量程序。该程序框图可由四个事件结构来实现，分别为："采样按钮" 鼠标按下、"计算" 值改变、"实时显示" 值改变及 "停止" 值改变。

2.4.1　"采样按钮" 鼠标按下

"采样按钮"鼠标按下事件代码如图 2.6 所示，程序左侧为测量设备（PCI-6251）参数设置、采样时钟设置及任务启动。事件结构内是一个平铺式顺序结构，用于给按下次数计数，到了人为设置的 5 次采集后，启动 "计算" 值改变事件以标定设备，当然采样次数通过修改程序为其他次数采集或者任意次数的采集，这里为方便计而定为 5 次。顺序结构的第二帧采集一个采样给某一次测得电压，如第一次测得电压，这里一共有六个分支，其中一个默认分支不采集数据，本默认分支要给出，这是针对条件结构选择端口数据类型为整型数据时 LabVIEW 的要求来设计的。

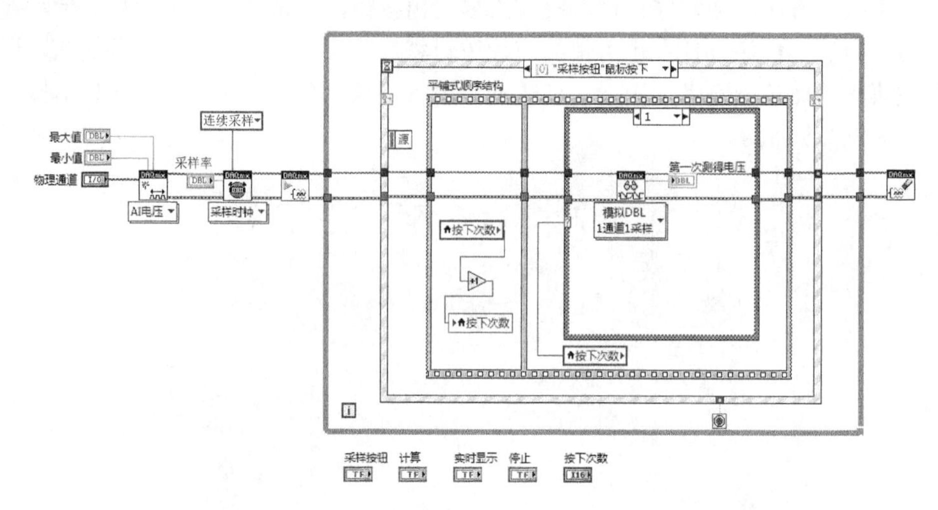

图 2.6　“采样按钮”鼠标按下事件代码

2.4.2　“计算”值改变

“计算”值改变事件代码如图 2.7 所示，本事件结构左侧将采集的五次电压数据（由 AD590 恒流源精度电阻 10kΩ 转换而来）组合成数组 Y，采集温度由测量人员预先设置输入，调用线性拟合节点得到最小二乘解的斜率及截距，以备实时显示使用。

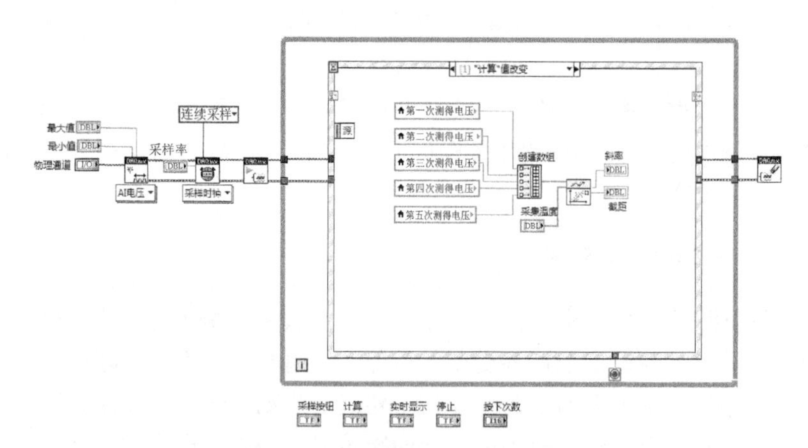

图 2.7　“计算”值改变事件代码

2.4.3　“实时显示”值改变

“实时显示”值改变事件代码如图 2.8 所示，按下“实时显示”后进入本事件结构以由测量电压数据反演温度数据，由温度计显示。反演公式为

$$x=\frac{y-b}{k} \tag{2.2}$$

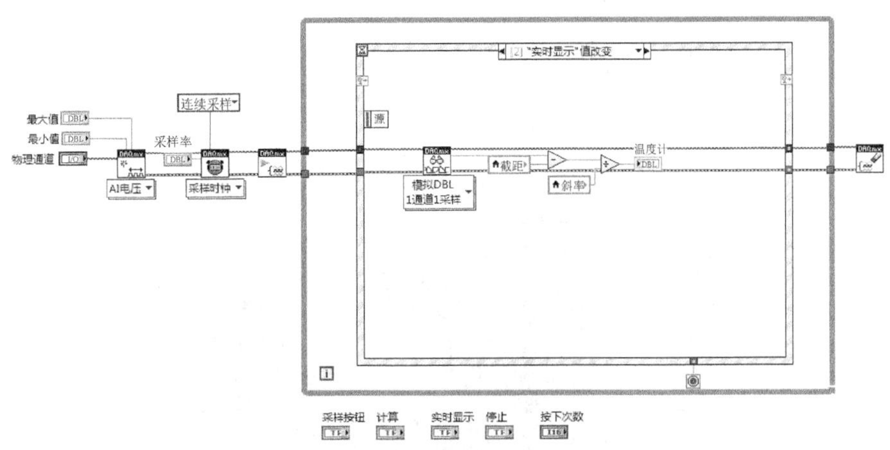

图 2.8　“实时显示”值改变事件代码

2.4.4　“停止”值改变

“停止”值改变事件代码如图 2.9 所示，这是一个典型的通过事件结构退出程序的代码。在该事件中只是将各次测得电压、标定数据斜率、截距及按下次数局部变量清零，以便下次程序使用。

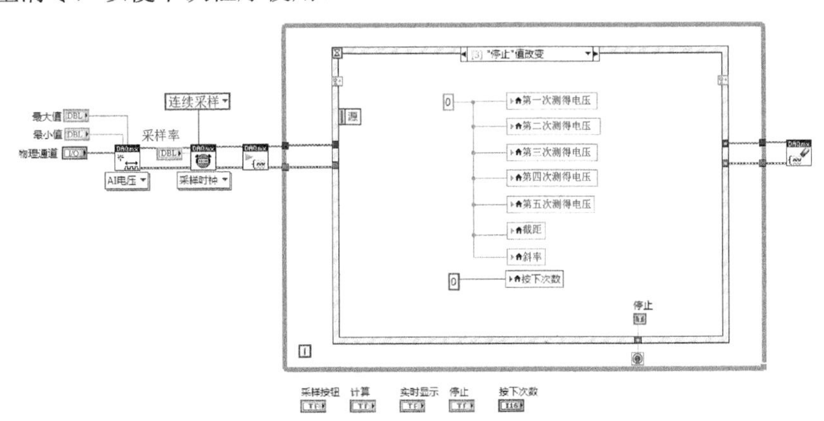

图 2.9　“停止”值改变事件代码

2.5 样　机　图

集成温度计虚拟仪器样机图如图 2.10 所示。

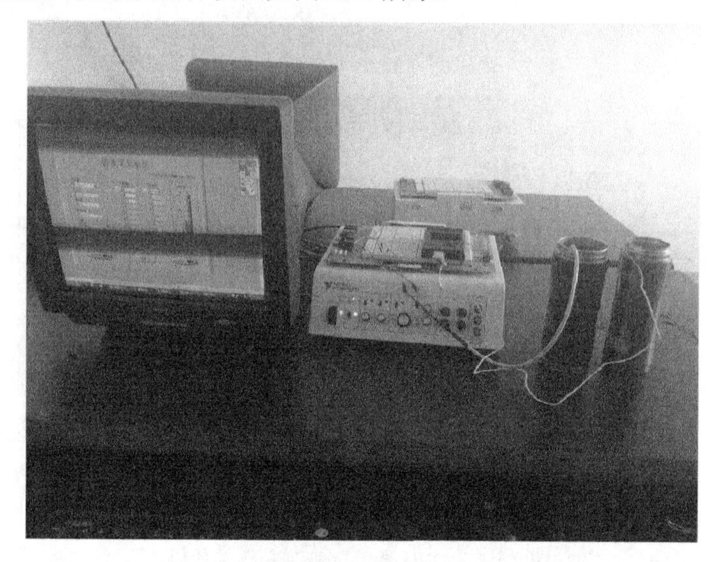

图 2.10　集成温度计虚拟仪器样机图

第3章　光栅尺虚拟仪器设计

3.1　引　言

项目基于PCI-6251虚拟仪器技术的光栅测量系统，使用光栅尺作为传感元件（该元件通过光接收元件处理后转换成周期性变化的方波信号），再利用PCI-6251 CI线性编码器逻辑辨向功能区分光栅尺位移方向，最后通过PCI-6251计数器的加/减计数功能进行数据转换得到光栅尺的测距功能。

本章内容可以概括为以下几点：

（1）熟悉光栅传感器频率细分及辨向的原理；

（2）掌握正交编码器原理；

（3）接线盒SCB-68A的使用；

（4）LabVIEW程序设计，面板应显示实时测距。

3.2　采集卡PCI-6251计数器

3.2.1　PCI-6251计数器介绍

PCI-6251是一款高速M系列多功能DAQ板卡，其内部包含16路模拟输入、16位分辨率、2路模拟输出，最大更新速率达2.8MS/s，最大采样频率单通道达1.25MS/s，多通道达1.00MS/s，24路数字I/O（8路高速可达10MHz），2个32位80MHz计数器/定时器，PCI-6251引脚图如图3.1所示。

由于PCI-6251数据采集卡计数器自身具有对光栅传感器A、B两路TTL方波脉冲进行计数和对两路信号的辨向功能，因而直接利用PCI-6251数据采集对光栅尺所测得脉冲信号进行处理计数。PCI-6251数据采集卡计数器功能引脚见表3.1。

表3.1　PCI-6251数据采集卡计数器功能引脚

计数器/定时器信号	缺省引脚号（名称）
CTR0SRC	37（PFI 8）
CTR0GATE	3（PFI 9）
CTR0AUX	45（PFI 10）
CTR0OUT	2（PFI 12）
CTR0A	37（PFI 8）

续表

计数器/定时器信号	缺省引脚号（名称）
CTR0Z	3（PFI 9）
CTR0B	45（PFI 10）
CTR1SRC	42（PFI 3）
CTR1GATE	41（PFI 4）
CTR1AUX	46（PFI 11）
CTR1OUT	40（PFI 13）
CTR1A	42（PFI 3）
CTR1Z	41（PFI 4）
CTR1B	46（PFI 11）
FREQOUT	1（PFI 14）

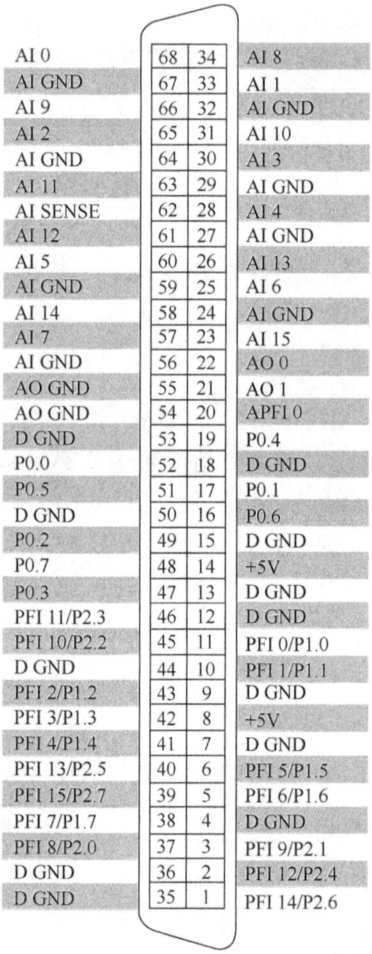

AI 0	68	34	AI 8
AI GND	67	33	AI 1
AI 9	66	32	AI GND
AI 2	65	31	AI 10
AI GND	64	30	AI 3
AI 11	63	29	AI GND
AI SENSE	62	28	AI 4
AI 12	61	27	AI GND
AI 5	60	26	AI 13
AI GND	59	25	AI 6
AI 14	58	24	AI GND
AI 7	57	23	AI 15
AI GND	56	22	AO 0
AO GND	55	21	AO 1
AO GND	54	20	APFI 0
D GND	53	19	P0.4
P0.0	52	18	D GND
P0.5	51	17	P0.1
D GND	50	16	P0.6
P0.2	49	15	D GND
P0.7	48	14	+5V
P0.3	47	13	D GND
PFI 11/P2.3	46	12	D GND
PFI 10/P2.2	45	11	PFI 0/P1.0
D GND	44	10	PFI 1/P1.1
PFI 2/P1.2	43	9	D GND
PFI 3/P1.3	42	8	+5V
PFI 4/P1.4	41	7	D GND
PFI 13/P2.5	40	6	PFI 5/P1.5
PFI 15/P2.7	39	5	PFI 6/P1.6
PFI 7/P1.7	38	4	D GND
PFI 8/P2.0	37	3	PFI 9/P2.1
D GND	36	2	PFI 12/P2.4
D GND	35	1	PFI 14/P2.6

图 3.1　PCI-6251 引脚图

3.2.2　双脉冲编码器

通常使用双脉冲编码器和正交编码器测量位置。

双脉冲编码器是一种位置测量传感器，具有 A、B 两条通道。当编码器移动时，A 或 B 即发出一个脉冲信号。信号 A 上的脉冲表示一个方向的位移，信号 B 上的脉冲表示相反方向的位移。当信号 A 产生脉冲时，计数器计数增加；当信号 B 产生脉冲时，计数器计数减少，双脉冲编码器测量示意图如图 3.2 所示。

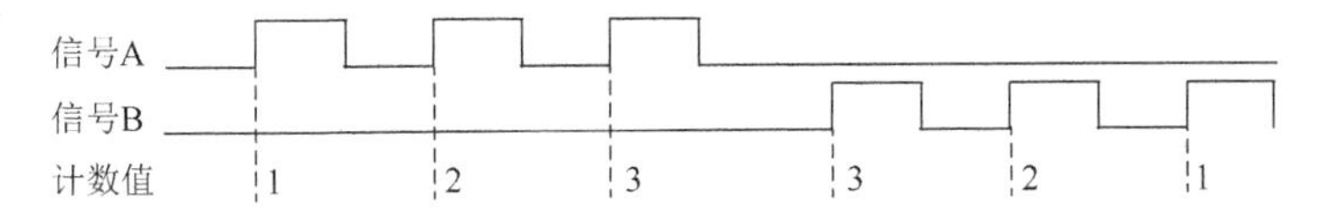

图 3.2　双脉冲编码器测量示意图

3.2.3　正交编码器

正交编码器通过两个脉冲信号进行位置测量。该信号可称为信号 A（通道 A）和信号 B（通道 B）。信号 A 和信号 B 的偏移量为 90°，用于确定编码器移动的方向。例如，在角度正交编码器中，如信号 A 位于信号 B 之前，则编码器按顺时针方向旋转；反之，编码器按逆时针方向旋转。

NI 采集卡 M 系列、C 系列和 NI-TIO 设备上的计数器支持对 X1、X2、X4 三种类型的正交编码器进行解码。

对于 X1 解码，如信号 A 在信号 B 之前，计数器在信号 A 的上升沿增加计数；如信号 B 在信号 A 之前，计数器在信号 A 的下降沿减少计数，正交编码器 X1 解码示意图如图 3.3 所示。

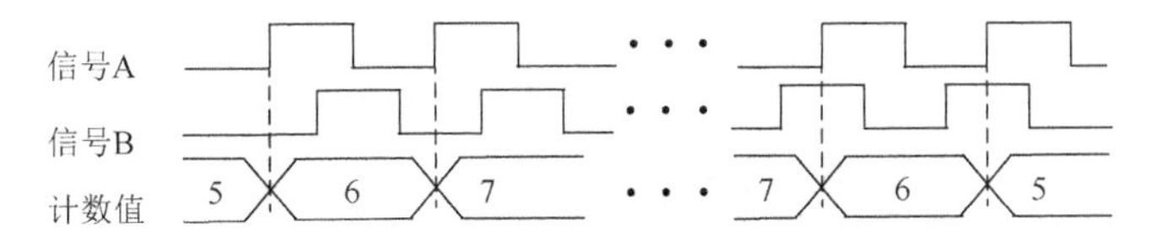

图 3.3　正交编码器 X1 解码示意图

对于 X2 解码，动作与 X1 解码相同，只是计数器在信号 A 的上升沿和下降沿增加和减少计数，正交编码器 X2 解码示意图如图 3.4 所示。

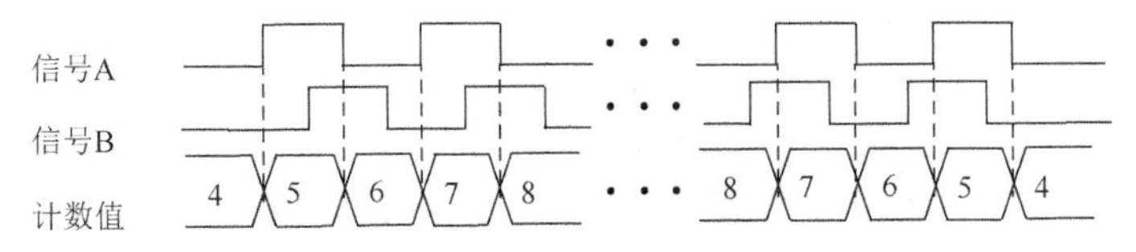

图 3.4　正交编码器 X2 解码示意图

对于 X4 解码，计数器在信号 A 和信号 B 的上升沿和下降沿增加和减少计数。

X4 解码对位置更加敏感，如编码器处于振动环境，更容易导致测量错误，正交编码器 X4 解码示意图如图 3.5 所示。

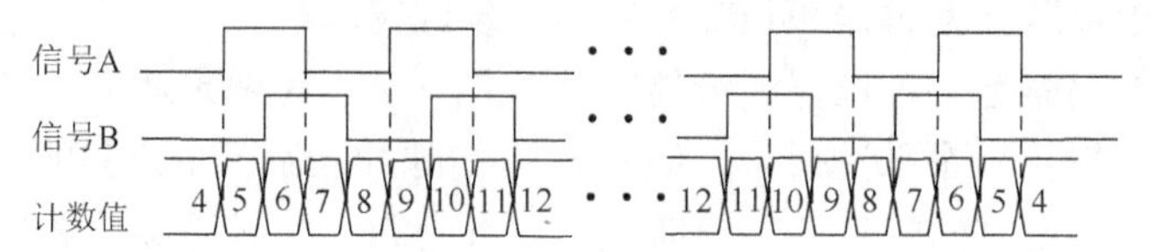

图 3.5　正交编码器 X4 解码示意图

许多编码器也通过使用 Z 索引准确判定参考位置。

3.2.4　Z 索引

编码器通常使用第三个信号进行 Z 索引。通过在固定位置产生的脉冲可准确判断参考位置。例如，角度编码器的 Z 索引为 45°，则每次编码器旋转 45°时可发送脉冲至 Z 输入接线端。不同的设计信号 Z 的动作不同。

A、B、Z 两相脉冲输出线直接与 PCI-6251 的 CTR0(1) A、B 及 Z 的输入端连接，A、B 为相差 90° 的脉冲，Z 相信号在编码器旋转一圈只有一个脉冲，通常用来做零点的依据。

3.3　JC800 光栅尺简介

3.3.1　参数及外形图

本项目采用的 JC800 光栅尺是由深圳市精测仪器有限公司生产，目前主要运用于直线移动导轨机构的线位移测量，这种光栅尺可实现精确的移动量的数值显示，其有效量程为 0~800mm。JC800 光栅尺实物图如图 3.6 所示。

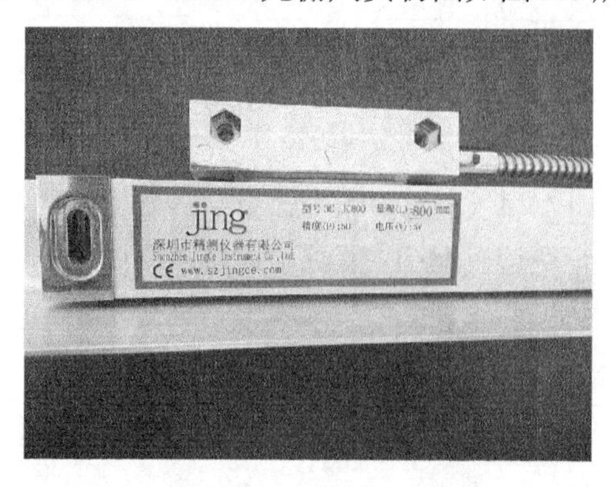

图 3.6　JC800 光栅尺实物图

JC800 光栅尺基本技术参数见表 3.2。

表 3.2　JC800 光栅尺基本技术参数

有效量程	精度	光栅栅距	分辨率	电源电压	输出信号	工作环境
0～800mm	±5μm	20μm	5μm	5V	TTL 脉冲方波	0～50℃，湿度≤90RH

光栅尺输出信号为 TTL 脉冲方波，包含 A 路信号（黑线）和 B 路信号（黄线），A 路信号与 B 路信号相位相差 90°，左右移动光栅尺产生波形如图 3.7 所示。

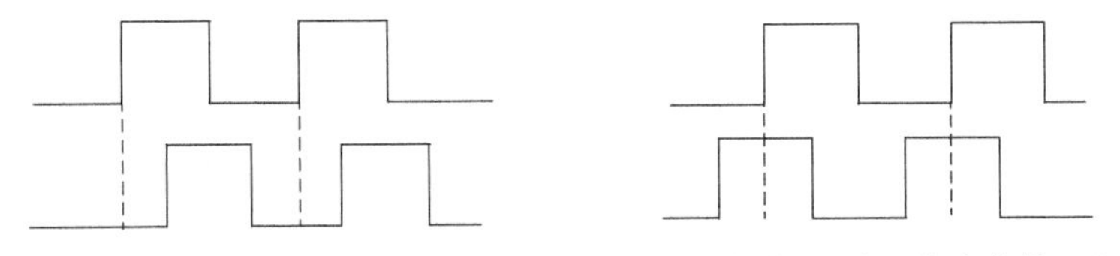

（a）左移时A信号（上）超前B信号（下）90°　（b）右移时A信号（上）滞后B信号（下）90°

图 3.7　左右移动光栅尺产生波形及相位关系

3.3.2　光栅尺内部构成及其简介

光栅传感器主要由光源、前后透镜、光栅副及光电接收元件这四部分构成，光栅结构组成如图 3.8 所示。

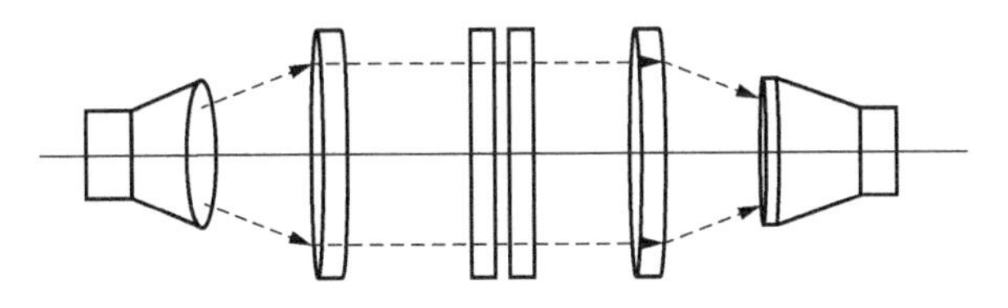

图 3.8　光栅结构组成

光栅副由主光栅和副光栅两部分组成，光栅副组成如图 3.9 所示。图中 W 为栅距，即光栅尺刻板上的物理刻线间距，a 为刻线遮光部分的长度，b 为刻线透光部分的长度，$W=a+b$。

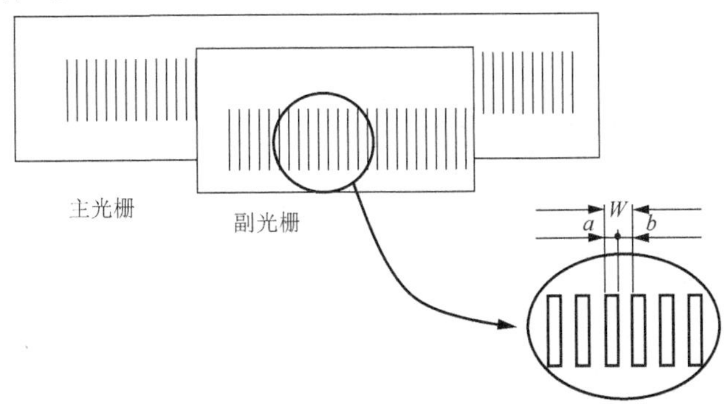

图 3.9　光栅副组成

3.3.3 光栅尺的测量原理及简介

以下是莫尔条纹形成的原理。

将主光栅与指示光栅（副光栅）叠合在一起，使两者形成很小的夹角，这样一束光过来之后有的被挡，有的从缝隙直接透过去，再通过光学器件透镜的一些光学原理（干涉作用），这样在垂直栅线的方向上出现明暗相间的条纹即莫尔条纹，莫尔条纹形成的原理图及几何尺寸计算图如图 3.10 所示。

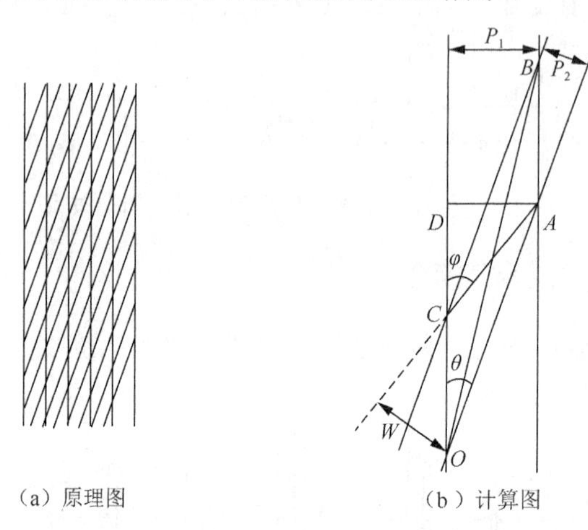

（a）原理图　　（b）计算图

图 3.10　莫尔条纹形成的原理图及几何尺寸计算图

图 3.10（b）为一个栅元 *OABC* 的几何尺寸计算图，*OB* 与 *AC* 的交点为栅元的中心，主栅的光栅节距为 P_1（mm）；副栅的光栅节距为 P_2（mm）；交叉角度为 θ（rad）；CA 与主栅刻线的夹角为 φ（rad）。*O* 点到 *CA* 的间距即为光栅的栅距。由几何关系，有

$$
\begin{aligned}
AC&=\sqrt{CD^2+AD^2}=\sqrt{\left(P_1\cot\theta-P_2/\sin\theta\right)^2+P_1^2}\\
&=\sqrt{P_1^2+P_2^2-2P_1P_2\cos\theta}\Big/\sin\theta
\end{aligned}
\tag{3.1}
$$

于是有

$$
\sin\varphi=\frac{AD}{CA}=P_1\sin\theta\,/\sqrt{P_1^2+P_2^2-2P_1P_2\cos\theta}
\tag{3.2}
$$

对于三角形 *OAC*，有

$$
W\sin\theta=P_2\sin\varphi
\tag{3.3}
$$

光栅的栅距为

$$
W=P_2P_1\,/\sqrt{P_1^2+P_2^2-2P_1P_2\cos\theta}
\tag{3.4}
$$

当 $P_1=P_2=P$ 且 θ 较小时，有

$$W = P / \sqrt{2 - 2\cos\theta} = \frac{P}{2\sin\frac{\theta}{2}} \approx \frac{P}{\theta} \tag{3.5}$$

由上式可知，只要 θ 足够小，W 相对 P 有足够的放大倍数，如 θ 为 $1°$，则放大倍数为 57.3，这就是光栅尺莫尔条纹可以提高测量精度的原因。

当光电元件接收到明暗相间的条纹信号（正弦信号）时，便根据光电转换原理将光信号转换为电信号（电压），再通过整形滤波电路将其转换为方波信号，由实验知当波形重复到原来的位置和幅值时，相当于光栅移动了一个栅距 W，所以如果光栅相对移动了 n 个栅距，则位移 $x=nW$，因此只要记录移动过的莫尔条纹数 n，就能知道光栅位移量 x，实质上就是记录方波的上升沿数或下降沿数（即脉冲数）就可以测量出光栅移动的位移数，当然还存在光栅辨向的问题。光栅传感器测量距离的原理流程图如图 3.11 所示。

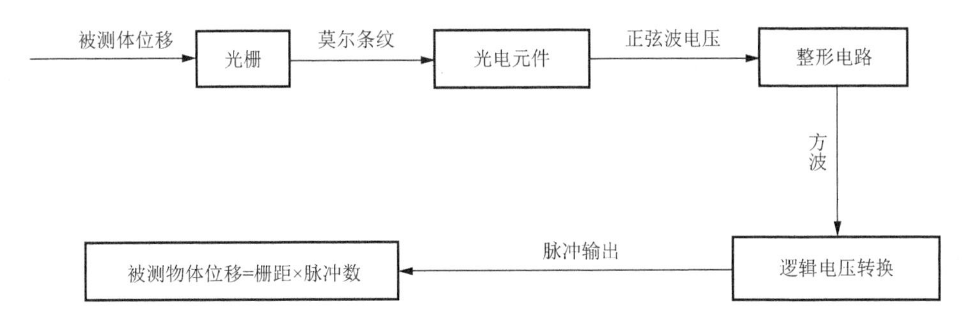

图 3.11 光栅传感器测量距离的原理流程图

3.3.4 测距辨向原理

首先光电元件因副光栅的移动（读数头）接收了一个莫尔条纹信号，但该信号只能判别条纹明暗的变化，却不能分辨出副光栅的移动方向，导致不能准确测量读数头的位移。因此必须在副光栅后面放置两个光电接收元件，接收信号正好相位相差 90°，利用相位先后关系便可以辨别方向，具体可参见上面正交编码器的叙述。

3.4 前 面 板

光栅测量仪相对简洁，只需放置水平填充滑动条以模拟尺子，另放一个数值输入控件显示光栅尺当前位置，光栅测量仪前面板如图 3.12 所示。

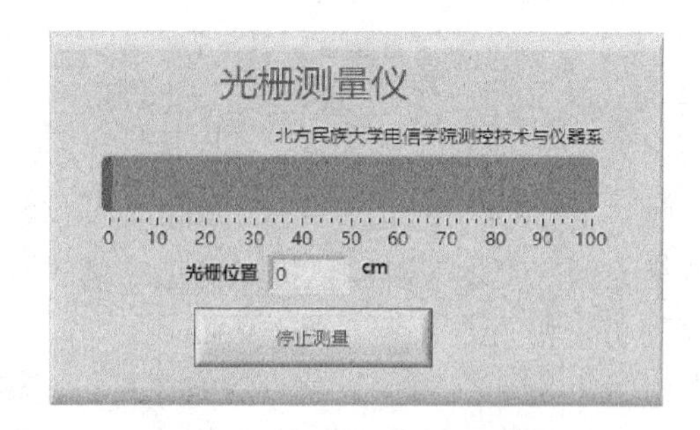

图 3.12　光栅测量仪前面板

3.5　程 序 框 图

光栅测量仪的程序框图是一个典型的 PCI-6251 采集卡计数器资源测量 CI 线性编码器的应用，光栅测量仪程序框图如图 3.13 所示。

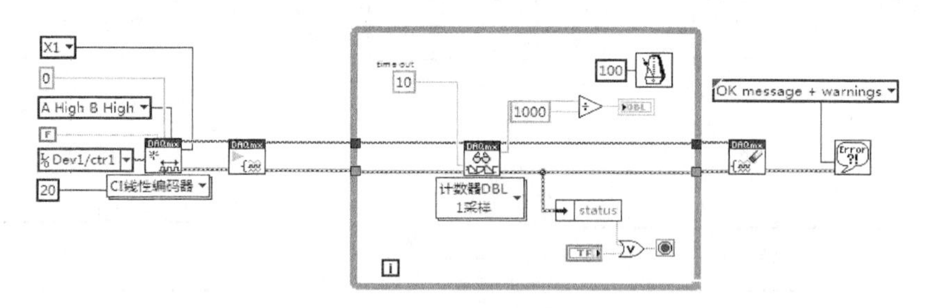

图 3.13　光栅测量仪程序框图

3.5.1　程序流程

首先需对 CI 线性编码器初始化，启动任务，然后 DAQmx 读取节点并置于 while 循环体内以便连续读取脉冲个数，其中除以 1000 用于将单位微米转换为毫米，最后按下停止测量按钮退出测量程序。

3.5.2　CI 线性编码器

该节点的参数设置是本设计的重点，设置情况如图 3.13 左侧所示。下面是 LabVIEW 帮助文档给出的各参数的说明，CI 线性编码器各接线端的说明如图 3.14 所示。

1. 功能

创建通道，使用线性编码器测量线位置。单个任务只能包含单个计数器输入通道，因此每次只能创建一个计数器输入通道。

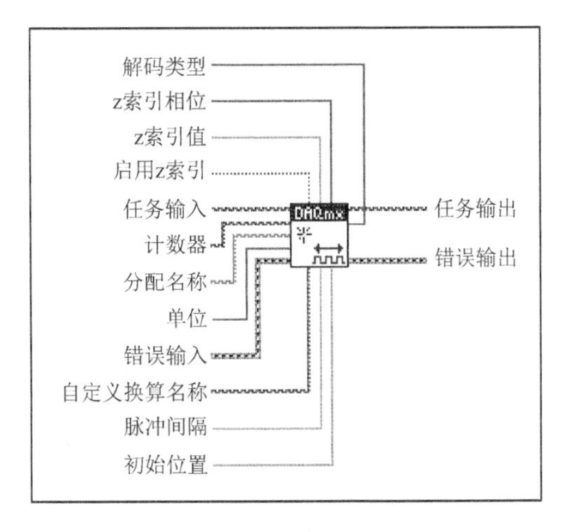

图 3.14　CI 线性编码器各接线端的说明

2. 各主要接线端的说明

CI 线性编码器接线端功能见表 3.3。

表 3.3　CI 线性编码器接线端功能

参数	功能说明
任务输入	添加 VI 创建的虚拟通道的任务名称。如果没有指定任务，NI-DAQmx 将自行创建任务并将 VI 创建的通道添加至该任务。本例未接入
计数器	用于生成虚拟通道的计数器的名称。DAQmx 物理通道常量包含系统已安装设备上的全部物理通道（包括计数器）。本例未接入
分配名称	分配给 VI 创建的定时源的名称。如果该输入端未连线，NI-DAQmx 将把物理通道名称作为虚拟通道名称。本例未接入
单位	从通道返回的线性位置测量值使用的单位。本例未接入，取缺省值 m
启用 Z 索引	指定该通道是否使用 Z 索引。本例未使用，线性编码器不使用
Z 索引值	指定信号 Z 为高电平且信号 A 和信号 B 处于 Z 索引相位指定的状态时，测量值使用由单位指定的单位。本例未使用，线性编码器不使用
Z 索引相位	指定 NI-DAQmx 重置测量的信号 Z 为高时，信号 A 和信号 B 的状态。如信号 A 和信号 B 为高时信号 Z 永不为高，必须选择 A 高 B 高之外的其他相位。本例未使用，线性编码器不使用
脉冲间隔	是对编码器在信号 A 或信号 B 中生成的每个脉冲进行测量的间隔。该值的单位与单位指定的单位相同。本例设置为 20，对应项目使用的光栅尺 JC800 的栅距为 20μm 而言的，这样脉冲输出的单位为 mm
初始位置	开始测量时编码器所在的位置。该值使用单位输入端指定的单位。本例未接入
解码类型	指定对编码器在信号 A 和信号 B 上生成的脉冲进行计数和解释的方法。X1、X2 和 X4 仅对正交编码器有效。双脉冲计数仅对双脉冲编码器有效。本例使用 X1。这几类解码类型前面有说明

3.6　硬件连线图

本设计项目光栅的四路信号 A 信号、B 信号、5V 电源及地（DGND）应与 PCI-6251 的接线盒 SCB-68A 相连，对应的端子为 37、45、14 及 36，系统组成硬件图如图 3.15 所示。

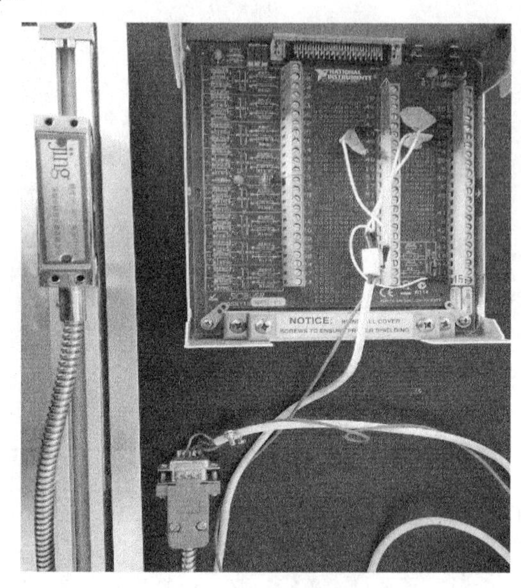

图 3.15　系统组成硬件图

第 4 章　光电三极管伏安特性测试仪

4.1　引　　言

本项目要求基于 LabVIEW 开发平台在 PCI-6251 采集卡上实现光电三极管的伏安特性测试，拟在 ELVIS 原型板上搭建光电三极管特性测试仪，要求完成光电三极管元件选型、数据采集、LabVIEW 程序设计等工作，前面板要求显示对应于不同照度的伏安特性曲线簇。在硬件设备以及连线不变的前提下，改变框图程序便可以实现各种光电二端元件伏安特性曲线的绘制。

本章内容主要分为以下几点：

（1）光电三极管的工作原理；

（2）光电三极管元件选型、数据采集、探测灵敏度的标定、搭建测量电路；

（3）前面板显示伏安特性曲线、曲线光滑；

（4）光源照度的标定工作。

4.2　光电三极管的输出特性曲线的测试思路

光电三极管输出特性指在一定的光照控制下，光电三极管集电极与发射极间的电压 U_{CE} 与集电极电流 I_{CE} 之间的函数关系，即

$$I_{CE} = f\left(U_{CE}\right)|_{E=\text{const}} \tag{4.1}$$

式中，U_{CE} 为光电三极管集电极与发射极之间的电压（V）；I_{CE} 为集电极电流（A）；E 为集电结接收的光照（lx）。

光电三极管的输出特性是一簇曲线，即对于每一个确定的光照度 E，都有一条曲线与之对应，如图 4.1 所示。根据外加电压和光照的不同，光电三极管可工作于放大区、截止区和饱和区三个工作区。

如图 4.2 所示，参考测量电路，本设计依照传统三极管测试的方案，固定光照在某一固定值下，采用电压扫描的方法，先用数据采集卡模拟输出通道产生线性电压信号扫描 CE 回路，该电压 U_{CE} 即为 X 轴的变量，然后通过 ELVIS 平台（内含 PCI-6251）采集电流 I_{CE}，即得 Y 轴的电流变量，将两个变量组合即可得到光电三极管在该光照下的输出特性曲线，改变光照，就可得到特性曲线簇。

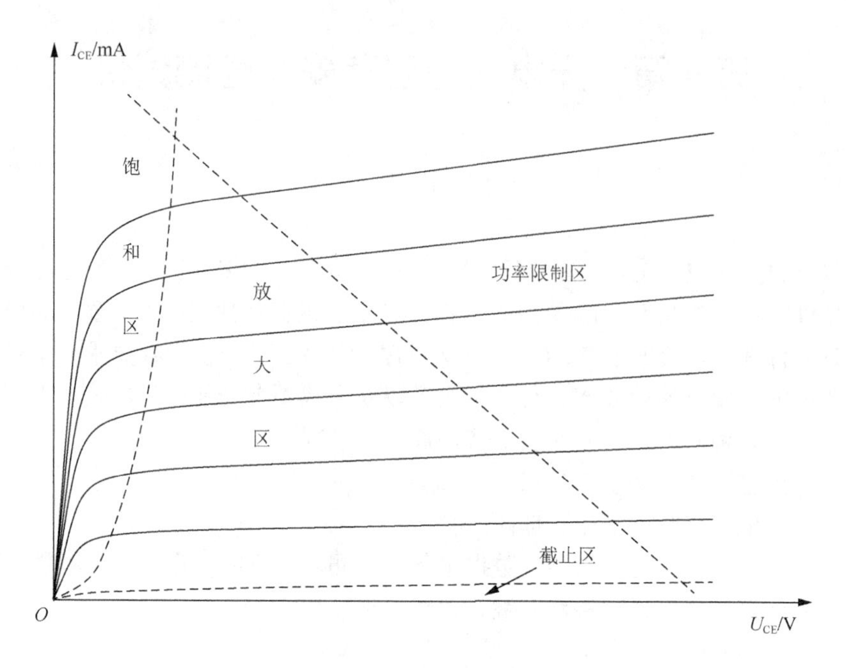

图 4.1　光电三极管输出特性曲线

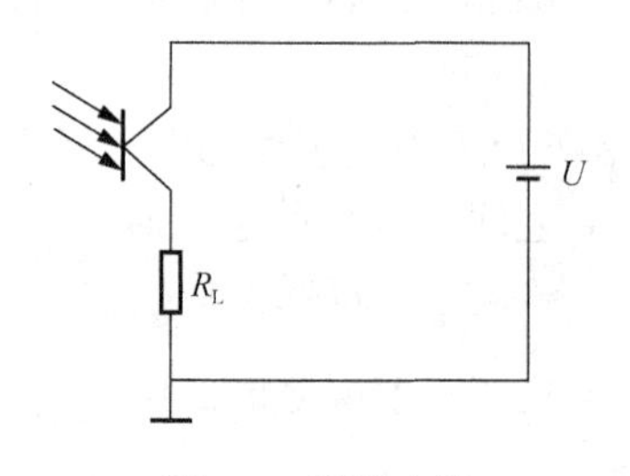

图 4.2　测量电路

项目以测试 3DU33 型光电三极管参数为例，采用三极管测量最为简单的共射接法，如图 4.2 所示。根据要求用某一照度的光照射集电极 PN 结，采取电压扫描的方法，用电压扫描集电极发射极回路，用 PCI-6251 采集卡采集该回路的电流，得到一组数据或者特性曲线，改变光照重复以上操作即可得到相关数据和特性曲线。测试时需注意两点：一是白炽灯光源照射集电极时应用遮光筒，避免环境光的干扰，导致曲线不平稳；一是发射极接负载电阻 R_L 不应太大，大概几欧姆，而且通过 DAQ 设备测量或生成电流时，需要使用电阻器，即所谓的外界分流电阻。

4.3　采集前的准备工作

4.3.1　光源的标定工作

测试前应做好光源的标定工作。项目使用的白炽光源由 0～12V 直流电源确定，出光为平行光，能均匀地照射在光电三极管的集电极上，测试前将管子替换为光照度计，记录下相应光照下的光源电压，这样测量时只要调整光源的电压就可得到所需的照度，表 4.1 为扫描照度推荐表。

表 4.1　扫描照度推荐表

测量次数	光源电压/V	输出照度/lx
1	0	0
2	12.73	340
3	9.61	300
4	7.89	250
5	6.90	200
6	6.23	150
7	5.59	100
8	4.81	50
9	4.60	40
10	4.34	30
11	4.03	20
12	3.58	10
13	3.20	5

4.3.2　集射极扫描电压的设计

由于伏安特性曲线在低压区（0～1V）有拐点，在高压区（1～10V 左右）平稳，基本为直线段，为保证得到拐点的细节，在设计扫描电压时，可考虑低压区电压点浓密一点，高压区稀疏一点。对于学生实训，设置为每段 10 个点即可，即 0，0.1，0.2，0.3，0.4，0.5，0.6，0.7，0.8，0.9，1.0，2.0，3.0，4.0，5.0，6.0，7.0，8.0，9.0，这些数据在程序框图里可用一个一维数组常量给出。当然对于工程应用，可以在低压区设置得更密一点，低压区还可延伸到 2V，或者全量程测点加密，这样曲线簇更平滑一些。

4.3.3 通道设置

根据测试要求，要用PCI-6251数据采集卡产生电压及采集电流，所以对两个物理通道进行如下设置。

（1）模拟输出通道的设置：AO0通道输出扫描电压信号。

（2）模拟输入通道的设置：AI0通道采集集电极电流信号。

4.4 前 面 板

该仪器面板只需放置三个控件：XY图、数值输入控件输入“曲线条数”及“测量”按钮，光电三极管伏安特性测试仪前面板如图4.3所示。测量前输入曲线条数，测试完毕后，XY图显示曲线簇，各曲线颜色缺省情况下为白、红、绿、青、黄、粉、橙、紫、深粉、浅青，然后循环，这样可以根据先后次序及标定的照度分别标上相应的照度。

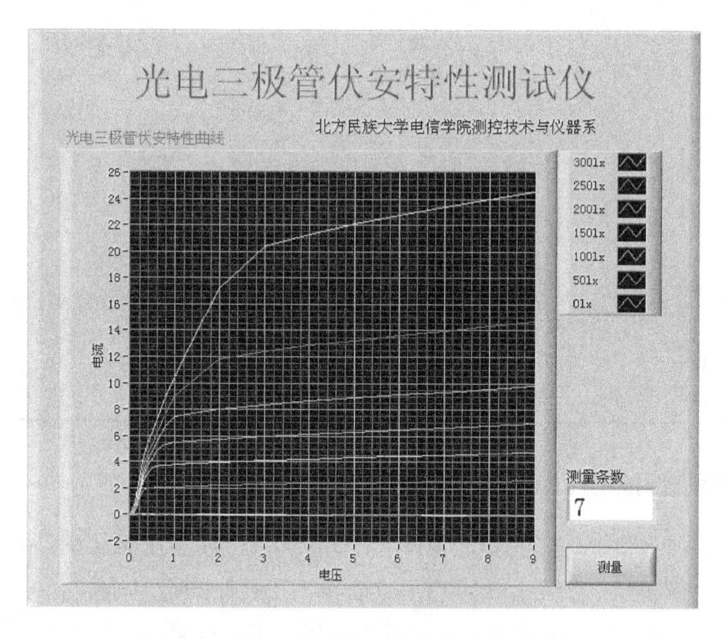

图4.3　光电三极管伏安特性测试仪前面板

4.5 程 序 框 图

程序框图设计思路如下：for循环循环“测量条数”次数后自动退出程序，循环内放置一个事件结构以响应“测量开始”：鼠标按下事件，该事件内置一个for

循环，测量和产生电流及电压数组各一次，可得一条特性曲线，外 for 循环退出后画出特性曲线簇，光电三极管伏安特性测试仪程序框图如图 4.4 所示。

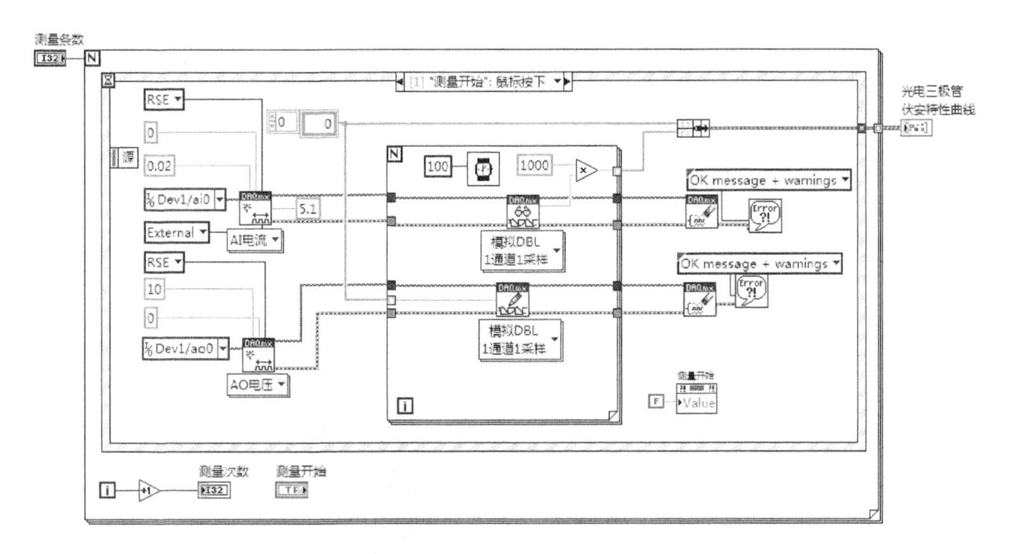

图 4.4　光电三极管伏安特性测试仪程序框图

4.5.1　物理通道的设置

项目需设置两个物理通道，分别是 AI 电流测量及 AO 电压产生。

（1）AI 电流测量节点位于左上角，物理通道为 Dev1/ai0，输入接线端配置为单端接地 RSE，最大值为 0.02A，外部分流电阻值为 5.1Ω，分流电阻位置为 External。

（2）AO 电压产生节点位于左下角，物理通道为 Dev1/ao0，输入接线端配置为单端接地 RSE，最大值为 10V。

4.5.2　数据读取及写入

读取及写入节点位于内循环内，循环的次数为输入电压数组的个数，VI 多态选择器设置为单通道单采样模拟双精度数据，其中乘法器乘以 1000 将电流单位安培转换为毫安。

4.5.3　其他

计数接线端加 1 以显示当前测量次数，将“测量开始”布尔值置为假，便以每次测量按下“测量开始”按钮时，测量开始按钮的值为假。电压与测得的电流捆绑后有外 for 循环显示三极管伏安特性曲线簇。

4.6 样　机　图

光电三极管伏安特性测试仪样机图如图 4.5 所示。

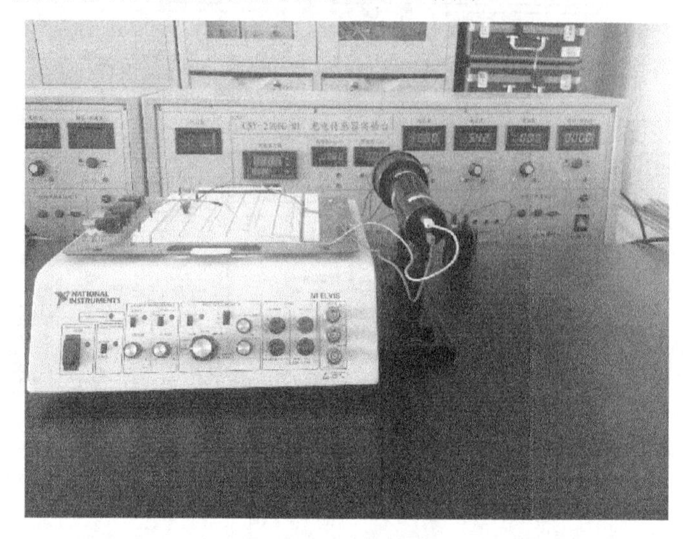

图 4.5　光电三极管伏安特性测试仪样机图

第 5 章　基于 LabSQL 简易超市收银机设计

5.1　引　　言

电子现金出纳机（electronic cash register，ECR），又叫收银机，是现代商业管理必备电子设备之一，成为在商业销售上进行劳务管理、会计账务管理、商品管理的有效工具和手段，广泛应用于超市、连锁店、餐馆、宾馆等中小企业。商用收银机于 19 世纪 70 年代在美国诞生。20 世纪 60 年代后期随着电子技术的飞跃发展，日本率先研制成功电子收银机。

ECR 的发展经历了原型的机构式现金收银机，与电脑通信联网、程序固化专用芯片及用户干预程度低的智能化收银机，以及基于 PC 的增加了信息处理能力及配合进销存软件的第三代电子收银机 POS（point of sales）机。目前，国内各大超市和商场的 POS 刷卡机大多是基于点到点拨号接入方式的 POS 系统，部分高级餐厅在顾客用餐完毕之后，服务员可以利用移动 POS 收银终端直接在客户的桌前实现结账。

市面上收银机价格大概在几千到一万元人民币之间，小型超市成本承受不起也没有必要，项目在 LabVIEW LabSQL 基础上设计一个简易收银机，硬件只需一台一百多元的 USB 口激光条码扫描仪以及通用 PC 即可完成基本的收银功能。该方案为了降低成本简化了设计，商品信息数据表增添可在数据库平台下完成，也可在 LabSQL 中完成。在采用二手 PC 的情况下，整机成本能压缩到千元以内，有一定的市场应用前景[3]。

本章内容主要分为以下几点：

（1）条纹码扫描仪及 POS 机发展概况等资料搜集整理工作；

（2）超市商品数据库设计；

（3）顾客付款界面设计；

（4）LabVIEW 的程序设计。

主要技术指标与要求如下：

（1）输入速度快、可靠性高，误码率低于百万分之一；

（2）前面板设计美观友好；

（3）条纹码识读与数据库连接没有间断。

5.2 LabSQL 简介及安装

LabSQL 是一个基于 LabVIEW 的免费、多数据库、跨平台的数据库访问工具包，支持 Windows 操作系统中任何基于 ODBC 的数据库，将复杂的底层 ADO（activeX data objects）及 SQL（structured query language）操作封装成一系列的 LabSQL VIs。利用 LabSQL 几乎可以访问任何类型的数据库，对记录进行各种操作。它的优点是操作简单、易于理解，只需进行简单编程，就可在 LabVIEW 中实现数据库访问。

只有 PC 上安装了包含 ADO ActiveX 类的 MDAC（microsoft data access components，微软数据访问组件），LabSQL 才能正常使用。使用者需要先创建一个 DSN（data source name，数据源名），才能在 Windows 下让 LabVIEW 和 MySQL（或 Access）相连接。在创建 DSN 之前，需要确保系统安装了 MySQL Connector ODBC 或 Microsoft Office Access(mdb)，就可以为数据库创建 DNS 了。

5.3 程序设计的准备工作

5.3.1 程序的设计思路

激光条形扫描器是以光束扫描货物的条码来生成相应的字符串。硬件提供了三种接口来获取信息，本次设计根据最简单实用的原则选择 USB 2.0 接口来获取条形码信息。用户只需激活条码信息编辑框扫描条码即可自动生成条码文本。

图 5.1 给出本程序设计流图。

5.3.2 商品资料数据库的创建

1. 表单的创建

Access 是微软推出的办公软件 Office 套件中的一种数据库制作工具，本次设计属于小型的数据管理系统，主要有商品信息管理表，字段信息见表 5.1。

表 5.1 字段信息

字段名称	数据类型	字段大小	说明
编号	文本	50	主键
label	文本	50	商品的条形码
name	文本	50	商品的名称
price	货币	货币	商品的单价
quantity	数字	整型	购买的数量

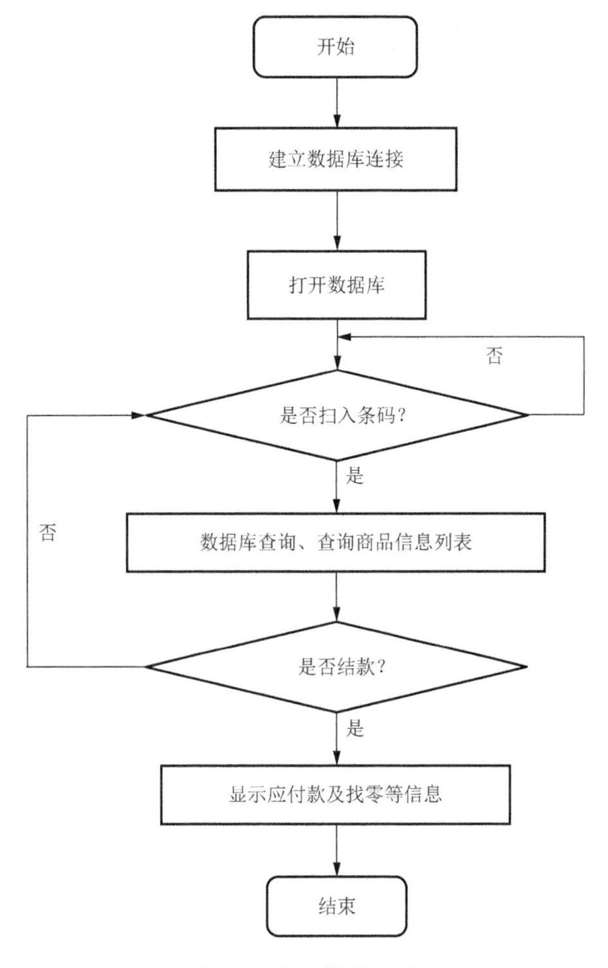

图 5.1　程序设计流图

创建表单的步骤如下：

（1）点击 Microsoft Access 数据库，在 Access 主窗口的任务窗格中单击空 Access 数据库。

（2）点击打开文件新建数据库对话框，选好数据库的存放位置，将数据库的名字设为“MyDB”，建成后单击创建按钮。

（3）在数据库窗口中选中表对象，再单击新建按钮打开新建表窗口，该窗口提供了创建表的几种方法，如数据表视图、设计视图、表向导、连接表。选择设计视图的方法去定义表。

（4）完成后关闭表设计窗口，在弹出的另存为窗口中输入表名“商品资料”，单击“确认”按钮。

（5）单击“确认”按钮之后弹出尚未创建主键的警告，单击“是”按钮，自动为表创建一个 ID 主键，命名为编号，商品数据库表单如图 5.2 所示。

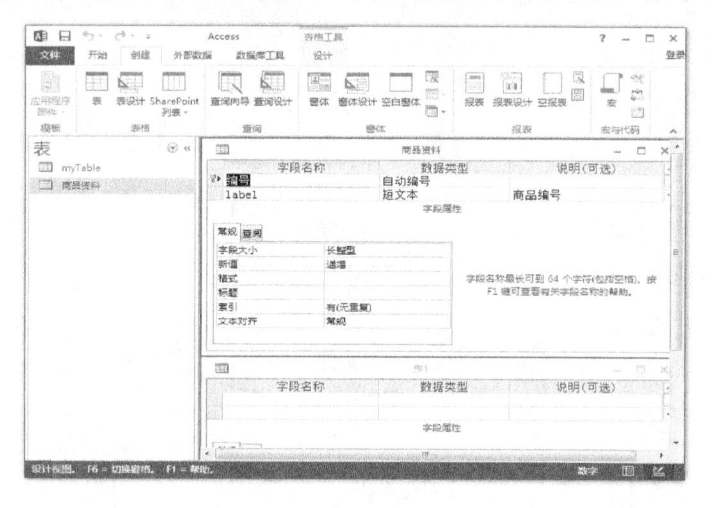

图 5.2　商品数据库表单

2. 数据库表的键名与示例

项目创建的数据库表如图 5.3 所示。

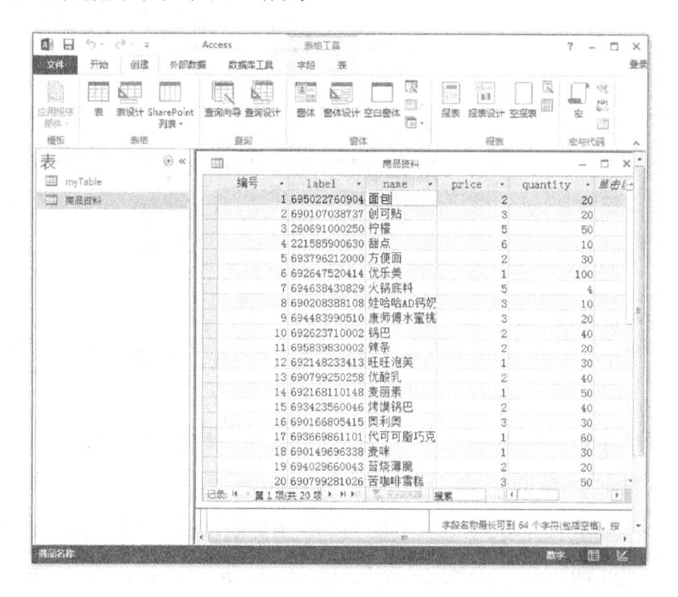

图 5.3　创建的数据库表

5.3.3　数据源的建立

使用 LabSQL 访问数据库实质是通过微软 ADO 及 SQL 语言实现数据库的访

问的，LabSQL 把底层的 ADO 操作模块化封装，主要分为三大模块，即命令、连接及记录模块，ADO 是通过 DSN（数据源名）来访问数据库的，因此使用 LabSQL 访问数据库之前就必须通过 ODBC 配置数据源，即建立 DSN 与数据库文件名、所在目录、数据库驱动程序、用户 ID 及密码之间的关系。

常见的数据源连接方式有三种：使用 ODBC 设定系统数据源的连接方式；使用 UDL 文件的方式；以字符串的形式输入连接信息。

这里用 ODBC 来创建 DSN，在 Windows 的开始→运行中输入 odbcad32.exe，打开 ODBC 数据资源管理器对话框，选择系统 DSN 选项卡，ODBC 数据源管理器如图 5.4（a）所示，单击“添加”按钮打开创建新数据源对话框，选择第一项 Microsoft Access Driver（*.mdb，*.accdb），单击“完成”按钮，创建新数据源如图 5.4（b）所示，打开 ODBC Microsoft Access 安装对话框，ODBC Microsoft Access 安装对话框如图 5.5（a）所示。

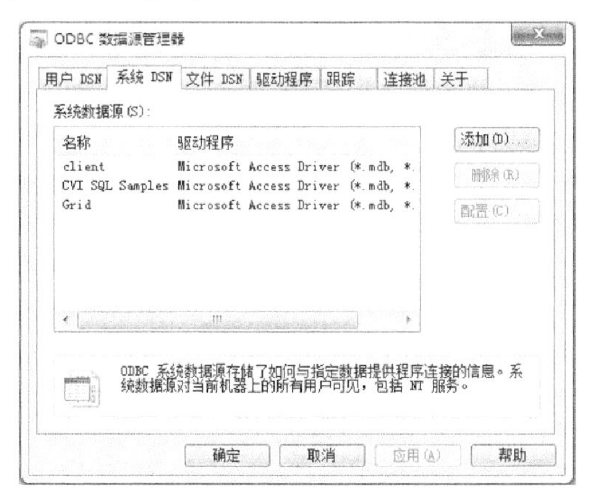

（a）ODBC 数据源管理器

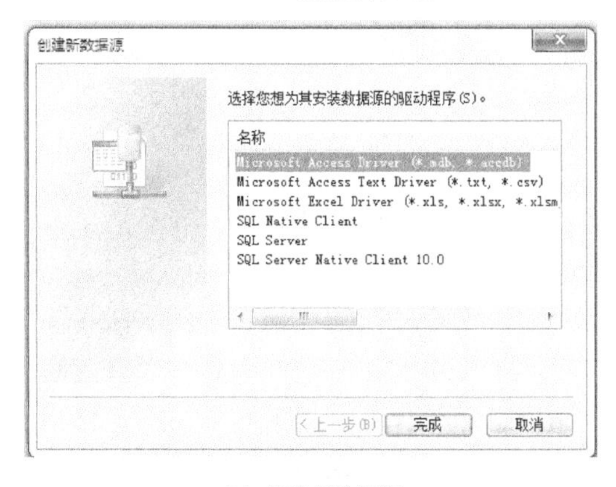

（b）创建新数据源

图 5.4　ODBC 数据源管理器及创建新数据源界面

在安装对话框里单击“选择”按钮打开选择数据库对话框，选择好相应数据库，如本例的 MyDB.mdb，ODBC Microsoft Access 选择数据库对话框如图 5.5（b）所示，数据库选择好后，定义数据源名为“MyDB”，即与数据库名相同，单击“确定”按钮后回到 ODBC 数据源管理器，此时“系统数据源”表格应看到新添加的数据库“MyDB”。

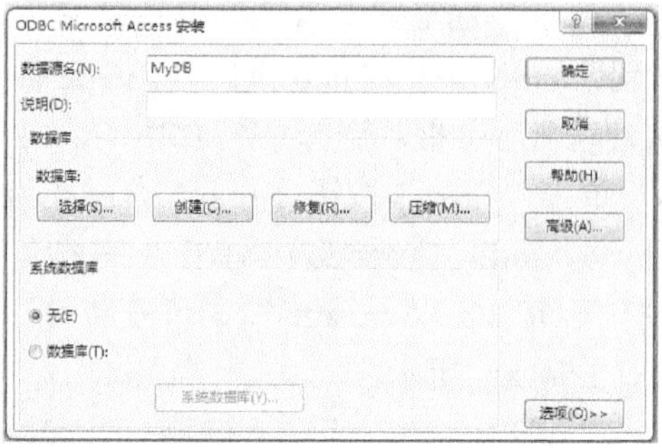

（a）ODBC Microsoft Access 安装对话框

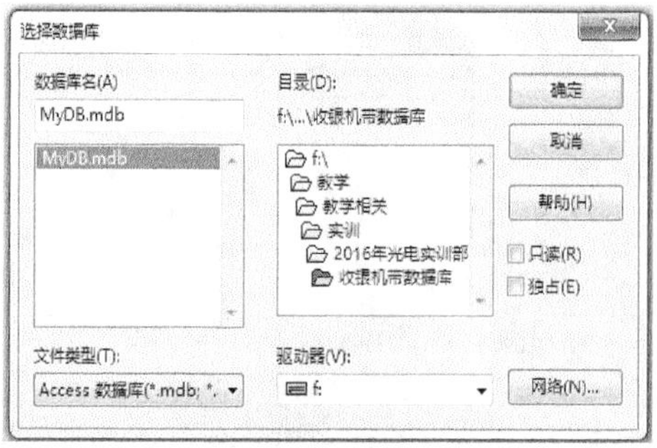

（b）选择数据库对话框

图 5.5 选择新数据库

5.4 前面板与程序框图

仪器操作面板由扫描信息区、付款信息区、商品清单区及功能按钮区等四个功能区构成，前面板如图 5.6（a）所示[3]。

扫描信息区的条码输入文本框在扫描条码时应激活（快捷键 F11）以即时显示商品条码，商品价格显示文本框显示数据库查询后对应商品价格。商品清单区显示本次购买所有商品信息，包含编号、条码、名称、价格及数量。付款信息区实付款输入文本框（快捷键 F10）输入用户待找零款项，应付款显示文本框显示本次购买所有商品总价格，找零显示文本框显示找零款项。按钮功能区结款按钮完成本次购买后按下计算找零及清除商品清单功能，停机退出程序。

（a）前面板

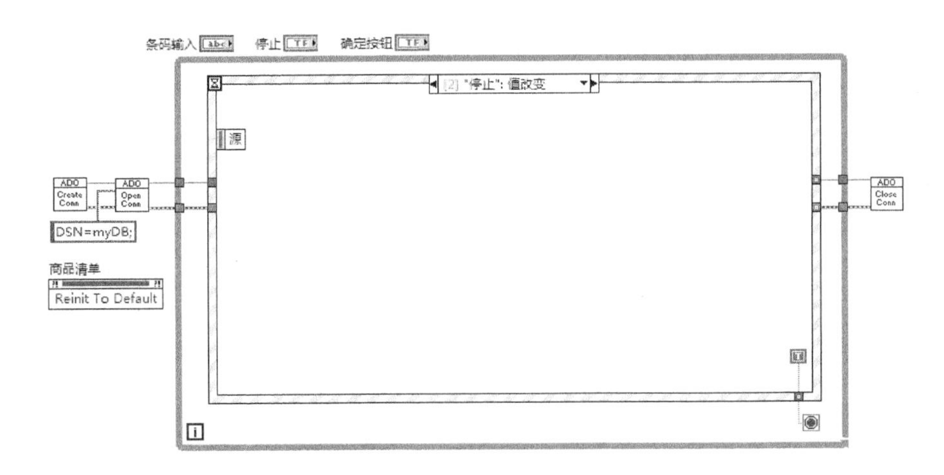

（b）“停止”按钮事件分支

图 5.6　收银机前面板及停止事件分支

图 5.6（b）“停止”按钮事件分支用于退出程序，程序退出事件后执行关闭数据库工作，该事件为退出 LabVIEW 程序的标准方式。

在程序框图中首先初始化程序：各控件清零及数据库（MyDB.mdb）的建立与连接。图 5.7 是“条码输入”按键值改变通知事件分支。

如图 5.7 所示，每次激光枪扫码后“条码输入”文本输入控件处于激活状态，该控件对激光枪输出的文本自动响应并输入，左下角连接字符串构建 SQL 的 SELECT 语句查找条形码对应记录并将第四个字段即商品价格取出传给商品价格显示框同时循环与应付款相加，得到商品扫描后的应付款；事件框图的右上角创建数组节点将商品清单表格循环添加记录以显示新扫入的商品记录。

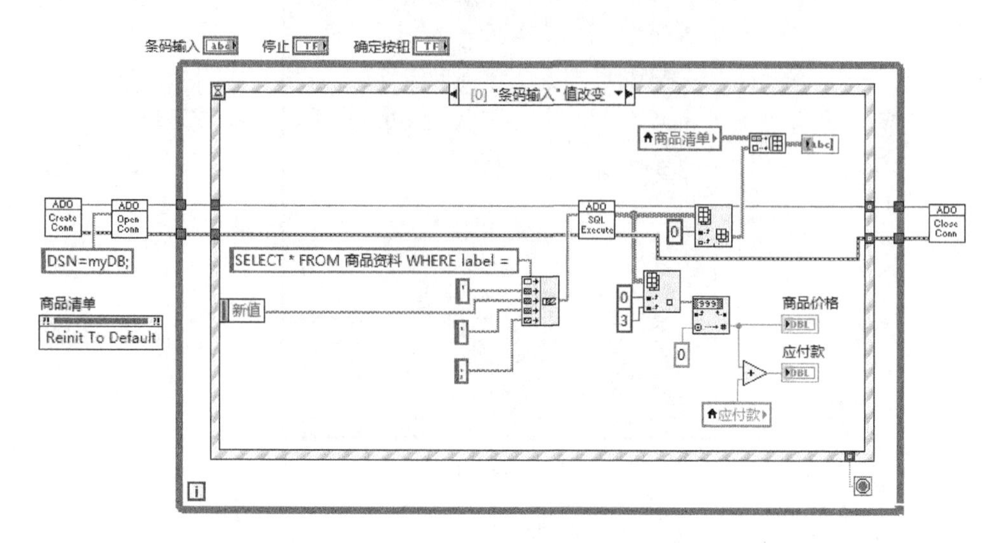

图 5.7 “条码输入”按键值改变通知事件

图 5.8 为“付款”按钮按下通知事件分支。该分支由两帧的平铺式顺序结构组成，第 0 帧实现简单的找零计算；第 1 帧将“实付款”、“应付款”、“商品清单”及“条码输入”清空，以便下一位顾客结算。

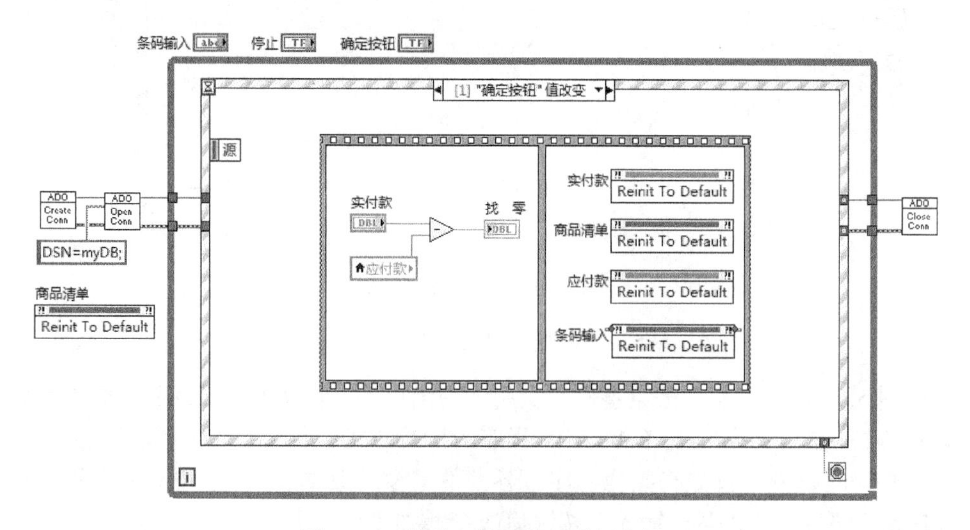

图 5.8 “付款”按钮按下通知事件

5.5　操 作 步 骤

图 5.9 是收银机扫描后效果图。

收银机运行原理如下：程序运行后，条码输入框激活，陆续扫描本次购买商品，每扫一次商品清单增加一条记录，应付款显示已扫商品总价格，扫完后输入顾客实付款，按下结款按钮将显示找零金额。

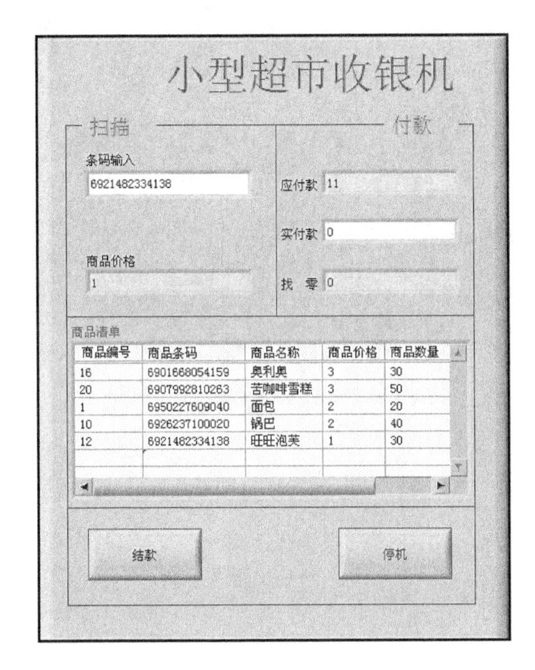

图 5.9　收银机扫描后效果图

5.6　样 机 图

图 5.10 给出 USB 口的激光条码扫描仪，其型号为顶然 A-2000A。A-2000A 激光条码扫描仪主要技术参数见表 5.2。

表 5.2　A-2000A 激光条码扫描仪主要技术参数

扫描速度	扫描宽度	扫描景深	扫描模式	光源类型	提示方式	扫描方式
100 线/s	40～330mm	20～330mm（扫描精度为 1.0）	颤镜式	650nm 可见光二极管	蜂鸣器，指示灯	手动自动连续扫描

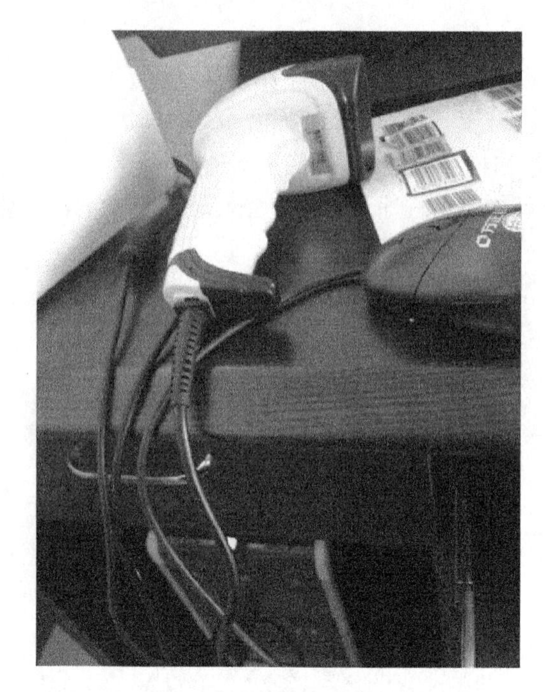

图 5.10　USB 口的激光条码扫描仪

第 6 章　幅频特性曲线测量仪设计与制作

6.1　引　　言

本项目拟在 LabVIEW 虚拟仪器 ELVIS 软件开发平台上搭建以运放滤波器为核心组件的一阶系统，项目要求完成元件参数选型、各类滤波电路设计、数据采集、幅频特性曲线绘制等，前面板要求显示系统幅频特性曲线、实时扫描频率波形，设置起止频率及十倍频点数。该项目能培养学生熟悉 LabVIEW 程序设计，以及独立完成小规模软硬件设计的能力。

本章内容主要分为以下几点：

（1）应用放大器滤波电路构建低通、高通、带通等电路；

（2）信号源生成与响应采集工作；

（3）LabVIEW 幅频特性曲线的程序设计。

主要技术指标与要求如下：

（1）产生 1Hz～10kHz 的信号源；

（2）测量低通、高通、带通等幅频曲线，十倍频至少采集五个点。

6.2　项目硬件电路

通用运算放大器电原理图如图 6.1 所示，传递函数为：$G_{\mathrm{s}}=\dfrac{R_{\mathrm{f}}}{R_1}$，放大倍数为：$\gamma=\dfrac{R_{\mathrm{f}}}{R_1}$，倒相。使用 ELVIS 组件 SCOPE 可观察到与该输入反相的正弦波形，并可估算其放大倍数。

高通滤波器如图 6.2 所示，传递函数为

$$G_{\mathrm{s}}(s)=\frac{R_{\mathrm{f}}C_1 s}{1+R_1 C_1 s} \tag{6.1}$$

式中，R_1 为运算放大器 A 反相端电阻（kΩ）；C_1 为反相端电容（μF）；R_{f} 为反馈电阻（kΩ）；$G_{\mathrm{s}}(s)$ 为高通运算放大器传递函数；s 为拉普拉斯算子。

截止角频率为

$$\omega_{\mathrm{L}}=\frac{1}{R_1 C_1} \tag{6.2}$$

式中，ω_L 为−3dB 增益处角频率（rad/s）。

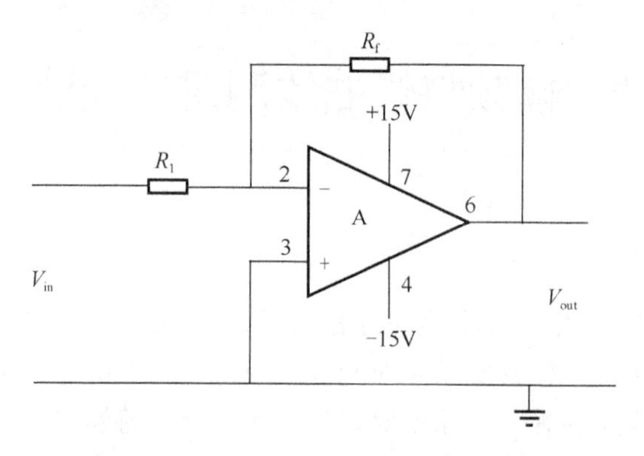

图 6.1　通用运算放大器电原理图

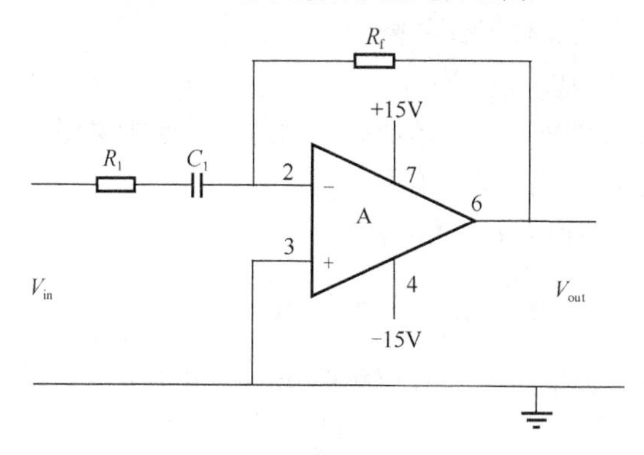

图 6.2　高通滤波器

低通滤波器如图 6.3 所示，传递函数为

$$G_s(s)=\frac{R_f}{R_1}\frac{1}{1+R_fC_fs} \tag{6.3}$$

式中，R_1 为运算放大器 A 反相端电阻（kΩ）；C_f 为反馈电容（μF）；R_f 为反馈电阻（kΩ）；$G_s(s)$ 为高通运算放大器传递函数；s 为拉普拉斯算子。

截止角频率为

$$\omega_H=\frac{1}{R_fC_f} \tag{6.4}$$

式中，ω_H 也为−3dB 增益处角频率（rad/s）。以上低通及高通滤波器的参数一般设置为：R_1=1kΩ，R_f=100kΩ，C_1=1μF，C_f=1μF。

带通滤波器如图 6.4 所示，低通与高通滤波器相串联可以构成带通滤波器，条件是低通滤波器的截止角频率大于高通滤波器的截止角频率，两者覆盖的通带就提供了一个带通响应。其传递函数为低通滤波器传递函数与高通滤波器传递函数的乘积：

$$G_s(s)=\frac{R_{f1}}{R_1}\frac{1}{1+R_{f1}C_{f1}s}\frac{R_{f2}C_2s}{1+R_2C_2s} \tag{6.5}$$

式中，R_1为运算放大器A_1反相端电阻（kΩ）；C_{f1}为反馈电容（μF）；R_{f1}为反馈电阻（kΩ）；R_2为运算放大器A_2反相端电阻（kΩ）；C_2为反相端电容（μF）；R_{f2}为反馈电阻（kΩ）；$G_s(s)$为高通运算放大器传递函数；s为拉普拉斯算子。

下限截止角频率为

$$\omega_L=\frac{1}{R_2C_2} \tag{6.6}$$

上限截止角频率为

$$\omega_H=\frac{1}{R_{f1}C_{f1}} \tag{6.7}$$

上下限截止角频率公式的参数一般设置为：R_2=100kΩ，C_2=1μF，R_{f1}=1kΩ，C_{f1}=1μF。

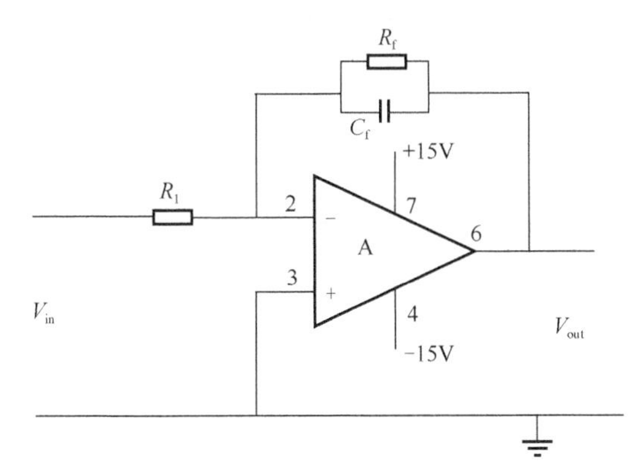

图 6.3　低通滤波器

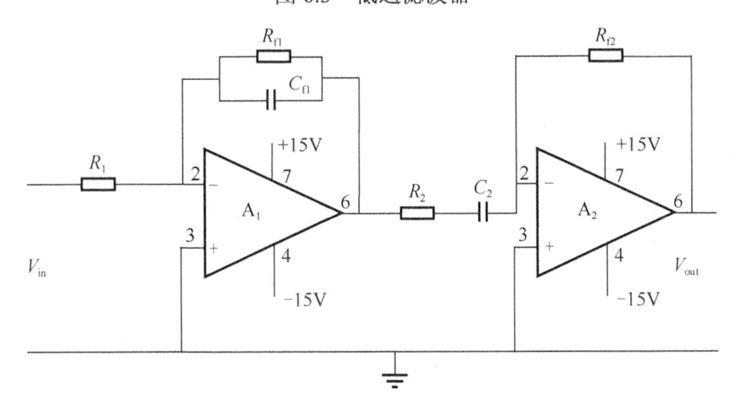

图 6.4　带通滤波器

6.3 幅频特性曲线测量仪的前面板

依据项目要求，仪器操作面板右侧放置“起始频率”“终止频率”“十倍频点数”“采样数”四个数值输入控件及“扫描频率”数值显示控件，面板上部显示幅频特性曲线，下部显示当前扫描频率下输入（滤波器的输入 V_{in}）与输出（滤波器的输出 V_{out}）的波形。由于程序一启动即开始扫描频率，故没有加启动按钮。幅频特性曲线测量仪前面板如图 6.5 所示。

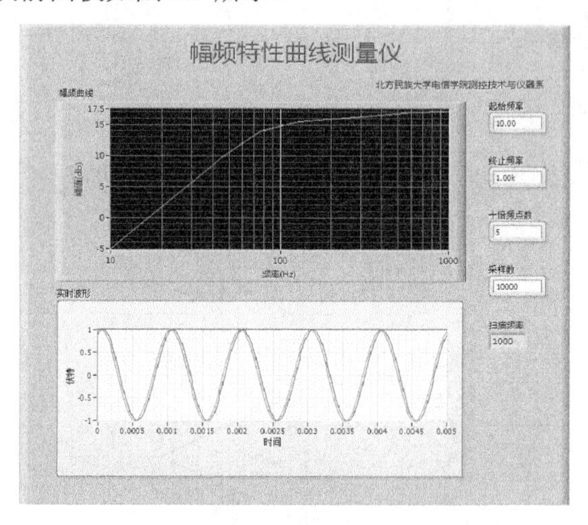

图 6.5　幅频特性曲线测量仪前面板

6.4 幅频特性曲线测量仪的程序框图

本章幅频特性测量仪的程序框图如图 6.6 所示，由于程序较为复杂，故在框图中加了 G 代码注释，共有 10 片代码，下面分别说明。

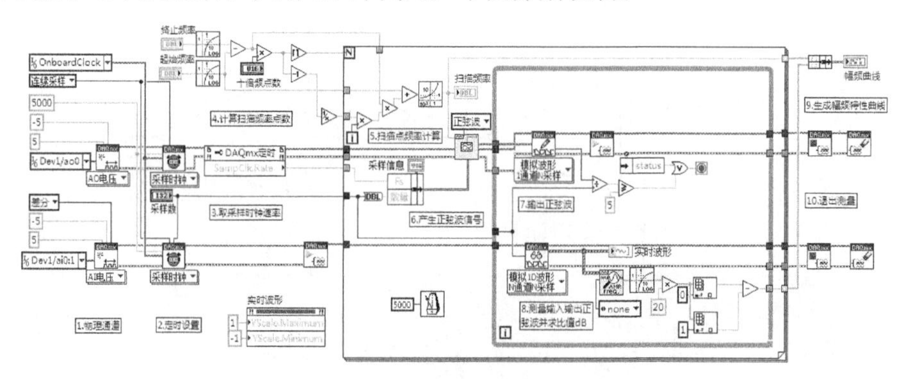

图 6.6　幅频特性测量仪的程序框图

6.4.1　物理通道的设置

本采集应用了三个采集通道：通道“Dev1/ao0”，产生扫描频率波形，多态 VI 选择器选择“AO 电压”；通道“Dev1/ai0:1”，测量 V_{in} 及 V_{out} 波形，多态 VI 选择器选择“AI 电压”；V_{in} 与扫描频率波形输出相连，两个通道的“最大值”与“最小值”都设置为 5 与−5。

6.4.2　任务时钟设置

DAQmx 节点多态 VI 选择器选择“采样时钟”，“采样模式”端子选择“连续采样”，“源”选择“OnboardClock”，“采样率”设为 5000。

6.4.3　采样时钟速率

从 DAQmx 定时属性节点读取指定采样率（单位为每通道每秒采样）。

6.4.4　计算扫描频率点数

该段代码用于已知“起始频率”f_s、“终止频率”f_e、“十倍频点数”p_s 计算扫描总点数 p，之后赋给 for 循环的总数接线端。其计算公式为

$$p=p_s\lg\frac{f_e}{f_s} \tag{6.8}$$

式中，f_s 为起始频率（Hz）；f_e 为终止频率（Hz）；p_s 为十倍频点数；p 为频率扫描总点数。

6.4.5　扫描点频率计算

在 for 循环内计算每个扫描点的频率 f_i，设 i 为某次循环计数，该公式为

$$f_i=10^{\frac{i}{p-1}\lg f_e+\lg f_s}=f_s f_e^{\frac{i}{p-1}} \tag{6.9}$$

式中，f_s 为起始频率（Hz）；f_e 为终止频率（Hz）；i 为循环计数的序号；f_i 为第 i 次循环的扫描频率（Hz）；p 为频率扫描总点数。

6.4.6　产生正弦波信号

这里要用到“基本函数发生器”节点产生某一波形以输出，该节点必须给出以下参数：

“信号类型”为“正弦波”，“频率”端子为扫描点频率 f_i，“采样信息”是一个簇数据，第一个成员为 double 型的“F_s”，由指定采样率给出；第二个成员为 double 型的“数量”，由采样数给出。其余端子用缺省值。

6.4.7　输出正弦波

由 DAQmx 写入节点实现，“数据”端子由“基本函数发生器”输出给出，多态 VI 选择器选择单通道多采样模拟波形。

6.4.8　测量输入输出正弦波并求增益

该片代码首先由 DAQmx 节点读取 V_{in} 与 V_{out} 波形，其多态 VI 选择器选择多通道多采样模拟一维波形，然后使用“提起单频信息”节点检测出两波形的幅值 A_{in} 与 A_{out}，其“导出模式”为“none”，最后应用式（6.3）计算两信号比值的分贝数：

$$G=20\lg\frac{A_{out}}{A_{in}} \tag{6.10}$$

式中，A_{out} 为被测试系统输出波形的幅值（V）；A_{in} 为被测试系统的输入波形的幅值（V）；G 为系统增益（dB）。

需要注意的是产生与测量过程均放在 while 循环内，当产生数据个数为给出的采样数的 5 倍时，退出该循环，倍数根据需求可以调整。

6.4.9　生成幅频特性曲线

退出 for 循环后，收集扫描频率与分贝数（输出隧道设置为“带索引”以生成数组），这两个 double 型的数组捆绑成簇数组，并交给“幅频曲线”控件来进行显示。

6.4.10　退出测量

采集卡完成数据生成测量后退出，回收资源。

6.5　样机连线图

为了测量方便简单，项目硬件在 ELVIS 平台上实现，连接线实物图如图 6.7 所示。

硬件连线放大器部分按照 6.2 节在 ELVIS 平台的面包板上接好某一种滤波器的放大电路，±15V 的电源应接好。A_{in} 负端接面包板的地，正端接面包板左下侧 Analog Outputs 的 DAC0，并且接到左上侧 Analog Input Signals 的 ACH1+端，ACH1-端接地；A_{out} 接到左上侧 Analog Input Signals 的 ACH0+端，ACH0-端接地。

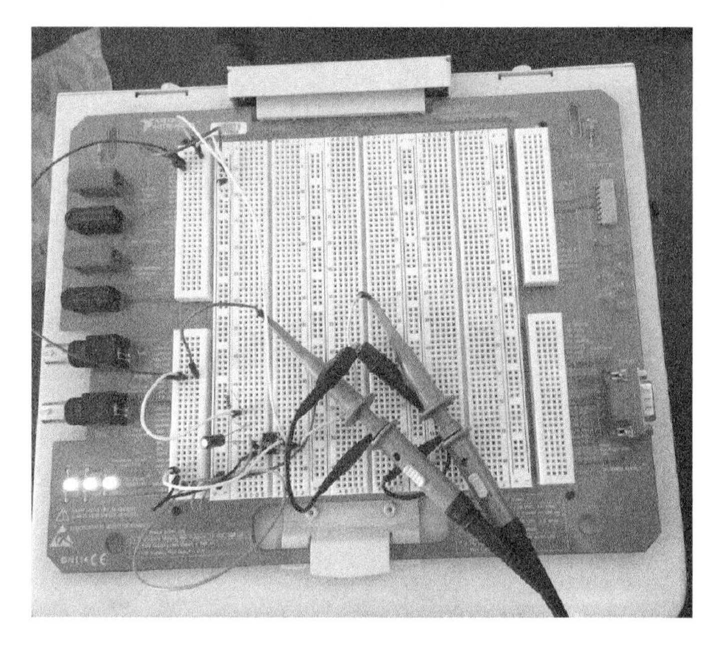

图 6.7　连接线实物图

第二篇　LabWindows 的基础开发篇

第 7 章　基于虚拟仪器的照度仪设计与制作

7.1　引　　言

基于光电池的照度计检测系统在光照度检测、光开关、数码相机自动曝光控制系统、光学精密计量等领域都有广泛的应用。本项目拟基于 LabWindows/CVI 虚拟仪器软件开发平台搭建以光电池为核心组件的照度计检测系统，要求完成元件选型、硬件电路设计、数据采集、静态标定、LabWindows/CVI 程序设计等，前面板要求静态标定照度计、实时显示照度。该项目能培养学生熟悉 CVI 程序设计，以及独立完成小规模软硬件设计的能力。

本章所使用仪器的主要技术指标与要求如下：

（1）显示光照范围为 0～1000lx；

（2）前面板应显示光照量程表及数值显示照度值；

（3）应用最小二乘法对探测灵敏度进行估计。

7.2　光电池简介

7.2.1　硅光电池的结构

硅光电池结构图如图 7.1 所示。

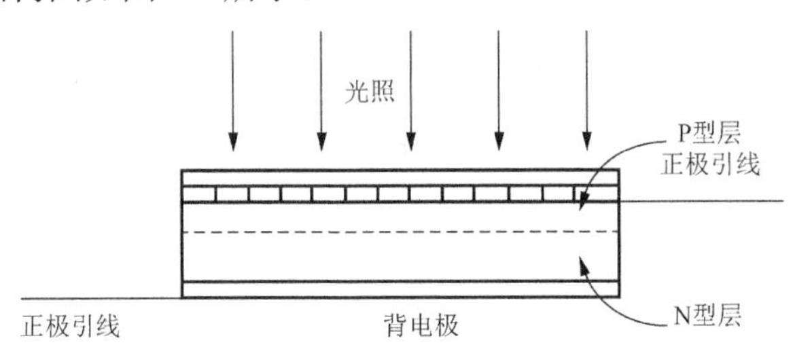

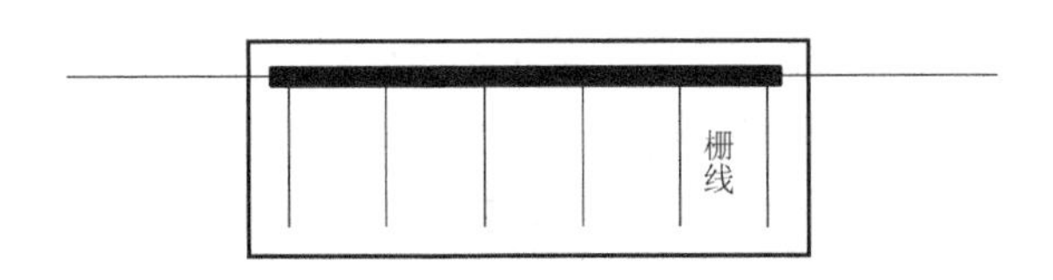

图 7.1　硅光电池结构图

P 型半导体与 N 型半导体接触后，由于多数载流子的扩散而在接触面上形成一个阻挡层即 PN 结，方向由 N 型到 P 型的电场避免了多数载流子的扩散，不过依然还是会有少数载流子通过。当受到光照的时候，工作面会产生电子-空穴对，P 型中的电子扩散到 PN 结附近，受到电场的作用被吸收到 N 型中，相反，N 型中的空穴被吸收到 P 型中，这样就产生了电流，在两者之间就有了光生电动势，接上负载后就有了功率的输出。当没有光照时，就没有少数载流子的移动，当然就不会产生光电流。

7.2.2 硅光电池的光谱灵敏度

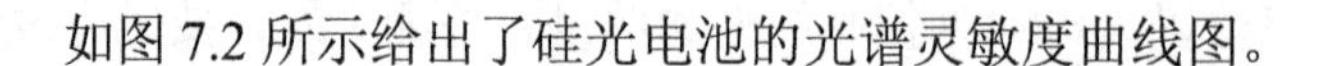

如图 7.2 所示给出了硅光电池的光谱灵敏度曲线图。

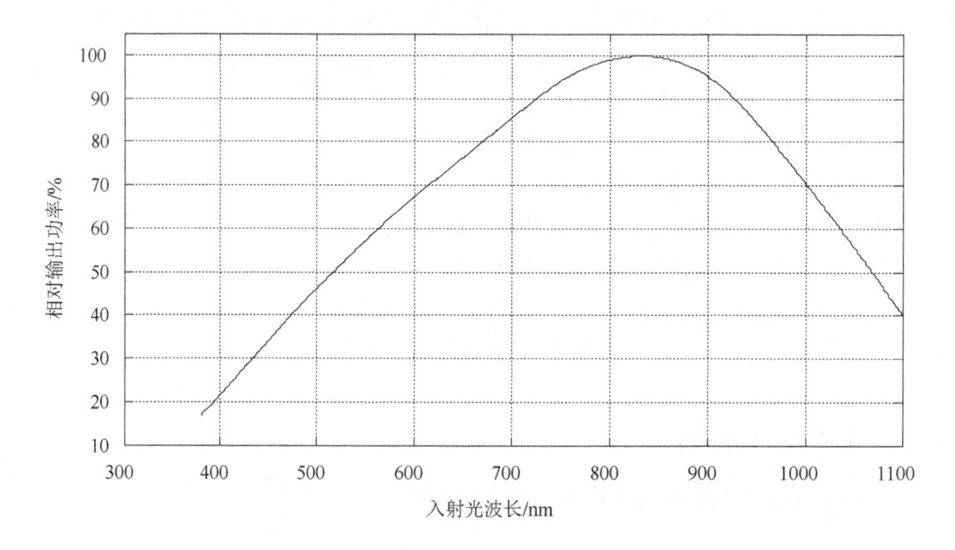

图 7.2 硅光电池的光谱灵敏度

从图 7.2 可以看出，它的光谱灵敏度的最大值在 830nm 左右，截止波长为 1100nm 左右。

另外，使用硅光电池的时候，切勿用力按压，也不可扯动两边的引线，清理的时候要用软物（软毛刷）清理，切勿用手触摸。

7.2.3 光电池调理模块

光电池调理模块采用欧鹏科技生产的光电池调理模块 M2，光电池调理模块正面与光电池调理模块反面分别如图 7.3（a）与图 7.3（b）所示，正面给出了电原理图，当然也可依据该电路图自行搭建电路。

（a）正面

（b）反面

图 7.3　光电池调理模块

7.3　生成程序框架步骤

LabWindows/CVI 是美国 NI 公司开发的具有丰富的控件、库函数以实现程序设计、编辑、编译、调试、运行的基于标准 C 语言的虚拟仪器开发平台。它适合于快速开发数据采集和仪器控制系统，在快速构建程序框架之后，用户只需在回调函数（callback function）填写核心 C 代码即可完成编程。为了方便，下面以项目为蓝本给出生成 LabWindows/CVI 2010 程序框架的步骤[4]。

7.3.1　启动 LabWindows 2010

在欢迎界面 New 栏目下单击 Project，或者在已启动界面中单击菜单项 File→New→Project（*.prj）…，打开一个新建工程项目，新建的一个 LabWindows 项目如图 7.4 所示，此时打开一个名为 Untitled.cws 的工作空间文件，如图 7.5 所示，工作空间可包含六类文件类型：.prj 工程文件、.c 源程序文件、.uir 用户界面文件、.h 头文件、.fp 仪器驱动函数面板文件和.lib 库文件。单击 File→Save Untitled.prj As…保存该工程文件为一个有意义的名字，如 luxmeter.prj。

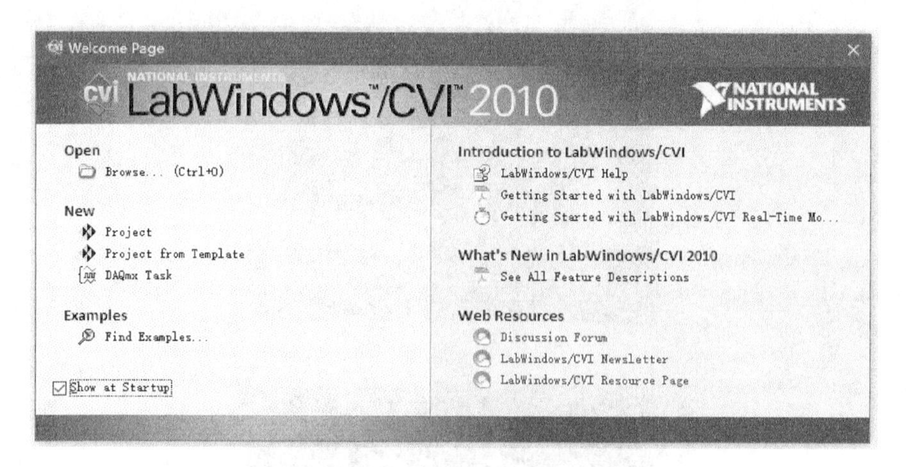

图 7.4　新建一个 LabWindows 项目

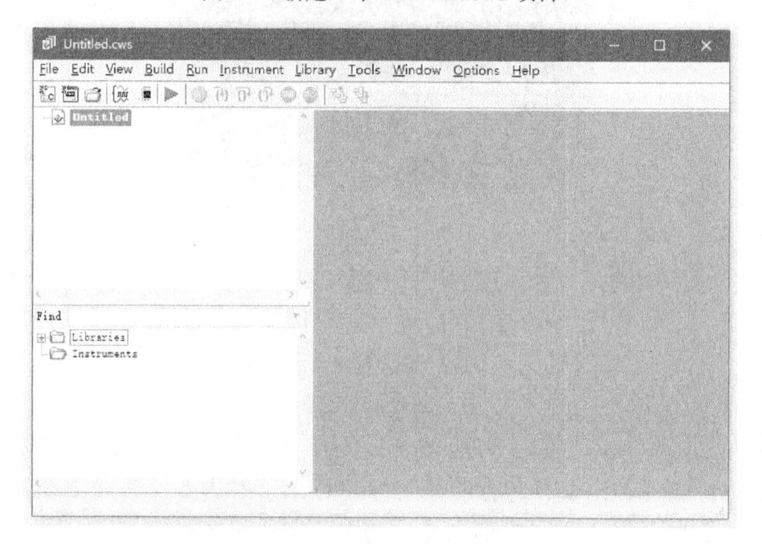

图 7.5　新建一个项目后打开的工作空间文件

7.3.2　创建一个用户界面文件

一般来说，一个虚拟仪器至少要有一个用户仪器面板，单击 File→New→User Interface（*.uir）…打开一个 Untitled.uir 文件，在用户界面中依据项目要求放置控件，如本例放置 11 个控件，排列布局好控件后保存为 luxmeter.uir，如图 7.6 所示，这些控件中“实时照度”量表控件需设置“标签/取值”属性，双击该控件打开编辑对话框，单击“Label/Value Pairs…”按钮打开“标签/取值”属性编辑对话框，照度计量程范围为 0～1000lx，设置“标签/取值”属性标签 11 个，“实时照度”量表“Label/Value”属性对设置如图 7.7 所示。

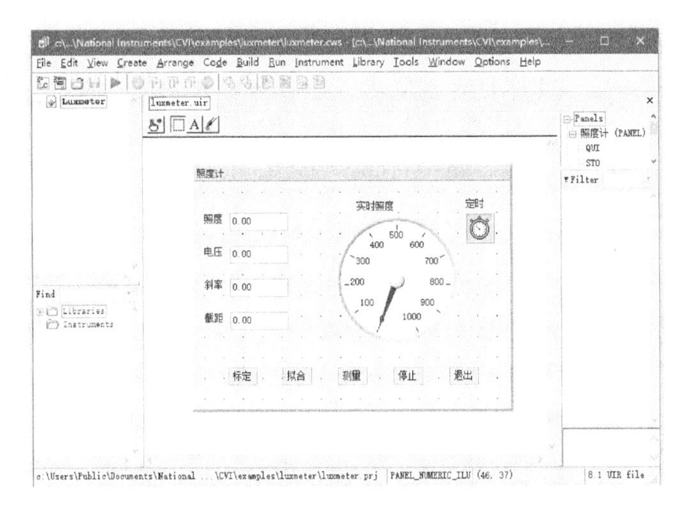

图 7.6　仪器面板控件布局

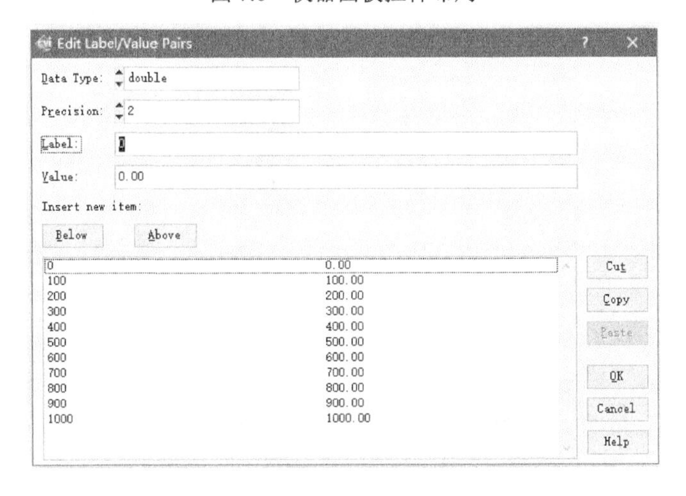

图 7.7　“实时照度”量表“Label/Value”属性对设置

7.3.3　插入测量任务

项目使用 DAQ 助手生成任务。单击 Tools→Create/Edit DAQmx Tasks…打开“Create/Edit DAQmx Tasks”对话框，在多选按钮选择“Create New Task in Project”，然后单击“OK”按钮打开“新建”对话框选择任务的测量类型，本例选择采集信号→模拟输入→电压，选择任务的测量类型如图 7.8（a）所示，单击“下一步”按钮，进入“新建”对话框选择添加至任务的物理通道，选择“Dev2/ai0”，选择添加至任务的物理通道如图 7.8（b）所示，单击“完成”按钮，打开 DAQ Assistant 对话框，电压输入设置“最大值”、“最小值”及“换算后的单位”属性值为缺省值“10”、“-10”及“伏特”，“接线端配置”的属性值有“<通过 NI-DAQ 选择>”、

“差分”、“RSE”、“NRSE”及“伪差分”共五个值，本例选择缺省值“差分”，“采集模式”属性值共有“1 采样（按要求）”、“1 采样（硬件定时）”、“N 采样”及“连续采样”四个，本项目因要求标定而选择“1 采样（按要求）”，任务名、任务函数及目标保存位置等不变，单击“OK”按钮，DAQ Assistant 对话框如图 7.9 所示。这时 DAQ 助手自动生成源文件 DAQTaskInProject.c，定义了用来配置任务并返回任务句柄的入口函数的头文件 DAQTaskInProject.h 及包含本任务的二进制描述的文件 DAQTaskInProject.mxb，并自动添加到工程中。双击描述文件 DAQTaskInProject.mxb，可重新打开 DAQ Assistant 对话框定义任务。

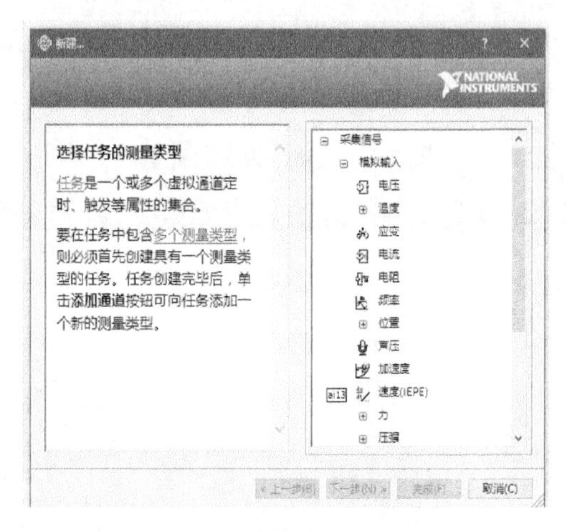

（a）选择任务的测量类型

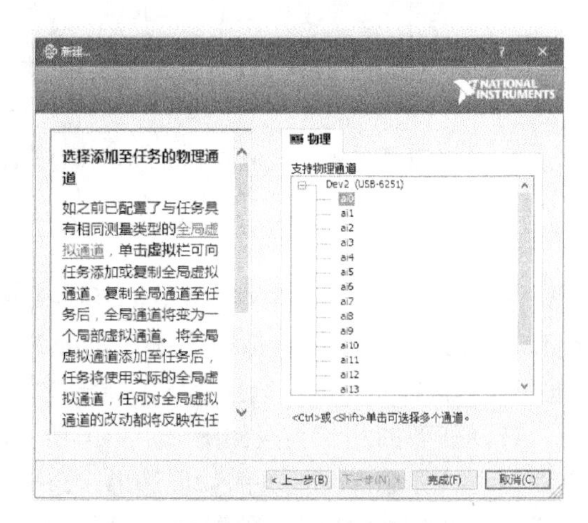

（b）选择添加至任务的物理通道

图 7.8　“新建”对话框

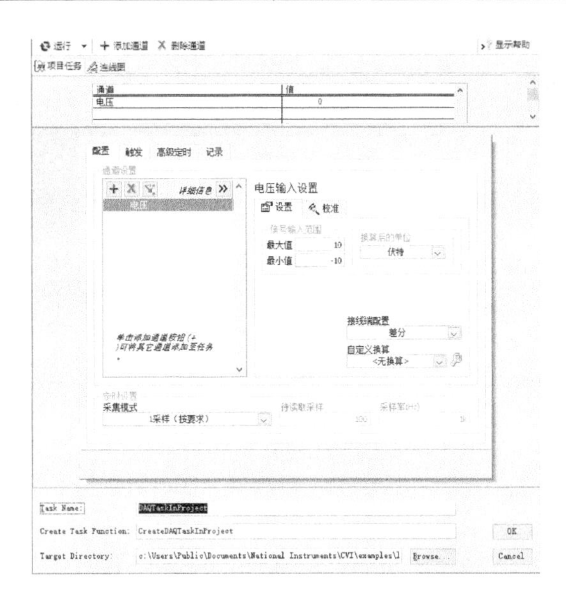

图 7.9　DAQ Assistant 对话框

7.3.4　生成代码框架

激活文件“luxmeter.uir”，Code 菜单激活，单击 Code→Generate→All Code…，打开“Generate All Code”对话框，“Generate All Code”对话框如图 7.10 所示。在“Target Files”功能区中选择“Add to Current Project”，在“Select QuitUserInterface Callbacks”功能区中选择“quit”作为程序退出的回调函数，单击“OK”按钮，自动生成框架文件 luxmeter.c。

图 7.10　“Generate All Code”对话框

7.3.5 代码框架示例

1. DAQTaskInProject.h 文件

该文件代码如下：

```
#ifndef DAQTASKINPROJECT_INCLUDE
#define DAQTASKINPROJECT_INCLUDE
#include <NIDAQmx.h>
#ifdef __cplusplus
    extern "C" {
#endif
int32 CreateDAQTaskInProject(TaskHandle *taskOut1);
#ifdef __cplusplus
    }
#endif
#endif // ifndef DAQTASKINPROJECT_INCLUDE
```

该文件主要定义了采集函数 CreateDAQTaskInProject 的原型，包含库函数头文件 NIDAQmx.h。

2. DAQTaskInProject.c 文件

该文件代码如下：

```
#include <ansi_c.h>
#include <NIDAQmx.h>
#define DAQmxErrChk(functionCall) if((DAQmxError=(functionCall))
<0) goto Error; else
int32 CreateDAQTaskInProject(TaskHandle *taskOut1)
{
    int32 DAQmxError = DAQmxSuccess;
    TaskHandle taskOut;
    DAQmxErrChk(DAQmxCreateTask("DAQTaskInProject",&taskOut));
    DAQmxErrChk(DAQmxCreateAIVoltageChan(taskOut,"Dev2/ai0","电压",
    DAQmx_Val_Diff, -10, 10, DAQmx_Val_Volts, ""));
    *taskOut1 = taskOut;
Error:
    return DAQmxError;
}
```

该文件主要定义了采集函数 CreateDAQTaskInProject，返回任务句柄

taskOut1，该函数创建了任务及定义物理通道属性。

3. luxmeter.c 文件

该文件代码如下：

```
#include <cvirte.h>
#include <userint.h>
#include "luxmeter.h"
#include "DAQTaskInProject.h"
static int panelHandle;
int main (int argc, char *argv[])
{
    if (InitCVIRTE (0, argv, 0) == 0)
    return -1;  /* out of memory */
    if ((panelHandle = LoadPanel (0, "luxmeter.uir", PANEL)) < 0)
        return -1;
    DisplayPanel (panelHandle);
    RunUserInterface ();
    DiscardPanel (panelHandle);
    return 0;
}
int CVICALLBACK calibrate (int panel, int control, int event,
void *callbackData, int eventData1, int eventData2)
{
    switch (event)
    {
        case EVENT_COMMIT:
        break;
    }
    return 0;
}
int CVICALLBACK regress (int panel, int control, int event,
void *callbackData, int eventData1, int eventData2)
{
    switch (event)
    {
        case EVENT_COMMIT:
        break;
    }
```

```
    return 0;
}
int CVICALLBACK measure (int panel, int control, int event,
void *callbackData, int eventData1, int eventData2)
{
    switch (event)
    {
        case EVENT_COMMIT:
        break;
    }
    return 0;
}
int CVICALLBACK stop (int panel, int control, int event,
void *callbackData, int eventData1, int eventData2)
{
    switch (event)
    {
        case EVENT_COMMIT:
        break;
    }
    return 0;
}
int CVICALLBACK quit (int panel, int control, int event,
void *callbackData, int eventData1, int eventData2)
{
    switch (event)
    {
        case EVENT_COMMIT:
            QuitUserInterface (0);
        break;
    }
    return 0;
}
```

该框架文件首先手工加入头文件 DAQTaskInProject.h 以包含创建的任务，main 函数主要完成初始化 CVI 实时运行库引擎、加载显示运行仪器面板等工作，随后为各按钮框架的回调函数建立框架，用户可在 switch 分支 EVENT_COMMIT 下加入自定义代码。

7.4　程序设计分析

7.4.1　LabWindows/CVI 前面板

前面板依据设计任务放置有“照度”“电压”“斜率”“截距”等数值显示框控件，以及“实时照度”量表、“标定”、“拟合”、“测量”、“停止”、“退出”等布尔型控件，当然为便于周期采集，应在编辑状态时放置“时钟”控件，该控件运行状态时不显示。

前面板运行图如图 7.11 所示。

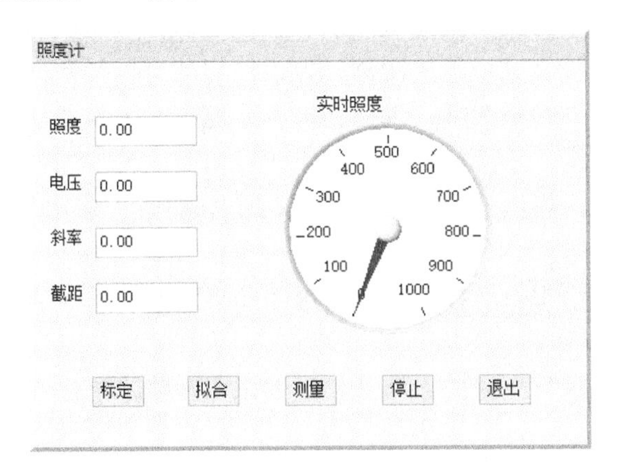

图 7.11　前面板运行图

7.4.2　各控件属性设置

各控件属性设置见表 7.1。

表 7.1　控件属性设置

项数	标签	常量名	回调函数
1	照度	PANEL_NUMERIC_ILU	—
2	电压	PANEL_NUMERIC_VOLT	—
3	斜率	PANEL_NUMERIC_SLOPEI	—
4	截距	PANEL_NUMERIC_NTERCEPT	—
5	标定	CAL	calibrate
6	拟合	REG	regress
7	测量	MEA	measure
8	停止	STO	stop

续表

项数	标签	常量名	回调函数
9	退出	QUI	quit
10	实时照度	PANEL_NUMERICGAUGE	—
11	时钟	PANEL_TIMER	timer

7.4.3 数据标定

标定数据需要亮度可调的光源与照度计。具体操作步骤如下。

第一步：连接硬件，具体可参见后面 7.6 节图 7.12，运行程序；

第二步：把照度计探头和光电池模块放一起，打开亮度可调的小白炽灯泡光源，该光源与照度计及光电池的距离一致，这样就可以得到标定照度值，在仪器面板输入该照度值，单击“标定”按钮得到，这样就采集了一个光电池在该照度值下的电压输出数据；

第三步；把光源慢慢调亮，标定从 0lx 到 1000lx 每隔 100lx 的数据，共计 11 组数据；

第四步：单击“拟合”按钮就会得出回归直线的 k 和 b 值，这是根据最小二乘法原理得出的；

第五步：根据计算出来的 k 和 b 值反演求照度值，单击“测量”按钮就会得出实时的照度值。

7.4.4 部分函数介绍

1. main 函数

该函数代码如下：

```
#include <analysis.h>
#include <cvirte.h>
#include <userint.h>
#include "luxmeter.h"
#include "DAQTaskInProject.h"
static int panelHandle,i=0;
static float64 k=0.0,b=0.0,xArray[11],yArray[11];
static TaskHandle taskHandle=0;
int main (int argc, char *argv[])
{
    if (InitCVIRTE (0, argv, 0) == 0)
    return -1;  /* 内存不足 */
```

```
    if ((panelHandle = LoadPanel (0, "luxmeter.uir", PANEL)) < 0)
    return -1;
    DisplayPanel (panelHandle);
   //创建任务，返回任务句柄
    CreateDAQTaskInProject(&taskHandle);
   //关闭定时器
    SetCtrlAttribute(panelHandle,PANEL_TIMER,ATTR_ENABLED,0);
    RunUserInterface ();
    DiscardPanel (panelHandle);
    return 0;
}
```

本函数用到的函数有以下几个。

DisplayPanel（panelHandle）函数：在屏幕上显示面板；

DiscardPanel（panelHandle）函数：在内存中删除面板和子面板，并在屏幕中清除；

RunUserInterface ()函数：运行用户定义界面；

QuitUserInterface ()函数：在运行界面上执行该函数可以实现退出用户界面的目的；

SetCtrlAttribute（PANEL, PANEL_TIMER, ATTR_ENABLED, 0)：设置定时计数器的控件属性，关闭定时器。

另外，本程序除自动生成之外，还定义了几个静态的全局变量：

static int i=0；//对标定序数进行计数，本例 i=10 后复位为 0

static float64 k=0.0，b=0.0，xArray[11]，yArray[11]；//斜率 k、截距 b、标定的照度数据及相应的光电池电压输出采集数据，共 11 对数据

2. 标定程序

该程序代码如下：

```
int CVICALLBACK calibrate (int panel, int control, int event, void
*callbackData,
int eventData1, int eventData2)
{
    double  data=0;
    switch (event)
    {
        case EVENT_COMMIT:
            //读取11组电压值
```

```
            DAQmxReadAnalogScalarF64(taskHandle,10.0,&yArray[i],
            NULL);
            //将得到的电压值传递到电压控件中
            SetCtrlVal(panelHandle,PANEL_NUMERIC_VOLT,yArray[i]);
            //取得照度值
            GetCtrlVal(panelHandle,PANEL_NUMERIC_ILU,&data);
            xArray[i]=data;
            i++;
            if(i==10)
            {
                i=0;
            }
        break;
        }
        return 0;
    }
```

本例使用的函数 DAQmxReadAnalogScalarF64（taskHandle,10.0,&yArray[i], NULL）功能为从一个 1 采样（按要求）的任务中采集一个浮点数采样，参数说明如下：

第 1 个参数 taskHandle，任务句柄；

第 2 个参数 10.0，超时；

第 3 个参数&yArray[i]，采集的一个浮点数采样，取地址；

第 4 个参数 NULL，保留。

3. 拟合程序

该程序代码如下：

```
int CVICALLBACK regress (int panel, int control, int event, void
*callbackData,
    int eventData1, int eventData2)
    {
        double data[11];
        double m;
        switch (event)
        {
            case EVENT_COMMIT:
                //计算k值和b值
                LinFit(xArray,yArray,11,data,&k,&b,&m);
```

```
            SetCtrlVal(panelHandle,PANEL_SLOPE,k);
            SetCtrlVal(panelHandle,PANEL_INTERCEPT,b);
            break;
    }
    return 0;
}
```

本例使用的函数 LinFit（xArray,yArray,11,data,&k,&b,&m）功能为使用最小二乘方法得到样本数据组的一元线性回归的估计量斜率及截距值，参数说明如下：

第 1 个参数 xArray，标定照度数组；

第 2 个参数 yArray，测量光电池输出电压数组；

第 3 个参数 11，数组大小，本例为 11 个；

第 4 个参数 data，回归值；

第 5 个参数&k，斜率估计值；

第 6 个参数&b，截距估计值；

第 7 个参数&m，残余误差。

4. 定时程序

该程序代码如下：

```
int CVICALLBACK timer (int panel, int control, int event, void *callbackData,
int eventData1, int eventData2)
{
    float64 y=0.0,x=0.0;
    switch (event)
    {
        case EVENT_TIMER_TICK:
        //读取电压值
        DAQmxReadAnalogScalarF64(taskHandle,10.0,&y,NULL);
        //算出照度值
        x=(y-b)/k;
        SetCtrlVal(panelHandle,PANEL_NUMERICGAUGE,x);
        //在前面板照度仪表上显示照度
        break;
    }
    return 0;
}
```

本例使用的函数 DAQmxReadAnalogScalarF64（taskHandle,10.0,&y,NULL）同上，不同参数为第 3 个参数&y（取地址），测量时采集光电池输出电压值以反演照度值，反演公式为

$$x = \frac{y - b}{k} \tag{7.1}$$

7.5 程 序 清 单

该程序完整代码如下：

```
//主程序及头文件
#include <analysis.h>
#include <cvirte.h>
#include <userint.h>
#include "luxmeter.h"
#include "DAQTaskInProject.h"
static int panelHandle,i=0;
static float64 k=0.0,b=0.0,xArray[10],yArray[10];
static TaskHandle taskHandle=0;
int main (int argc, char *argv[])
{
    if (InitCVIRTE (0, argv, 0) == 0)
        return -1;  /* out of memory */
    if ((panelHandle = LoadPanel (0, "acq.uir", PANEL)) < 0)
        return -1;
    DisplayPanel (panelHandle);
    //创建acq任务句柄
    CreateDAQTaskInProject(&taskHandle);
    //关闭定时器
    SetCtrlAttribute(panelHandle,PANEL_TIMER,ATTR_ENABLED,0);
    RunUserInterface ();
    DiscardPanel (panelHandle);
    return 0;
}
//标定程序
int CVICALLBACK calibrate (int panel, int control, int event,void
*callbackData, int eventData1, int eventData2)
{
    double  data=0;
```

```
    switch (event)
    {
        case EVENT_COMMIT:
            //读取11组电压值
            DAQmxReadAnalogScalarF64(taskHandle,10.0,&yArray[i],
            NULL);
            //将得到的电压值传递到电压控件中
            SetCtrlVal(panelHandle,PANEL_NUMERIC_VOLT,yArray[i]);
            //设置照度值
            GetCtrlVal(panelHandle,PANEL_NUMERIC_ILU,&data);
            xArray[i]=data;
            i++;
            if(i==10)
            {
                i=0;
            }
            break;
    }
    return 0;
}
//退出程序
int CVICALLBACK quit (int panel, int control, int event,
void *callbackData, int eventData1, int eventData2)
{
    switch (event)
    {
        case EVENT_COMMIT:
            QuitUserInterface (0);          //退出界面
            DAQmxClearTask(&taskHandle);    //清除任务
            break;
    }
    return 0;
}
//测量程序
int CVICALLBACK measure (int panel, int control, int event,
void *callbackData, int eventData1, int eventData2)
{
    switch (event)
    {
```

```
        case EVENT_COMMIT:
            //打开时钟
            SetCtrlAttribute(panelHandle,PANEL_TIMER,ATTR_ENABLED,1);
            break;
    }
    return 0;
}
//拟合程序
int CVICALLBACK regress (int panel, int control, int event,
void *callbackData, int eventData1, int eventData2)
{
    double data[10];
    double m;
    switch (event)
    {
        case EVENT_COMMIT:
            //计算k值和b值
            LinFit(xArray,yArray,10,data,&k,&b,&m);
            SetCtrlVal(panelHandle,PANEL_SLOPE,k);
            SetCtrlVal(panelHandle,PANEL_INTERCEPT,b);
            break;
    }
    return 0;
}
//停止程序
int CVICALLBACK stop (int panel, int control, int event, void
*callbackData, int eventData1, int eventData2)
{
    switch (event)
    {
        case EVENT_COMMIT:
            SetCtrlAttribute(panelHandle,PANEL_TIMER,ATTR_ENAB
            LED,0);
            //关闭定时器
            DAQmxClearTask(&taskHandle);//清除任务
            taskHandle=0;
            break;
    }
    return 0;
```

```
    }
    //定时程序
    int CVICALLBACK timer (int panel, int control, int event, void
*callbackData, int eventData1, int eventData2)
    {
        float64 y=0.0,x=0.0;
        switch (event)
        {
            case EVENT_TIMER_TICK:
                //读取电压值
                DAQmxReadAnalogScalarF64(taskHandle,10.0,&y,0);
                //算出照度值
                x=(y-b)/k;
                //在前面板照度仪表上显示照度
                SetCtrlVal(panelHandle,PANEL_NUMERICGAUGE,x);
                break;
        }
        return 0;
    }
```

7.6 硬件连接图

硬件连接图如图 7.12 所示，本例使用 NI ELVIS 平台只是利用了±15V 电源给光电池模块供电，该模块光照信号输出通过 USB 6001 模拟输入通道 ai0 采集，软件开发平台为 LabWindows/CVI 2010，标定照度计使用品牌为深圳欣宝，其型号为 LX1010B，LX1010B 照度计基本技术参数见表 7.2。

表 7.2 LX1010B 照度计基本技术参数

指标名称	技术指标
测量范围	1～50000lx
重复测试	±2%
取样率	2.0 次/s
显示	31/2 位 LCD
准确度	±4%rdg① ± 0.5%f.s②（当大于 10000lx 时，为±4%rdg±10dgt③）

注：① rdg，reading 缩写，表示读数值；

② f.s，full scale 缩写，表示满量程；

③ dgt，digit 缩写，表示数字，即数字表最后一位对应的最小值，如读数值为 100.08，则 dgt 表示 0.01。

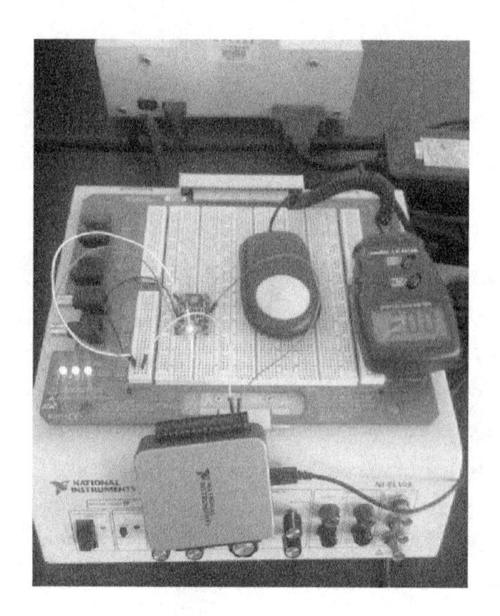

图 7.12　硬件连接图

第 8 章　烟雾监测系统 CVI 程序设计

8.1　引　　言

本章基于 LabWindows 开发平台使用 NI USB 6001 采集卡和烟雾传感器作为设计的核心设备以实现烟雾实时监测和报警，并在仪器操纵面板用波形图显示实时浓度，一旦烟雾浓度超出设定的界限，系统会通过报警灯和蜂鸣声报警提示。

本章内容主要分为以下几点：

（1）烟雾传感探头及其工作原理等的资料搜集整理工作；

（2）构建烟雾浓度检测的硬件测试系统；

（3）LabWindows 的程序设计。

主要技术指标与要求如下：

（1）浓度显示分辨率为 1ppm；

（2）前面板应可显示浓度及实时波形图，界面友好；

（3）声音告警，浓度越大声音越急促。

8.2　烟雾传感器 MQ-2 的介绍

MQ-2 烟雾传感器正面外观图及反面元器件布置图分别如图 8.1（a）及图 8.1（b）所示。

（a）正面

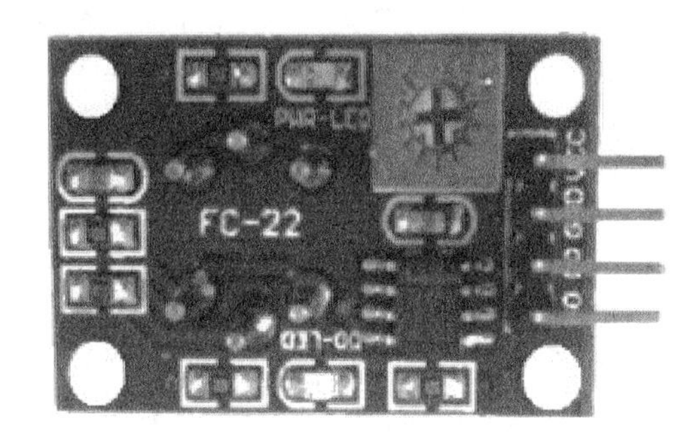

（b）反面

图 8.1　MQ-2 烟雾传感器

MQ-2 烟雾传感器共有六个引脚，中间两个引脚为烟雾传感器的加热电阻，另外四个引脚布置在反面的右侧，由上到下分别是：VCC——5V 直流电源正极；GND——接地；D0——TTL 高低电平输出端口；A0——模拟电压输出端口，烟雾传感器反面右上方的蓝色器件为电位器 3362，其作用为 TTL 调解输出灵敏度，逆时针旋转灵敏度减小，顺时针调节灵敏度增加，此外，电位器 3362 还具有设定传感器 D0 端口报警上限值的功能。

MQ-2 传感器模块电原理图如图 8.2 所示。

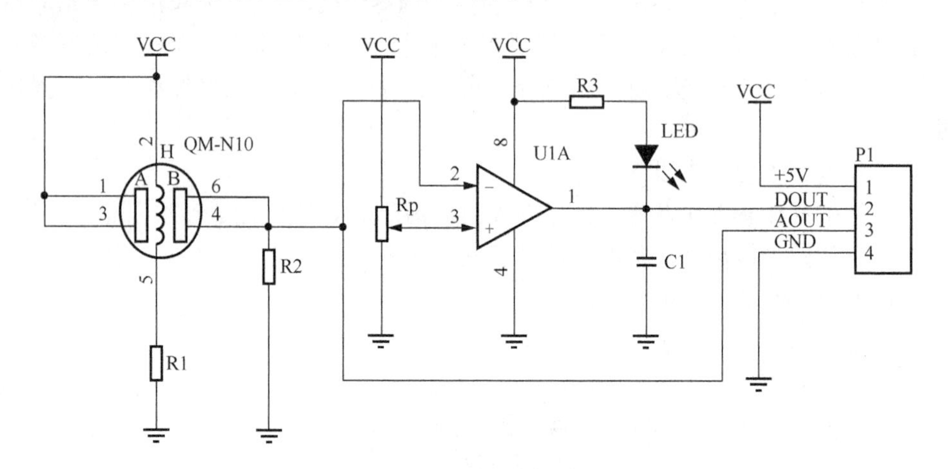

图 8.2 MQ-2 电原理图

8.3 DAQ 测量准备工作及信号源与测量系统的接入方式

8.3.1 数据采集卡的测试

在安装 NI 的数据采集驱动程序 NI-DAQ 后打开 Measurement & Automation Explorer，即测量自动化浏览器软件，该软件将在“我的系统”根项目下显示一个子项目“设备和接口”，该项目下列出了当前系统所安装的 NI 能识别的所有采集设备，Measurement & Automation Explorer（测量自动化查看器）示意图如图 8.3 所示。

单击某一采集设备，右侧栏目中将出现与该设备有关的“保存”、“刷新”、“配置”、“重置”、“自检”、“自校准”、“测试面板”、“创建任务”及“设备引脚”等选项卡功能，常用的有“自检”“测试面板”等，用户可对设备进行一些测试工作，保证设备正常工作，同时用户应熟悉该设备的“设备物理通道名”“任务名”等参数以备随后编程使用，如本例的“Dev5/ai0”。

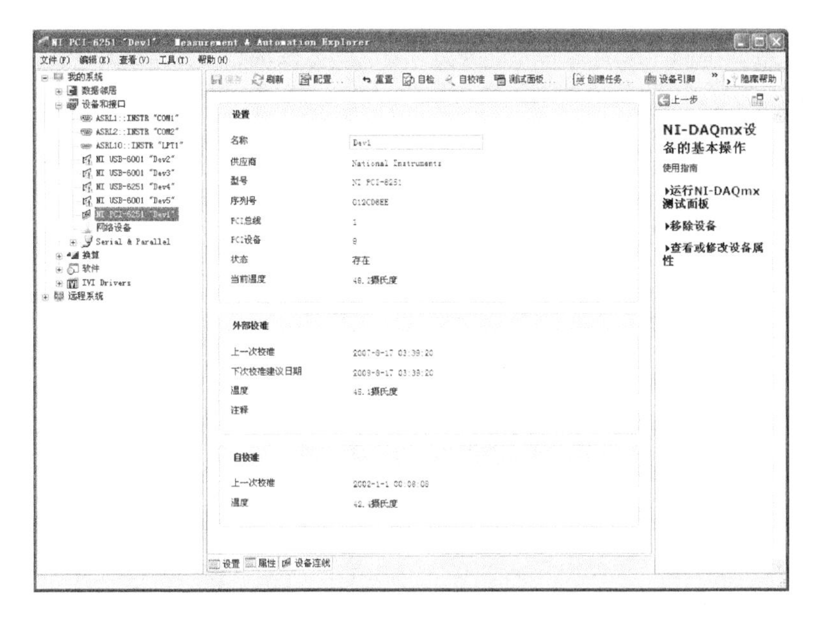

图 8.3　Measurement & Automation Explorer 示意图

8.3.2　信号源与测量系统的接入方式

1. 信号源的类型

信号源可以理解为由传感器与信号调理电路构成。它有两种类型，即浮地信号源与接地信号源，信号源的两种类型及 NI-PGIA 示意图如图 8.4 所示。接地信号源是连接至系统接地端（如地面或建筑物地面）的电压信号的信号源，接地信号源为图 8.4（a）信号的负端接地，两个独立接地信号源的接地具有不同的电势差，接地间的电势差根据远近为 10～200mV，从而导致相互连接的电路间存在电流，该电流称为接地环路电流。浮地信号源的电压信号未连接至绝对参考或公用接地（如大地或建筑物接地），称为无参考信号源。电池、热电偶、变压器和隔离放大器都属于浮地信号源，图 8.4（b）为浮地信号源，信号源的接线端未连接至接地电源插座，独立于系统接地。

NI 采集卡（测量系统）的接口是 NI-PGIA（programmable gain instrumentation amplifier，可编程增益仪器放大器），是一个差分放大器，对二路输入信号的差 $V_i=V_+-V_-$进行放大或减小，其输出信号 V_m 输送给 ADC，NI-PGIA 示意图如图 8.4（c）所示。

2. 测量系统的接入方式

信号源接入测量系统（采集卡）的配置方式（即端口配置方式）依据信号负

端接参考地的不同一般有三种，即差分（DIFF)、接地参考单端（RSE）和非参考单端（NRSE）。

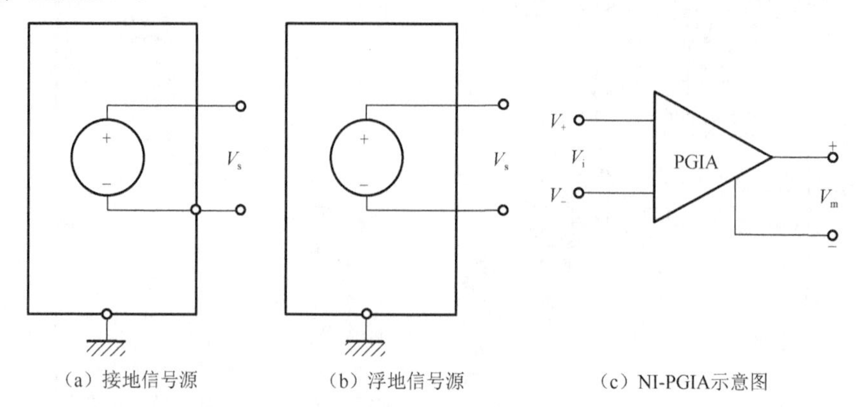

图 8.4　信号源的两种类型及 NI-PGIA 示意图

（1）差分（differential，DIFF）方式的信号负端不接参考地，其两端分别接入信号 V_+及 V_-，DIFF 浮地信号源的接入如图 8.5（a）所示，特点是只有一半测量端能用，能有效抑制共模噪声，测量准确度高，强烈推荐正负端要接入 10kΩ 的偏置电阻；DIFF 接地信号源的接入如图 8.5（b）所示，只有一半测量端能用，可有效抑制共模噪声，测量精度高，故强烈推荐。

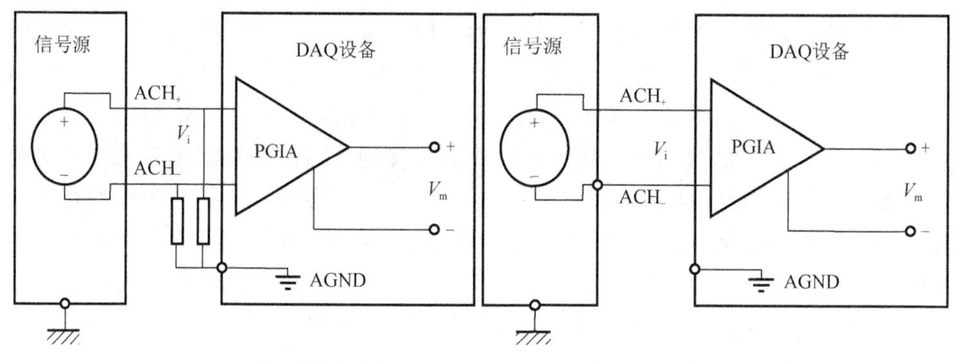

图 8.5　DIFF 浮地信号源和接地信号源与 DAQ 设备的连接

（2）接地参考单端（referenced single-ended，RSE）方式的公用参考端是 AI GND，只有正端接入信号，RSE 浮地信号源的接入如图 8.6（a）所示，特点是所有测量端都能使用，但不能抑制共模噪声，基本推荐；RSE 接地信号源的接入如图 8.6（b）所示，特点是所有测量端都能用，因两地接地电势不同而引入环路电势 V_g，从而产生电源频率和偏置直流干扰，故而不推荐，两地电缆小于 3m，V_i 大于 1V 可用。

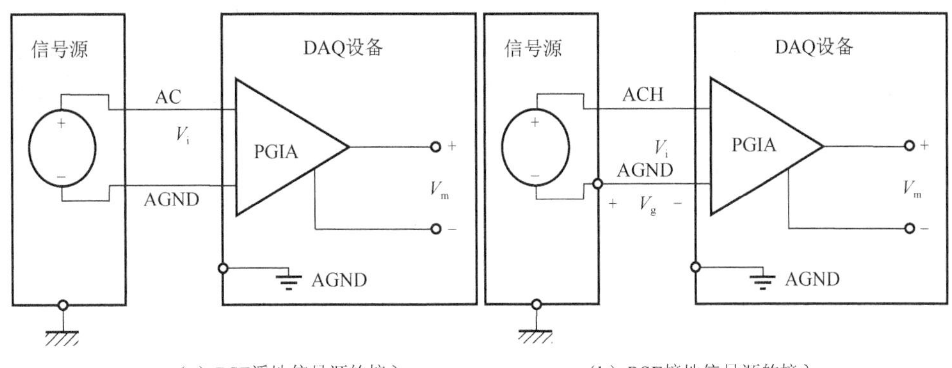

（a）RSE浮地信号源的接入　　（b）RSE接地信号源的接入

图 8.6 RSE 浮地信号源和接地信号源与 DAQ 设备的连接

（3）非参考单端（non-referenced single-ended，NRSE）的公用参考端是 AI SENSE，其正端接入信号，NRSE 浮地信号源的接入如图 8.7（a）所示，特点是所有测量端能用，不能抑制共模噪声，正负端要接入 10kΩ 的偏置电阻，推荐；NRSE 接地信号源的接入如图 8.7（b）所示，所有测量端都能用，不能抑制共模噪声，基本推荐。

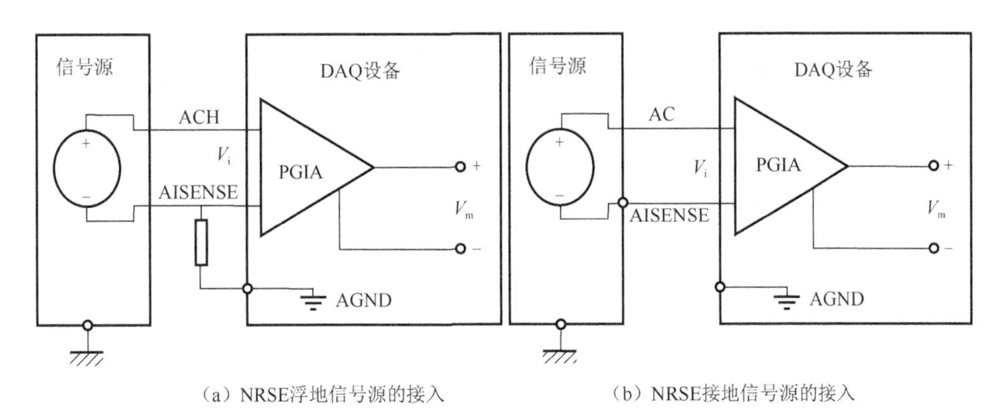

（a）NRSE浮地信号源的接入　　（b）NRSE接地信号源的接入

图 8.7 NRSE 浮地信号源和接地信号源与 DAQ 设备的连接

8.3.3 线路连接

线路连接方式如下：

（1）将 USB 6001 的+5V 与 AGND 端子与 MQ-2 烟雾传感器的“VCC”端口和“GND”端口相连。

（2）将 USB 6001 模拟输入的“$ACH0_+$”端子及“$ACH0_-$”端子与 MQ-2 的 A0 端子及“GND”端子相连。

（3）将 USB 6001 数字输入的“D0”端子与 MQ-2 的“D0”端子相连。

线路连接好后，驱动程序对模拟通道“ACH0”和一路数字“D0”进行采集，随着烟雾浓度的变化观测采集得到浓度曲线，通过不断调整 MQ-2 电位器 3362 得到烟雾浓度上限报警值，该值由用户确定，传感器在浓度值超过该上限值时，D0 引脚输出高电平，触发上限告警灯闪烁。

8.4　程序设计分析

8.4.1　程序前面板设计

在程序前面板中放置两个 LED 显示控件、一个数值显示控件、一个 Graph 控件、一个定时器及两个 Command Button 控件，其作用分别如下。

在两个 LED 灯中，一个用于显示当前采集到的浓度值是否正常，另一个用于显示当前的烟雾浓度值是否超限；数值显示控件用于实时显示当前烟雾的浓度值；Graph 控件用于实时显示烟雾浓度曲线图；定时器用于每隔一定的时间读取烟雾浓度值并显示当前烟雾的浓度值及判断当前的烟雾浓度是否超限；两个 Command Button 控件分别控制数据开始采集及停止采集。

程序前面板设计及正常范围运行图如图 8.8 所示。

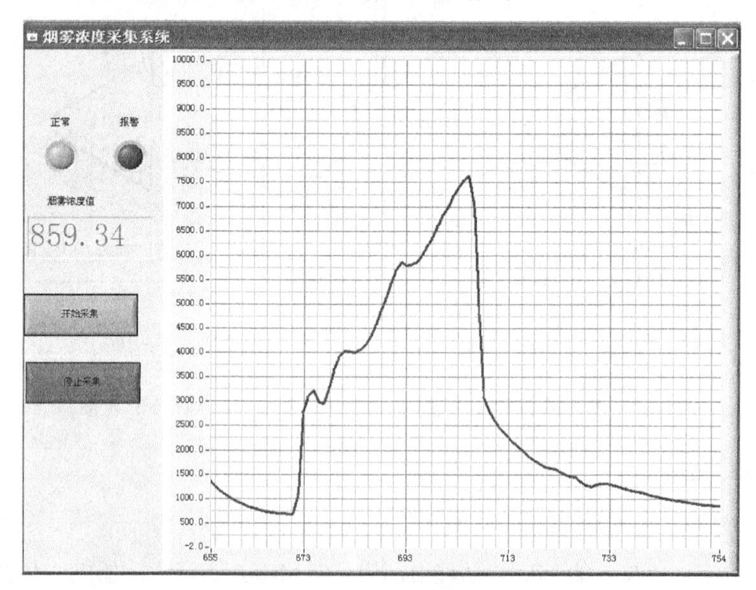

图 8.8　前面板设计及正常范围运行图

各控件属性设置见表 8.1。

表 8.1　控件属性设置

项数	标签	常量名	回调函数
1	正常	PANEL_LED_NORMAL	—
2	报警	PANEL_LED_ALARM	—
3	烟雾浓度值	PANEL_NUMERIC_SMOKE	—
4	开始采集	PANEL_START	start
5	停止采集	PANEL_STOP	stop
6	退出采集	PANEL_QUIT	quit
7	实时照度	PANEL_STRIPCHART_SMOKE	—
8	时钟	PANEL_TIMER	timer

8.4.2　程序流程图

程序设计流程图如图 8.9 所示。

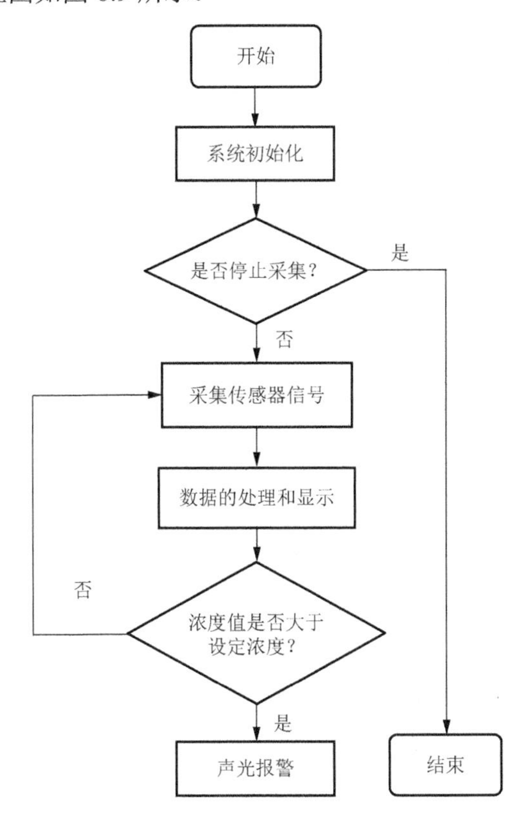

图 8.9　程序设计流程图

下面给出本系统的具体程序设计方法。

8.4.3 测试系统的程序设计分析

本测试系统需要用到数字输入通道和模拟输入通道，可运用 LabWindows 的 DAQmxCreateTask()函数创建一个任务，再在任务中创建模拟输入和数字输入通道，要用到的函数分别为：DAQmxCreateAIVoltageChan()、DAQmxCreateDIChan()。本测试系统还需要用到定时器，需要在定时器中实时读取采集到的烟雾浓度值并显示在前面板，并且判断此烟雾浓度值是否超出浓度预警范围，如果超出则进行报警。

8.4.4 部分函数介绍

1. main 函数

该函数程序如下：

```
#include <cvirte.h>
#include <userint.h>
#include<NIDAQmx.h>
#include"windows.h"
#include "smoke.h"
static TaskHandle taskhandle=0,taskhandle_IO=0;
static int panelHandle;
int main (int argc, char *argv[])
{
    if (InitCVIRTE (0, argv, 0) == 0)
        return -1;
    if ((panelHandle = LoadPanel (0, "smoke.uir", PANEL)) < 0)
        return -1;
    DisplayPanel (panelHandle);                    //显示
    //关闭定时器
    SetCtrlAttribute (PANEL, PANEL_TIMER, ATTR_ENABLED, 0);/
    SetCtrlVal (PANEL, PANEL_LED_NORMAL, 1);
    SetCtrlVal (PANEL, PANEL_LED_ALARM, 0);     //工作状态初始化
    RunUserInterface ();
    DiscardPanel (panelHandle);                    //释放面板
    return 0;
}
```

main()调用的函数如下：

DisplayPanel(panelHandle)、RunUserInterface ()和 DiscardPanel(panelHandle)

三个函数分别是用户界面（仪器面板）的显示、运行与释放面板资源，上一章已介绍；

SetCtrlAttribute（PANEL, PANEL_TIMER, ATTR_ENABLED, 0）、SetCtrlVal（PANEL, PANEL_LED_NORMAL, 1）和 SetCtrlVal（PANEL, PANEL_LED_ALARM, 0）三个函数用于初始化任务状态、告警状态及定时器状态；

另外还有两个全局静态变量 taskhandle 与 taskhandle_IO 分别对应两个采集任务（一路模拟采集 ai0，一路数字采集 di0）的任务句柄。

2. 开始采集程序

本程序代码如下：

```
int CVICALLBACK start (int panel, int control, int event, void
*callbackData, int eventData1, int eventData2)
{
    switch (event)
    {
        case EVENT_COMMIT:
            if(taskhandle==0)
            {
                DAQmxCreateTask ("smoke_ai0", &taskhandle);
                DAQmxCreateTask ("smoke_di0", &taskhandle_IO);
                DAQmxCreateDIChan (taskhandle_IO,"Dev5/port0/
                line0", "", DAQmx_Val_ChanForAllLines);
                DAQmxCreateAIVoltageChan (taskhandle, "Dev5/ai0",
                "", DAQmx_Val_RSE, -10, 10, DAQmx_Val_Volts, "");
                DAQmxCfgSampClkTiming (taskhandle, "", 10,
                DAQmx_Val_Rising, DAQmx_Val_ContSamps, 1);
                DAQmxStartTask (taskhandle);
                DAQmxStartTask (taskhandle_IO);
            }
            //启动定时器以读数据
            SetCtrlAttribute (PANEL, PANEL_TIMER, ATTR_ENABLED, 1);
            //退出按钮不可见
            SetCtrlAttribute (PANEL, PANEL_QUIT, ATTR_VISIBLE, 0);
            break;
    }
    return 0;
}
```

对应“开始采集”的回调函数。如果任务为创建，则创建两个测量任务，一个模拟电压测量 ai0，一个数字信号测量 di0，并设置相应任务的属性，然后启动定时器开始采集。

本例使用的函数如下：

DAQmxCreateAIVoltageChan (taskhandle, "Dev5/ai0", "", DAQmx_Val_RSE, -10, 10, DAQmx_Val_Volts, "");

其功能为：创建一个模拟电压采集任务。参数说明如下：

第 1 个参数 taskhandle，任务句柄；

第 2 个参数"Dev5/ai0"，物理通道名字；

第 3 个参数""，分配给该虚拟通道的名字；

第 4 个参数 DAQmx_Val_RSE，测量端口配置方式为 RSE；

第 5 个参数及第 6 个参数-10, 10，信号的最大值与最小值；

第 7 个参数 DAQmx_Val_Volts，单位为伏特（V）；

第 8 个参数""，自定义换算的名字。

DAQmxCreateDIChan (taskhandle_IO, "Dev5/port0/line0", "", DAQmx_Val_ChanForAllLines);

其功能为：创建一个数字输入测量任务。参数说明如下：

第 1 个参数 taskhandle_IO，任务句柄；

第 2 个参数"Dev5/port0/line0"，物理通道名字；

第 3 个参数""，分配给该虚拟通道的名字；

第 4 个参数 DAQmx_Val_ChanForAllLines，所有线为一组。

DAQmxCfgSampClkTiming (taskhandle, "", 10, DAQmx_Val_Rising, DAQmx_Val_ContSamps, 1)

其功能为：采样时钟配置。参数说明如下：

第 1 个参数 taskhandle，任务句柄；

第 2 个参数""，物理通道名字；

第 3 个参数 10，分配给该虚拟通道的名字；

第 4 个参数 DAQmx_Val_Rising，时钟上升沿触发采样测量；

第 5 个参数 DAQmx_Val_ContSamps，采样模式，连续采样；

第 6 个参数 1，通道采样个数。

3. 定时器函数

该函数代码如下：

```
int CVICALLBACK timer (int panel, int control, int event,void
*callbackData, int eventData1, int eventData2)
```

```
{
    float64 value;
    double fre=4000,tim=10;
    uInt8 Val[1],k;
    int i=1;
    switch (event)
    {
        case EVENT_TIMER_TICK:
            DAQmxReadAnalogScalarF64 (taskhandle, 10.0, &value, 0);
            DAQmxReadDigitalLines (taskhandle_IO, DAQmx_Val_Auto,
            10.0, DAQmx_Val_GroupByChannel, Val, 1, &i, , 0);
            DAQmxReadDigitalU8  (taskhandle_IO,  DAQmx_Val_Auto,
            10.0, DAQmx_Val_GroupByChannel, Val, 1, &i, 0);
            k=Val[0];
            value=2100*value;
            if(value<100)
            {
                value=0;
            }
            if((value>7000)||(!k))
            {
                SetCtrlVal (PANEL, PANEL_LED_NORMAL, 0);
                SetCtrlVal (PANEL, PANEL_LED_ALARM, 1);
                Beep(fre,tim);
            }
            else
            {
               SetCtrlVal (PANEL, PANEL_LED_NORMAL, 1);
               SetCtrlVal (PANEL, PANEL_LED_ALARM, 0);
            }
            PlotStripChartPoint (PANEL, PANEL_STRIPCHART, value);
            SetCtrlVal (PANEL, PANEL_NUMERIC_SMOKE, value);
            break;
    }
    return 0;
}
```

对应定时器回调函数，本例定义每隔 1s 读取采集到的电压并将电压值转换为烟雾浓度，并实时显示烟雾浓度值及在画图控件上显示烟雾的浓度曲线。同时还需要在此函数中判断此浓度是否超出预设的电压值，如若超出设定的范围，则执行报警功能。

本例使用的函数如下：

DAQmxReadAnalogScalarF64（taskhandle, 10.0, &value, 0）;

其功能为：读取任务 ai0 的一个采集值，赋给 value。参数说明见前章。

DAQmxReadDigitalU8 (taskhandle_IO, DAQmx_Val_Auto, 10.0, DAQmx_Val_GroupByChannel, Val, 1, &i, 0);

其功能为：读取任务 di0 的一个八位无符号数据给变量 i。参数说明如下：

第 1 个参数 taskHandle_IO，任务句柄；

第 2 个参数 DAQmx_Val_Auto，每通道采样数，采集所有数据；

第 3 个参数 10.0，超时；

第 4 个参数 DAQmx_Val_GroupByChannel，交织采样方式，不交织；

第 5 个参数 Val，读进来的采样；

第 6 个参数 1，数组的大小；

第 7 个参数&i，实际读取的采样个数；

第 8 个参数 0，保留。

PlotStripChartPoint（PANEL, PANEL_STRIPCHART, value）;

其功能为：带状图连续画点。参数说明如下：

第 1 个参数 PANEL，面板对应控件常数；

第 2 个参数 PANEL_STRIPCHART，带状图对应控件常数；

第 3 个参数 value，添入的点。

Beep（fre,tim）;

其功能为：用于声音报警。参数说明如下：

第 1 个参数 fre，单声频率；

第 2 个参数 tim，发声时间。

8.5 程序清单

该程序完整代码如下：

```
//主程序及头文件
#include <cvirte.h>
#include <userint.h>
#include <NIDAQmx.h>
#include "windows.h"
#include "smoke.h"
```

```
TaskHandle taskhandle=0, taskhandle_IO=0;
static int panelHandle;
int main (int argc, char *argv[])
{
    if (InitCVIRTE (0, argv, 0) == 0)
        return -1;  /* out of memory */
    if ((panelHandle = LoadPanel (0, "smoke.uir", PANEL)) < 0)
        return -1;
    DisplayPanel (panelHandle);
    SetCtrlAttribute (PANEL, PANEL_TIMER, ATTR_ENABLED, 0);
    SetCtrlVal (PANEL, PANEL_LED_NORMAL, 1);
    SetCtrlVal (PANEL, PANEL_LED_ALARM, 0);
    RunUserInterface ();
    DiscardPanel (panelHandle);
    return 0;
}
//启动程序
int CVICALLBACK start (int panel, int control, int event, void
*callbackData, int eventData1, int eventData2)
{
    switch (event)
    {
        case EVENT_COMMIT:
            if(taskhandle==0)
            {
                DAQmxCreateTask ("smoke_ai0", &taskhandle);
                DAQmxCreateTask ("smoke_di0", &taskhandle_IO);
                DAQmxCreateDIChan  (taskhandle_IO,  "Dev5/port0/
                line0", "", DAQmx_Val_ChanForAllLines);
                DAQmxCreateAIVoltageChan (taskhandle, "Dev5/ai0",
                "", DAQmx_Val_RSE, -10, 10, DAQmx_Val_Volts, "");
                DAQmxCfgSampClkTiming (taskhandle, "", 10,
                DAQmx_Val_Rising, DAQmx_Val_ContSamps, 1);
                DAQmxStartTask (taskhandle);
                DAQmxStartTask (taskhandle_IO);
            }
            SetCtrlAttribute (PANEL, PANEL_TIMER, ATTR_ENABLED, 1);
            SetCtrlAttribute (PANEL, PANEL_QUIT, ATTR_VISIBLE, 0);
        break;
```

```
        }
        return 0;
    }
    int CVICALLBACK Quit (int panel, int control, int event, void
*callbackData, int eventData1, int eventData2)
    {
        switch (event)
        {
            case EVENT_COMMIT:
                if(taskhandle!=0)
                {
                    DAQmxClearTask (taskhandle);
                    DAQmxClearTask (taskhandle_IO);
                }
                QuitUserInterface (0);
                break;
        }
        return 0;
    }
    int CVICALLBACK stop (int panel, int control, int event,void
*callbackData, int eventData1, int eventData2)
    {
        switch (event)
        {
            case EVENT_COMMIT:
                SetCtrlAttribute (PANEL, PANEL_TIMER, ATTR_ENABLED, 0);
                SetCtrlAttribute (PANEL, PANEL_QUIT, ATTR_VISIBLE, 1);
                break;
        }
        return 0;
    }
    //采集数据及处理
    int CVICALLBACK timer (int panel, int control, int event, void
*callbackData, int eventData1, int eventData2)
    {
        float64 value;
        double fre=4000,tim=10;
        uInt8 Val[1],k;
        int i=1;
```

```
    switch (event)
    {
        case EVENT_TIMER_TICK:
            DAQmxReadAnalogScalarF64 (taskhandle, 10.0, &value, 0);
            DAQmxReadDigitalLines (taskhandle_IO, DAQmx_Val_Auto,
            10.0, DAQmx_Val_GroupByChannel, Val, 1, &i, , 0);
            DAQmxReadDigitalU8  (taskhandle_IO,  DAQmx_Val_Auto,
            10.0, DAQmx_Val_GroupByChannel, Val, 1, &i, 0);
            k=Val[0];
            value=2100*value;
            if(value<100)
            {
                value=0;
            }
            if((value>7000)||(!k))
            {
                SetCtrlVal (PANEL, PANEL_LED_NORMAL, 0);
                SetCtrlVal (PANEL, PANEL_LED_ALARM, 1);
                Beep(fre,tim);
            }
            else
            {
                SetCtrlVal (PANEL, PANEL_LED_NORMAL, 1);
                SetCtrlVal (PANEL, PANEL_LED_ALARM, 0);
            }
            PlotStripChartPoint (PANEL, PANEL_STRIPCHART, value);
            SetCtrlVal (PANEL, PANEL_NUMERIC_SMOKE, value);
            break;
    }
    return 0;
}
```

8.6　硬件连线图

烟雾传感器 MQ-2 的四个管脚 VCC、GND、D0 和 A0 分别与 USB 6001 的+5V、GND、D0 和 $CH0_+$连线，另外 $CH0_-$也与 GND 相连，满足 RSE 端口配置方式，硬件连接图如图 8.10 所示。

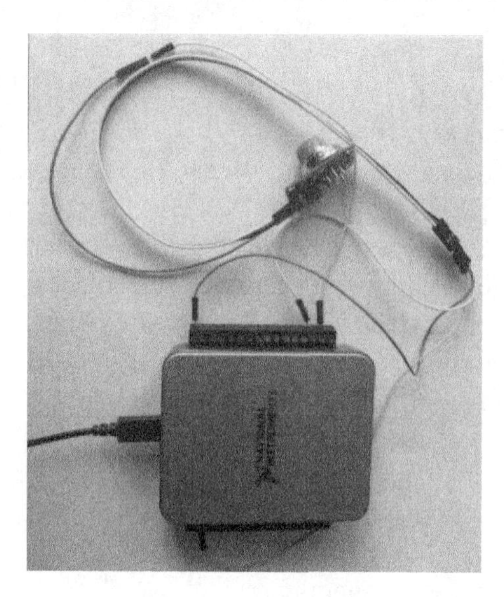

图 8.10　硬件连线图

第 9 章　倒车雷达的 CVI 程序及样机设计

9.1　引　　言

汽车倒车雷达作为泊车或者倒车时的安全辅助装置，能以声音告知驾驶员周围障碍物的情况，在一定程度上减少了驾驶员泊车、倒车时因前后左右探视所引起的困扰，并帮助驾驶员扫除视野死角和视线模糊的障碍，提高了驾驶的安全性。本设计基于超声波倒车雷达传感器、虚拟仪器面板应声光报警及提示，该项目能培养学生熟悉 LabWindows/CVI 程序设计，以及独立完成小规模软硬件设计的能力。

本章内容主要分为以下几点：

（1）超声传感器及扫描方式等资料搜集整理工作；

（2）构建超声波距离测试硬件系统；

（3）告警声音频率的调试工作；

（4）LabWindows/CVI 程序设计。

主要技术指标与要求如下：

（1）探测距离为 0.3～1.5m；

（2）告警声音距离越近越急促；

（3）前面板要有状态指示且闪烁快慢同距离有关。

9.2　项 目 分 析

9.2.1　传感器介绍

本项目选择的传感器为收发频率 40kHz 一体式的 HC-SR04 超声波传感器，项目不同于基于单片机的同类设计的地方在于没有复杂的电路结构，只需要一个超声波传感器和数据采集卡，将采集来的数据通过 LabWindows/CVI 软件处理及显示出来，且可融于汽车电子等应用场合的整体软件之中，其主要功能是准确地测出车辆与障碍物的距离，距离越近，发出的警告声越急促，从而在提醒驾驶员注意刹车的同时也告诉了行人注意避让，解决了倒车的安全问题。

脉冲式的超声波测距模块HC-SR04，它通过采集接收到的回波的脉冲宽度来测量时间，从而通过测量公式可以得出实际距离，模块的测量范围在0.2～4m，超声波传感器实物图如图9.1所示。

图9.1　超声波传感器实物图

从图9.1的下部引脚可以看出，基于ELVIS平台的接线要求：VCC接平台面包板+5V电源端口，传感器的GND接平台面包板的GND，触发控制信号TRIG接平台数字输出端口DO0，回响信号输出端口ECHO接平台的ctr0的GATE输入端口。

HC-SR04超声波模块的部分参数见表9.1。

表9.1　HC-SR04超声波模块的部分参数

工作电压	工作电流	工作频率	最远射程	最近射程	启动信号	输出信号
DC5V	15mA	40kHz	400cm	20cm	20μs的高电平	方波

9.2.2　工作原理

图9.2给出HC-SR04模块时序图。该图表明外部提供一个20μs的脉冲触发信号给超声波测距模块启动其工作，传感器模块随即向外发出8个40kHz的周期电平并检测回波，一旦检测到有回波信号，立即会输出回响信号，回响信号的脉冲宽度与所测距离成正比。由此可以通过测出脉宽来得到超声波从发送到接收的时间间隔，外部实际距离=（脉冲宽度×声速）/2。需要注意的是测量时被测物体要尽可能大且平整，不倾斜、无凹槽。

因超声波在空气中传播，从发射到接收的过程中一定会出现信号的衰减，其衰减主要影响的是超声波的振幅。

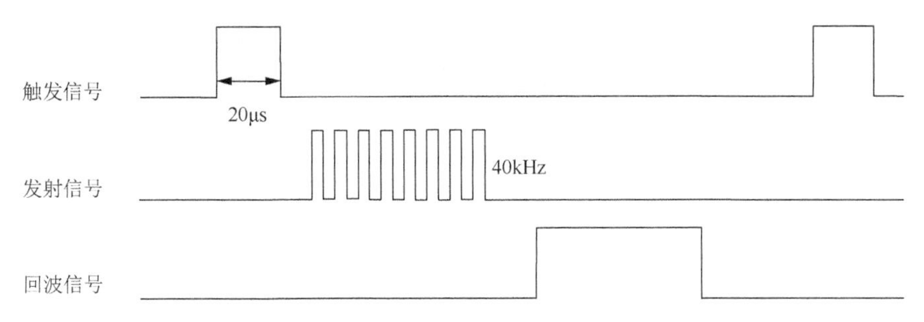

图 9.2　HC-SR04 模块时序图

设沿 x 正方向传播的一列简谐波的波动方程可表示为

$$A = A(x)\cos(\omega t + \varphi) \tag{9.1}$$

$$A(x) = A_0 e^{-\alpha x} \tag{9.2}$$

式中，$A(x)$为超声波的振幅（m）；A_0 为由空气介质决定的常数（m）；ω 为超声波角频率（rad/s）；t 为传播时间（s）；x 为超声波在空气中的传播距离（m）；α 为超声波的衰减系数（m^{-1}）。

根据式（9.2）可以得出结论：超声波的振幅 $A(x)$随着传播距离 x 的增大会呈指数式的衰减，超声波的频率和传播所处的介质决定了衰减系数：

$$\alpha = af^2 \tag{9.3}$$

式中，a 为空气介质常数（$m^{-1}\cdot s^2$）；f 是声波的振动频率（Hz）。根据式（9.3）可以得出结论：同样是在空气中传播，超声波的频率越低，衰减越小，传播得越远；反之，加大超声波频率，会使其衰减加快，传播距离减小。

超声波在空气中传播时主要受外界的温度影响。在 0℃的空气中，超声波速度为 331.45m/s，在任意温度下都有

$$\frac{v}{v_0} = \sqrt{\frac{T}{T_0}} = \sqrt{\frac{T}{273.15}} \tag{9.4}$$

式中，T为超声波所在空气的温度（K）；T_0为0℃对应的热力学温度，即273.15K；v为温度T时的超声波声速（m/s）；v_0为温度T_0时的超声波声速（m/s）。

超声波速度与温度的关系也可以用式（9.5）来表示：

$$v = v_0\sqrt{1 + \frac{T}{273.15}} \tag{9.5}$$

式中，T 为超声波所在空气的温度（℃）。

温度与超声波声速对照表见表 9.2。

表 9.2　温度与超声波声速对照表

参量	值						
温度/℃	−20	−10	0	10	20	30	40
声速/(m/s)	319	325	332	338	344	349	355

由于本次设计只为模仿倒车雷达的工作原理，因此计算时统一使用的声速为340m/s，实际应用时应加以温度传感器感测环境温度，从而将随温度变化的声速考虑进去以提高倒车雷达的精度。

9.2.3 参数计算

（1）HC-SR04的测量范围为20～400cm，下限20cm对应输出脉冲最小宽度0.001，上限400cm对应最大宽度0.03。这两个数据要应用到创建计数器脉冲宽度物理通道函数的参数设置中。

（2）告警声音应与车距成反比，即车距越近，告警声越短促，频率越高，一般声音频率范围为100～10 000Hz，而车距范围为20～400cm，这样已知车距求频率的关系式为

$$f = 208420 / d - 421 \tag{9.6}$$

式中，d为车距（cm）；f为超声波频率（Hz）。

9.2.4 软件操作过程

硬件连好后，运行程序，单击“启动”按钮，NI ELVIS发送20μs脉冲，超声波传感器模块开始工作，发出超声波，遇到障碍物后产生回波，NI ELVIS采集到回波的脉宽并传递给程序处理及显示出来。当距离小于400cm时，安全灯开始闪烁，随着距离的减少，闪烁频率也会随着变快，指示驾驶员注意距离安全，当距离小于20cm时，告警灯亮，提示驾驶员停止前进。

9.3 程序设计分析

9.3.1 程序流程图

本项目应用NI ELVIS平台主要采集超声波传感器的脉宽数据，同时也用来提供5V的电源及给超声波传感器提供一个触发信号，处理回响信号，将回响信号的脉宽采集起来传输给计算机。整个程序流程图如图9.3所示。

9.3.2 仪器面板

本次设计的仪器面板图如图9.4所示。本仪器面板依据任务放置有“车距”数值显示框控件，“启动”“退出”等按钮控件，“安全灯”“告警灯”等状态指示控件，当然为便于周期采集还在编辑状态时放置“时钟”控件，其在运行状态时不显示。

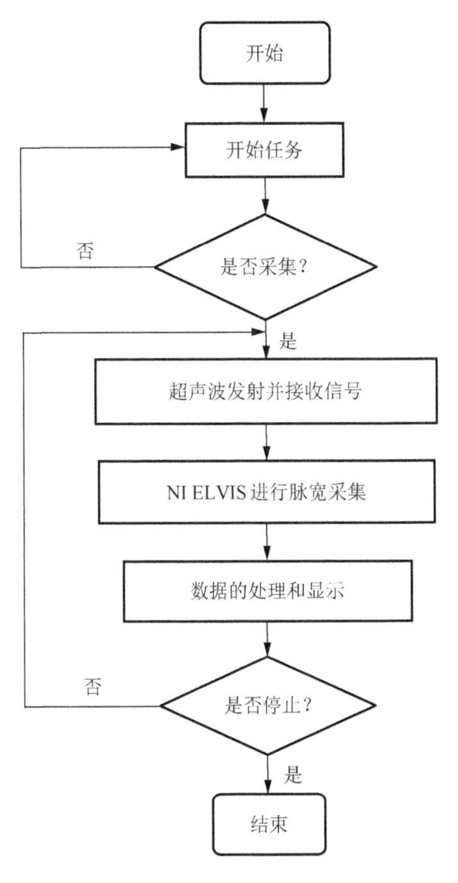

图 9.3　程序流程图

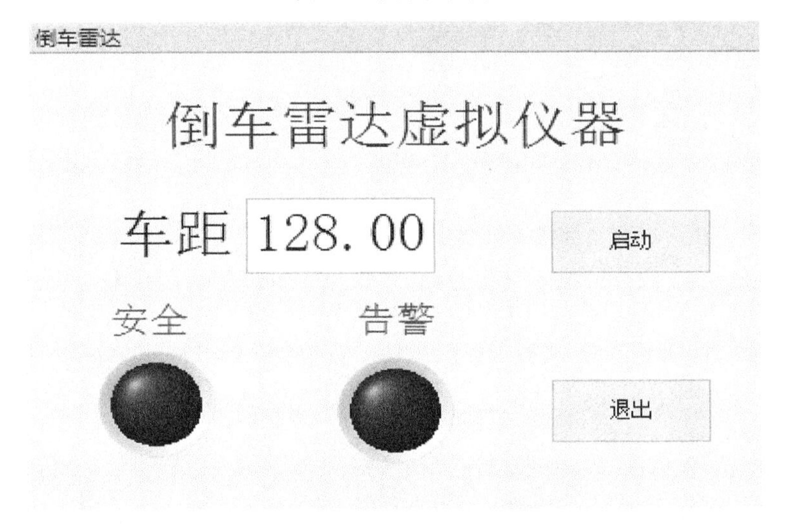

图 9.4　仪器面板图

9.3.3 各控件属性设置

各控件属性设置见表 9.3。

表 9.3　控件属性设置

项数	标签	常量名	回调函数
1	车距	PANEL_NUMERIC_DISTANCE	—
2	安全	PANEL_LED_SAFE	—
3	告警	PANEL_LED_ALARM	—
4	启动	PANEL_START	start
5	退出	PANEL_QUIT	quit
6	时钟	PANEL_TIMER	timer

9.3.4 程序分析

本次程序主要实现的功能有创建脉宽通道、启动传感器、读脉宽、蜂鸣器报警等。

1. *启动程序*

本程序代码如下：

```
int CVICALLBACK start (int panel, int control, int event, void *callbackData, int eventData1, int eventData2) //启动按钮
{
    switch (event)
    {
        case EVENT_COMMIT:
            if(taskHandle_CTR0==0)
            {
                //创建计时任务
                DAQmxCreateTask ("TIME", &taskHandle_CTR0);
                //创建计数器ctr0计时物理通道
                DAQmxCreateCIPulseWidthChan (taskHandle_CTR0,
                "Dev1/ctr0", "", 0.0001, 0.02, DAQmx_Val_Seconds,
                DAQmx_Val_Rising, "");
                DAQmxStartTask (taskHandle_CTR0);
                //创建数字输出任务
                DAQmxCreateTask("PLUSE", &taskHandle_DO0));
                //创建数字输出物理通道DO0，产生启动脉冲
```

```
                DAQmxCreateDOChan(taskHandle_DO0,
                Dev1/port0/line0", "数字输出", DAQmx_Val_ChanPer
                Line));
                DAQmxStartTask (taskHandle_DO0);
                SetCtrlAttribute (PANEL, PANEL_TIMER,
                ATTR_ENABLED, 1);
                //输出数字脉冲，启动超声波传感器HC-SR04工作
                DAQmxWriteDigitalScalarU32 (taskHandle_DO0, 1, 0,
                1, 0);
                DAQmxWriteDigitalScalarU32 (taskHandle_DO0, 1, 0,
                0, 0);
            }
        break;
    }
    return 0;
}
```

本程序对应“启动”按钮的回调函数。如果任务未创建，则创建一个计数器脉冲宽度测量任务 ctr0，以及一个数字信号输出通道 DO0，并设置相应任务的属性，然后启动定时器开始采集，输出数字脉冲启动超声波传感器工作。

本例使用的函数如下：

DAQmxCreateCIPulseWidthChan(taskHandle_CTR0, "Dev1/ctr0", "", 0.001, 0.03, DAQmx_Val_Seconds, DAQmx_Val_Rising, "");

其功能为：创建一个计数器脉冲宽度采集任务。参数说明如下：

第 1 个参数 taskHandle_CTR0，任务句柄；

第 2 个参数"Dev1/ctr0"，物理通道名字；

第 3 个参数""，分配给该虚拟通道的名字；

第 4 个参数与第 5 个参数 0.001，0.03，最小宽度与最大宽度；

第 6 个参数 DAQmx_Val_Seconds，单位为秒（s）；

第 7 个参数 DAQmx_Val_Rising，采样脉冲上升沿采集；

第 8 个参数""，自定义换算的名字。

DAQmxCreateDOChan(taskHandle_DO0,"Dev1/port0/line0","",
AQmx_Val_ChanPerLine);

其功能为：创建一个数字脉冲输出任务。参数说明如下：

第 1 个参数 taskHandle_DO0，任务句柄；

第 2 个参数" Dev1/port0/line0"，物理通道名字；

第 3 个参数""，分配给该虚拟通道的名字；

第 4 个参数 DAQmx_Val_ChanPerLine，每线为一组。

DAQmxWriteDigitalScalarU32 (taskHandle_DO0, 1, 0, 1, 0);

其功能为：输出高电平。参数说明如下：

第 1 个参数 taskHandle_DO0，任务句柄；

第 2 个参数 1，自动启动任务；

第 3 个参数 0，超时；

第 4 个参数 1，发出数字“1”；

第 5 个参数 0，保留；

该函数下一语句输出数字“0”，从而发出一个脉冲。

2. 定时器响应程序

本程序代码如下：

```
    int CVICALLBACK TIMER (int panel, int control, int event, void
*callbackData,
    int eventData1, int eventData2)//定时器函数
    {
        uint8 i;
        int32 num =1;
        float64 width;
        double fre=1,time=100;      //蜂鸣器响100ms
        switch (event)
        {
            case EVENT_TIMER_TICK:
                DAQmxReadCounterScalarF64
                (taskHandle_CTR0,10.0,&width, 0);
                width=width*17000;  //时间转换为距离
                if(width>400)
                {
                    width=400;
                }
                if(width<20)
                {
                    SetCtrlVal (PANEL, PANEL_LED_ALARM, 1);
                }
                else
                {
                    SetCtrlVal (PANEL, PANEL_LED_ALARM, 0);
                }
                SetCtrlVal (PANEL, PANEL_NUMERIC_DISTANCE,width);
```

```
            for(i=0;i<2;i++)
            {
                SetCtrlVal (PANEL, PANEL_LED_SAFE, 1);
                delay(width/1000);
                SetCtrlVal (PANEL, PANEL_LED_SAFE, 0);
                delay(width/1000);
            }
            fre=208420/width-421;
            Beep(fre,time);     //蜂鸣器
            DAQmxWriteDigitalScalarU32 (taskHandle_DO0, 1, 0, 1, 0);
            DAQmxWriteDigitalScalarU32 (taskHandle_DO0, 1, 0, 0, 0);
            break;
    }
    return 0;
}
```

本程序对应定时器响应函数。从计数器脉冲宽度测量通道 ctr0 读取时间，转化为车距，超过 400cm 置为 400cm，小于危险距离 20cm 则安全灯亮，将车距赋给仪器面板显示，运行两次 for 循环闪烁告警灯，应用式（9.6）将距离转化为声音频率，然后再次启动超声波传感器工作。

本例使用的函数如下：

DAQmxReadCounterScalarF64 (taskHandle_CTR, 10.0, &width, 0);

其功能为：读取计数器脉冲宽度通道数据。参数说明如下：

第 1 个参数 taskHandle_CTR0，任务句柄；

第 2 个参数 10.0，超时；

第 3 个参数&width，脉冲宽度，单位为秒（s）；

第 4 个参数 0，保留。

Beep(fre,time);

其功能为：驱动蜂鸣器发声。参数说明如下：

第 1 个参数 fre，发声频率；

第 2 个参数 time，发声时间为 100ms。

9.4　程序清单

本程序完整代码如下：

```
//主程序及头文件
#include "windows.h"
#include <cvirte.h>
```

```
#include <userint.h>
#include <NIDAQmx.h>
#include "PDC.h"
#include <utility.h>                            //Delay()函数头文件
TaskHandle taskHandle_CTR0=0, taskHandle_DO0;
static int panelHandle;
int main (int argc, char *argv[])               //主程序
{
if (InitCVIRTE (0, argv, 0) == 0)
    return -1;
if ((panelHandle = LoadPanel (0, "PDC.uir", PANEL)) < 0)
    return -1;
SetCtrlAttribute (PANEL, PANEL_TIMER, ATTR_ENABLED, 0);
//关闭定时器
DisplayPanel (panelHandle);
RunUserInterface ();                            //运行前面板
DiscardPanel (panelHandle);                     //退出
return 0;
}
//开始按钮
int CVICALLBACK start (int panel, int control, int event, void
*callbackData, int eventData1, int eventData2)
{
switch (event)
{
    case EVENT_COMMIT:
    if(taskHandle_CTR0==0)
    {
        DAQmxCreateTask ("TIME", &taskHandle_CTR0);
        DAQmxCreateCIPulseWidthChan (taskHandle_CTR0,
        "Dev1/ctr0","", 0.000001, 0.9000000, DAQmx_Val_Seconds,
        DAQmx_Val_Rising, "");
        DAQmxStartTask (taskHandle_CTR0);
        DAQmxCreateTask("PLUSE", &taskHandle_DO0));
        DAQmxCreateDOChan(taskOut, "Dev1/port0/line0","数字输出",
        DAQmx_Val_ChanPerLine));
        DAQmxStartTask (taskHandle_DO0);
        SetCtrlAttribute (PANEL, PANEL_TIMER, ATTR_ENABLED, 1);
        DAQmxWriteDigitalScalarU32 (taskHandle_DO0, 1, 0, 1, 0);
```

```
            DAQmxWriteDigitalScalarU32 (taskHandle_DO0, 1, 0, 0, 0);
        }
        break;
    }
    return 0;
    }
    //退出
    int CVICALLBACK quit (int panel, int control, int event,void
*callbackData, int eventData1, int eventData2)
    {
        switch (event)
        {
            case EVENT_COMMIT:
                DAQmxClearTask (taskHandle_CTR0);
                DAQmxClearTask (taskHandle_DO0);
                QuitUserInterface (0);
                break;
        }
        return 0;
    }
    //定时器函数
    int CVICALLBACK TIMER (int panel, int control, int event, void
*callbackData, int eventData1, int eventData2)
    {
        uInt8 i;
        int32 num =1;
        float64 width;
        double fre=1,time=100;//蜂鸣器响100ms
        switch (event)
        {
            case EVENT_TIMER_TICK:
               DAQmxReadCounterScalarF64 (taskHandle, 10.0, &width, 0);

                width=width*17000;//时间转换为距离
                if(width>400)
                {
                    width=400;
                }
                if(width<20)
```

```
            {
                SetCtrlVal (PANEL, PANEL_LED_ALARM, 1);
            }
            else
            {
                SetCtrlVal (PANEL, PANEL_LED_ALARM, 0);
            }
            SetCtrlVal (PANEL, PANEL_NUMERIC_DISTANCE,width);
            for(i=0;i<2;i++)
            {
                SetCtrlVal (PANEL, PANEL_LED_SAFE, 1);
                delay(width/1000);
                SetCtrlVal (PANEL, PANEL_LED_SAFE, 0);
                delay(width/1000);
            }
            fre=208420/width-421;
            Beep(fre,time);//蜂鸣器
            DAQmxWriteDigitalScalarU32 (taskHandle_DO0, 1, 0, 1, 0);
            DAQmxWriteDigitalScalarU32 (taskHandle_DO0, 1, 0, 0, 0);
            break;
    }
    return 0;
}
```

9.5　硬件连线图

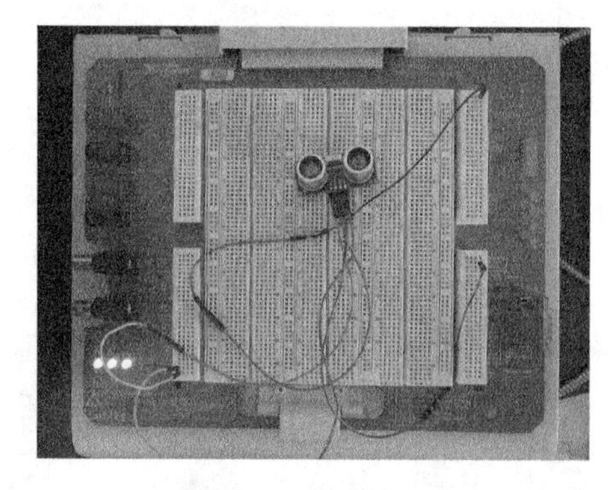

图 9.5　硬件接线图

超声波传感器模块 HC-SR04 与 NI ELVIS 之间的连线有 HC-SR04 的+5V 端接 NI ELVIS 上的+5V 电源，保证模块的供电正常；模块 GND 端接平台 GND 端，必须接地，否则会损坏传感器模块；TRIG 接 DO0，给传感器一个正常的触发信号；ECHO 端接 GATE 门电路，采集输出的脉宽。整个硬件接线图如图 9.5 所示。

第 10 章　光栅尺测量系统的虚拟仪器设计

10.1　引　　言

利用 LabWindows/CVI 虚拟仪器开发平台来构建光栅尺测量与数据库管理系统虚拟仪器。将光栅尺作为研究对象设计仪器面板并编写程序，实现测距功能及应用 ADO 设计一个基于 Access 的数据库系统，实现对数据的删除、插入、修改和读取功能。该项目能培养学生基本的工程设计思想，以及独立完成小规模工程设计与研究的能力。

本章内容主要分为以下几点：

（1）光栅传感器等资料搜集整理工作；

（2）在 SCB-68A 屏蔽接线盒上构建测距系统；

（3）基于 LabWindows 设计仪器面板；

（4）基于 LabWindows 程序设计。

主要技术指标如下：

（1）测距显示平稳；

（2）前面板应可实时显示测距值及数据库删除、插入、修改和读取等操作；

（3）测距精度应达到 20μm。

10.2　部分硬件设备

10.2.1　PCI-6251 采集卡

PCI-6251 是一种中高速、高精度测量的 DAQ 板卡，属于多功能 M 系列。它拥有 16 路模拟量输入，2 路模拟量输出，分辨率可达 16bit，数据传输速度最高可达 2.8MS/s，单通道情况下每秒从传输数据中取样个数最高能到 1.25MS，而在多通道共同工作时能到 1.00MS，24 路 I/O 端口（8 路高速可达 10MHz），含有 32 位的 80MHz 计数器/定时器两个，它的引脚构造见第 3 章图 3.1。项目应用到计数器功能，PCI-6251 数据采集卡计数功能接口图见第 3 章表 3.1。

10.2.2　接线盒 SCB-68

数据采集卡 PCI-6251 板卡插于计算机 PCI 卡槽内，其通过 SCB-68A 屏蔽接线盒与 JC800 光栅尺相连。在 SCB-68A 屏蔽接线盒上构建连接，光栅尺传感器带有 RS232 总线口，RS232 有 9 个接口，其中 1 脚为供电接口，将它连接在数据采集卡 PCI-6251 的 14 端提供+5V 电压，2 脚为接地端，连接到采集卡 36 端口（D GND），3 脚输出的 A 路信号与数据采集卡 CTR0 A37 端口（PFI 8）相连，4 脚输出 B 路信号与 CTR0 B45 端（PFI 10）相连，5 脚为回零信号，Z 索引和其他脚均不用连接，连接参见图 10.5。

10.2.3　JC800 光栅尺

JC800 光栅尺由深圳市精测仪器有限公司制造提供，可以测量直线位移，该尺量程为 0～800mm，外观见第 3 章图 3.6。输出的信号分为 A、B、Z 三路，采样精度可达 5μm，工作电压为 5V，栅距为 20μm，分辨率可达 5μm，在 0～50℃温度区间内有效工作，工作环境的湿度要小于 90RH。其工作原理参见第 3 章。

10.3　程序设计分析

10.3.1　仪器操作面板

仪器操作面板如图 10.1 所示。前面板依据设计任务放置有“测量人员”文本输入控件，“实时测量”数值显示框，“光栅测量数据库”表格控件，“删除”、“插入”、“修改”、“读取数据”及“退出”等数据库操作相关按钮控件，“开始”与“结束”等数据采集相关的按钮控件，当然为便于周期采集光栅计数还在编辑状态时放置“时钟”控件，其在运行状态时不显示。

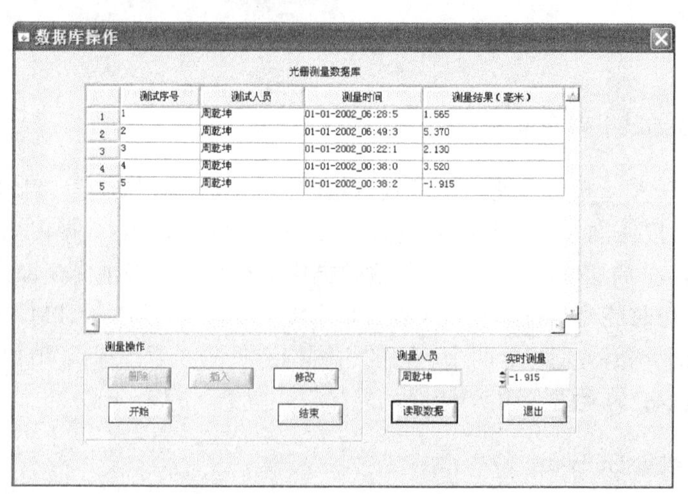

图 10.1　仪器操作面板

10.3.2　控件属性表

仪器面板各控件属性表见表 10.1。

表 10.1　控件属性表

项数	标签	常量名	回调函数
1	光栅测量数据库	PANEL_TABLE	tableCB
2	删除	PANEL_DEL	delete
3	插入	PANEL_INS	insert
4	修改	PANEL_MOD	modify
5	开始	PANEL_START	start
6	结束	PANEL_STOP	stop
7	测量人员	PANEL_PERSON	—
8	实时测量	PANEL_DATA	—
9	读取数据	PANEL_READ	read
10	退出	PANEL_QUIT	quit

10.3.3　程序流程图

程序部分包括测量部分和数据库部分，测量程序流程和数据库程序流程分别如图 10.2 及图 10.3 所示。

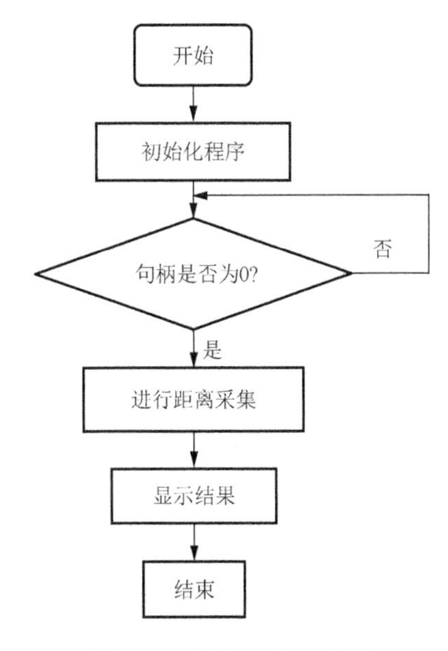

图 10.2　测量程序流程图

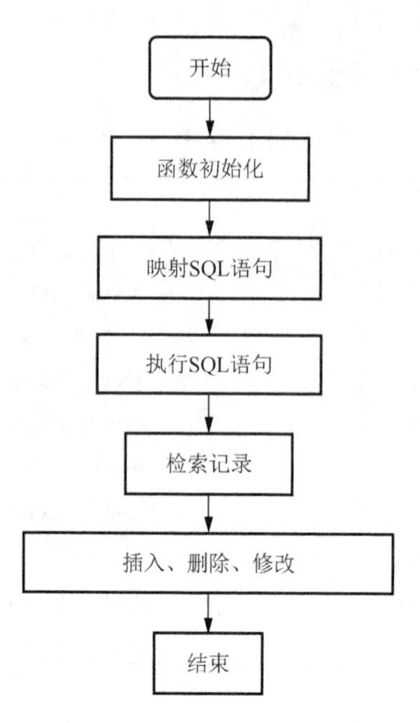

图 10.3　数据库程序流程图

10.3.4　测距编程主要代码

1. main 函数中定时器的定义

在主程序 main()中定时器初始值为 0，关闭定时器，相关程序如下：

```
SetCtrlAttribute (panelHandle, PANEL_TIMER, ATTR_ENABLED, 0);
```

2. 测量启动程序

该程序代码如下：

```
int CVICALLBACK start (int panel, int control, int event,
void *callbackData, int eventData1, int eventData2)
{
    switch (event)
    {
        case EVENT_COMMIT:
            if (taskHandle_CIL==0)
            {
                DAQmxCreateTask("GRATING", &taskHandle_CIL);
```

```
                DAQmxCreateCILinEncoderChan (taskHandle_CIL,
                "Dev1/ctr0", "", DAQmx_Val_X1, 0, 0, 0,
                AQmx_Val_Meters, 0.002, 0, NULL);
                DAQmxStartTask (taskHandle_CIL);
                SetCtrlAttribute (panelHandle, PANEL_TIMER, ATTR_
                ENABLED, 1);
            }
        break;
    }
    return 0;
}
```

本程序对应“开始”按钮的回调函数。如果任务未创建，则创建一个计数器线性编码器的测量任务 ctr0，并设置相应任务的属性，然后启动定时器开始采集。

本例使用的函数如下：

DAQmxCreateCILinEncoderChan (taskHandle_CIL, "Dev1/ctr0", "", DAQmx_Val_X1, 0, 0, 0, "",DAQmx_Val_Meters, 0.002, 0, NULL);

其功能为：创建一个计数器线性编码器采集任务物理通道。参数说明如下：

第 1 个参数 taskHandle_CIL，任务句柄；

第 2 个参数"Dev1/ctr0"，物理通道名字；

第 3 个参数""，分配给该虚拟通道的名字；

第 4 个参数 DAQmx_Val_X1，编码方式；

第 5～7 个参数均为 0，Z 索引修改参数，对于线性编码均不用，设为 0；

第 8 个参数""，自定义换算的名字；

第 9 个参数 DAQmx_Val_Meters，单位 m；

第 10 个参数 0.002，栅距 20μm；

第 11 个参数 0，编码器初始位置；

第 12 个参数 NULL，保留。

3. 定时器函数

该函数代码如下：

```
int CVICALLBACK time (int panel, int control, int event,
void *callbackData, int eventData1, int eventData2)
{
    switch (event)
```

```
    {
        case EVENT_TIMER_TICK:
        DAQmxReadCounterScalarF64 (taskHandle, 10.0, &GratingVal, 0);
        SetCtrlVal (panelHandle, PANEL_READ, GratingVal);
        break;
    }
    return 0;
}
```

该函数是定时器回调函数，功能是读取计数器数据，并显示在面板上。

本例使用的函数如下：

DAQmxReadCounterScalarF64 (taskHandle_CIL, 10.0, &GratingVal, 0);

其功能为：读取计数器数据。参数说明如下：

第 1 个参数 taskHandle_CIL，任务句柄；

第 2 个参数 10.0，超时；

第 3 个参数&GratingVal，读取的数据；

第 4 个参数 0，保留。

4. 退出函数

单击“退出”按钮，回调 quit()函数，关闭定时器，清除任务。退出用户界面相关程序如下：

```
SetCtrlAttribute (panelHandle, PANEL_TIMER, ATTR_ENABLED, 0);
DAQmxClearTask(taskHandle_CIL);
QuitUserInterface (0);
```

5. 停止函数

单击“停止”按钮，回调 stop()函数，关闭定时器相关程序如下：

```
SetCtrlAttribute (panelHandle, PANEL_TIMER, ATTR_ENABLED, 0);
```

10.3.5 ODBC 配置

ODBC 数据源对话框中给出了所有已在计算机上注册好的 ODBC 数据源，在系统 DSN 中设置系统所用数据库配置信息，如 gratingDB，选择 Microsoft Access Driver(*.mdb)项，创建一个 Access 数据库 gratingDB.mdb，并建立一个表，命名为 Table，创建流程见第 5 章 5.3 节，数据库表如图 10.4 所示。

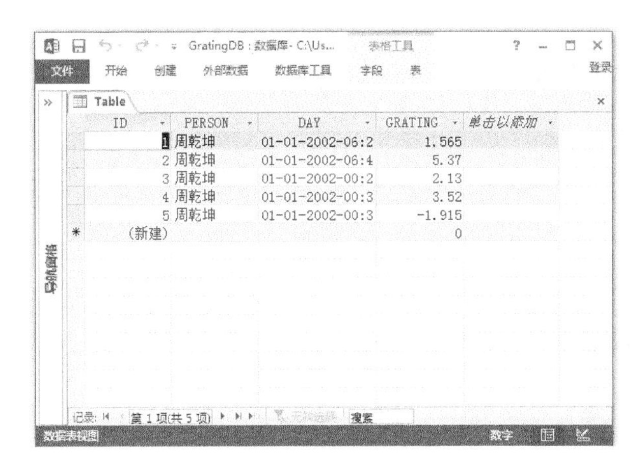

图 10.4　数据库表

10.3.6　数据库编程

1. 数据库的连接

在执行一段 SQL 语句之前，必须在主函数 main()中确定已经建立好了可靠的数据库连接，以保证所发送的语句得到数据库的响应。该段程序如下：

```
hdbc = DBConnect ("DSN= gratingDB");
```

该语句的功能为建立数据库连接，并且得到连接的句柄。

2. 数据记录的删除

主要代码段如下：

```
GetActiveTableCell (panelHandle, PANEL_TABLE, &colrow);
GetTableCellVal(panelHandle,PANEL_TABLE,MakePoint(1,colrow.y),
&value);
if (hdbc > 0)
{
    hstat = DBPrepareSQL (hdbc, "DELETE FROM table WHERE ID = ?");
    resultcode  =  DBCreateParamInt  (hstat,  "",  DB_PARAM_INPUT,
    value);
    resultcode = DBExecutePreparedSQL (hstat);
}
```

该段代码功能为：当需要删除“光栅测量数据库”表格某段数据时，要获得这一活动单元格所在的行以及第一列单元格内的数据，由于是带参数的 SQL 删除语句，为其创建一个整型参数变量后执行该参数的 SQL 语句。

3. 数据记录的删除

主要代码段如下：

```
hstat = DBActivateSQL (hdbc, "SELECT * FROM table");
numberofrecords = DBNumberOfRecords (hstat);
DBDeactivateSQL (hstat);
hstat = DBPrepareSQL (hdbc, "INSERT INTO table VALUES (?, ?, ?, ?)");
resultcode = DBCreateParamInt (hstat, "ID", DB_PARAM_INPUT,
numberofrecords + 1);
GetCtrlVal(panelHandle,PANEL_DATA,&resultvalue);
GetCtrlVal(panelHandle,PANEL_PERSON,personvalue);
p1=strcat(DateStr(),"_");
TimeStr();//获取日期时间
resultcode = DBCreateParamChar (hstat, "PERSON", DB_PARAM_INPUT,
personvalue, 10);
resultcode = DBCreateParamChar (hstat, "DAY", DB_PARAM_INPUT, p1,
25);
resultcode = DBCreateParamInt (hstat, "GRATING", DB_PARAM_INPUT,
resultvalue);
resultcode = DBExecutePreparedSQL (hstat);
DBClosePreparedSQL (hstat);
```

该段代码功能为：当需要插入某一数据时，可先激活 SQL 查询得到数据库内记录的总数，设置带“ID”、“PERSON”、“DAY”及“GRATING”等四个参数的 SQL 插入语句，ID 为插入前总记录数加 1，PERSON 及 GRATING 可从仪器面板获得，DAY 日期时间数据由程序获得，然后通过语句 DBExecutePreparedSQL 将其插入。

4. 记录的修改与更新

主要代码如下：

```
SetCtrlAttribute(panelHandle, PANEL_TABLE, ATTR_CTRL_MODE,
VAL_HOT);//表格可编辑
if (i)
{
    SetCtrlAttribute (panelHandle, PANEL _MODIFY, ATTR_LABEL_TEXT,
    "保存");
    i = 0;
```

```
}
else
{
    SetCtrlAttribute (panelHandle, PANEL _MODIFY, ATTR_LABEL_TEXT,
    "修改");
    SetCtrlAttribute(panelHandle,PANEL_TABLE, ATTR_CTRL_MODE,
    VAL_INDICATOR);//表格不可编辑
    i = 1;
}
GetCtrlAttribute (panelHandle, PANEL_ MODIFY, ATTR_LABEL_TEXT,
labeltext);
comparisonresult = strcmp (labeltext, "修改");
if (comparisonresult == 0)
{
    hmap = DBBeginMap (hdbc);
    resultcode   =   DBMapColumnToInt   (hmap,   "ID",   &idvalue,
    &idstatus);
    resultcode=DBMapColumnToChar(hmap, "PERSON", 10, personvalue,
    &personstatus,"");
    resultcode = DBMapColumnToChar (hmap, "DAY", 19, timevalue,
    &timestatus, "");
    resultcode=DBMapColumnToDouble(hmap,"GRATING", &resultvalue,
    &resultstatus);
}
hstat = DBActivateMap (hmap, "table");
if (hstat > 0)
{
    //定位数据指针
    while ((resultcode = DBFetchNext (hstat)) != DB_EOF)
    {
        if (idvalue == globalvalue)
        {
            break;
        }
    }
}
GetTableCellVal (panelHandle, PANEL_TABLE, MakePoint(2, globalvalue),
personvalue);
GetTableCellVal (panelHandle, PANEL_TABLE, MakePoint(3, globalvalue),
```

```
timevalue);
GetTableCellVal (panelHandle, PANEL_TABLE, MakePoint(4, globalvalue),
&resultvalue);
//更新数据库
resultcode = DBPutRecord (hstat);
//释放被激活的句柄
resultcode = DBDeactivateMap (hmap);
```

该段代码功能为：前半段“修改”按钮活动时，表格可编辑，记录修改后，单击“修改”按钮后更改为“保存”，后半段单击“保存”，可以通过创建一个数据库的映射关系，建立“ID”、“PERSON”、“DAY”及“GRATING”等四个字段变量的映射关系，激活该映射，检索数据库记录，找到对应记录后，将表格中修改的记录更新数据库，即可完成对数据库的修改任务。

5. 数据库显示到表格

主要代码如下：

```
hstat = DBActivateSQL (hdbc, "SELECT * FROM table");
//以下操作为将每列字段绑定到相关变量中
resultcode = DBBindColInt (hstat, 1, &idvalue, &idstatus);
resultcode  =  DBBindColChar  (hstat,  2,  10,  personvalue,
&personstatus,"");
resultcode = DBBindColChar (hstat, 3, 19, timevalue, &timestatus,
"");
resultcode = DBBindColDouble(hstat, 4, &resultvalue, &resultstatus);
total = DBNumberOfRecords (hstat);
DeleteTableRows (panelHandle, PANEL_TABLE, 1, -1);
InsertTableRows(panelHandle, PANEL_TABLE, 1, total, VAL_USE_MASTER
_CELL_TYPE);
if (total > 0)
{
    while (DBFetchNext(hstat) != DB_EOF)
}
    else
{
    SetTableCellVal  (panelHandle,  PANEL_TABLE,  MakePoint(1,i),
    idvalue);
    SetTableCellVal (panelHandle, PANEL_TABLE, MakePoint(2,i),
    personvalue);
```

```
    SetTableCellVal  (panelHandle,  PANEL_TABLE,  MakePoint(3,i),
    timevalue);
    SetTableCellVal  (panelHandle,  PANEL_TABLE,  MakePoint(4,i),
    resultvalue);
    i++;
}
```

该段代码功能为：清空表格，激活 SQL 语句选择表，绑定四个字段到 idvalue、personvalue、timevalue、resultvalue 变量，检索数据库表，将记录填到表格中。

6. 表格双击回调函数

以下是部分程序：

```
case EVENT_LEFT_DOUBLE_CLICK:
    //colrow.x 表示列号,colrow.y 表示行号
    GetActiveTableCell (panelHandle, PANEL_TABLE, &colrow);
    GetTableCellVal (panelHandle, PANEL_TABLE, MakePoint(1, colrow.
    y), &value);
    globalvalue = value;
```

该段代码的功能为：取得表格双击点所在行号 ID，存入全局变量 globalvalue 中。

10.4 操 作 步 骤

本光栅尺测量与数据库管理虚拟仪器系统操作分为测量与数据库管理两个方面。

10.4.1 光栅测量的操作步骤

（1）运行程序，单击“开始”按钮，进行数据采集，测量时向左或者向右移动光栅尺探头可看到“实时测量”显示光栅头位置，数据应随移动方向减小或增加，注意光栅尺探头在程序运行前的位置即为光栅尺的初始值零。

（2）单击“停止”按钮，读取数据结束，“实时测量”不显示位置信息，但因测量任务未结束，重新单击“开始”按钮，测量恢复。

10.4.2 数据库管理的操作步骤

（1）单击“读取数据”时，“光栅测量数据库”控件栏会显示数据库数据。

（2）删除前，单击表格某一想删除的记录行将其激活，再单击“删除”按钮（活动时）删除该记录，同时更新数据库。

（3）插入某记录时，在“测量人员”控件添加测量人员的姓名，光栅尺工作并将位置记录在“实时测量”控件上，单击“插入”按钮（活动时），程序将一条记录加入数据库中。

（4）“修改”按钮活动时，“删除”及“插入”按钮正常，用户可以双击“光栅测量数据库”表格的某单元修改之，单击“修改”按钮后，“修改”按钮变为“保存”按钮，此时，“删除”和“插入”按钮都变灰，表明此时不可以对数据进行修改，单击“保存”按钮，这时“保存”按钮变为“修改”按钮，“删除”和“插入”按钮恢复正常，此时刚修改的数据刷新到数据库中去。

（5）单击“退出”按钮，退出程序。

10.5 程序清单

本程序完整代码如下：

```
//主程序及头文件
#include <cvirte.h>
#include <userint.h>
#include "cvi_db.h"
#include <ansi_c.h>
#include <utility.h>
#include <formatio.h>
#include "gratingDB.h"
static int panelHandle, hdbc, globalvalue;
TaskHandle taskHandle_CIL=0;
float64 GratingVal=0.0;
int main (int argc, char *argv[])
{
if (InitCVIRTE (0, argv, 0) == 0)  return -1;  /* 内存不足 */
if ((panelHandle = LoadPanel (0,"gratingDB.uir", PANEL)) < 0) return -1;
    //建立数据库联接，并获得联接句柄
    hdbc = DBConnect ("DSN=gratingDB");
    SetCtrlAttribute (panelHandle, PANEL_TIMER, ATTR_ENABLED, 0);
    DisplayPanel (panelHandle);
    RunUserInterface ();
    DiscardPanel (panelHandle);
    //当退出应用程序时，关闭数据库连接
    DBDisconnect (hdbc);
    return 0;
```

```
}
//删除记录
int CVICALLBACK delete (int panel, int control, int event, void
*callbackData, int eventData1, int eventData2)
{
    point colrow;
    int resultcode;
    int hstat;
    int value = 0;
    switch (event)
    {
        case EVENT_COMMIT:
            //获得活动表格单元
            GetActiveTableCell (panelHandle, PANEL_TABLE, &colrow);
            //获得活动单元格所在行，且列数为第1列单元格内的数据
            GetTableCellVal (panelHandle, PANEL_TABLE,
            MakePoint(1,colrow.y ), &value);
            //当联接数据库成功时进行下面操作
            if (hdbc > 0)
            {
                //对于带参数的数据库查询，首先准备执行SQL查询声明
                hstat = DBPrepareSQL (hdbc, "DELETE FROM table WHERE
                ID = ?");
                //创建一个整型量参数预备查询方式
                resultcode = DBCreateParamInt (hstat, "", DB_PARAM_
                INPUT, value);
                //执行带参数的SQL查询
                resultcode = DBExecutePreparedSQL (hstat);
            }
            DBClosePreparedSQL (hstat);
            //刷新数据
            read (panel, PANEL_READ, EVENT_COMMIT, NULL, 0, 0);
            break;
    }
    return 0;
}
//插入记录
int CVICALLBACK insert (int panel, int control, int event,
void *callbackData, int eventData1, int eventData2)
```

```
{
    int resultcode;
    int hstat;
    int numberofrecords;
    char personvalue[10];
    char *pdate,*p1,*ptime,timevalue[19];
    //int idvalue;
    double resultvalue;
    switch (event)
    {
        case EVENT_COMMIT:
            //激活SQL查询
            hstat = DBActivateSQL (hdbc, "SELECT * FROM table");
            //获得记录总数
            numberofrecords = DBNumberOfRecords (hstat);
            DBDeactivateSQL (hstat);
            //带参数查询
            hstat = DBPrepareSQL (hdbc, "INSERT INTO table VALUES
            (?, ?, ?, ?)");
            resultcode = DBCreateParamInt (hstat, "ID", DB_PARAM_
            INPUT, numberofrecords + 1);
            GetCtrlVal(panelHandle,PANEL_DATA,&resultvalue);
            GetCtrlVal(panelHandle,PANEL_PERSON,personvalue);
            p1=strcat(DateStr(),"_");
            TimeStr();
            resultcode = DBCreateParamChar (hstat, "PERSON",
            DB_PARAM_INPUT, personvalue, 10);
            resultcode = DBCreateParamChar (hstat, "DAY",
            DB_PARAM_INPUT, p1, 25);
            resultcode = DBCreateParamInt (hstat, "GRATING",
            DB_PARAM_INPUT, resultvalue);
            resultcode = DBExecutePreparedSQL (hstat);
            DBClosePreparedSQL (hstat);
            //刷新数据
            read (panel, PANEL_CMD_READDATA, EVENT_COMMIT, NULL, 0, 0);
            break;
    }
    return 0;
}
```

```
//修改记录
int CVICALLBACK modify (int panel, int control, int event, void
*callbackData, int eventData1, int eventData2)
{
    char labeltext[10];
    int comparisonresult;
    int hstat;
    int value;
    Point colrow;
    //设置i为静态局部变量，在本函数内部值不会丢失
    static int i = 1;
    long personstatus;
    char personvalue[10];
    long timestatus;
    char timevalue[19];
    int resultcode;
    long idstatus;
    int idvalue;
    long resultstatus;
    double resultvalue;
    int hmap;
    switch (event)
    {
        case EVENT_COMMIT:
        //设置表格为可修改状态
        SetCtrlAttribute  (panelHandle,  PANEL_TABLE,  ATTR_CTRL_
        MODE, VAL_HOT);
        //以下程序表示：当单击“修改”按钮时，按钮标签将变为“保存”
        if (i)
        {
            SetCtrlAttribute (panelHandle, PANEL_MODIFY,
            ATTR_LABEL_TEXT, "保存");
            i = 0;
        }
        else
        {
           SetCtrlAttribute (panelHandle, PANEL_MODIFY,
           ATTR_LABEL_TEXT, "修改");
           SetCtrlAttribute (panelHandle, PANEL_TABLE,
```

```
        ATTR_CTRL_MODE, VAL_INDICATOR);
        i = 1;
    }
    //得到按钮的标签文本
    GetCtrlAttribute (panelHandle, PANEL_MODIFY,
    ATTR_LABEL_TEXT, labeltext);
    //将得到的文本与“修改”二字相对照
    comparisonresult = strcmp (labeltext, "修改");
    //如果确定标签文本上的字符就是“保存”二字，则执行以下操作
    if (comparisonresult == 0)
    {
        //创建一个数据库映射关系
        hmap = DBBeginMap (hdbc);
        //以下为将数据库中的每列数据，即字段放到相对应的类型映射中
        resultcode = DBMapColumnToInt (hmap, "ID", &idvalue,
        &idstatus);
        resultcode = DBMapColumnToChar (hmap, "PERSON", 10,
        personvalue, &personstatus, "");
        resultcode = DBMapColumnToChar (hmap, "DAY", 19,
        timevalue, &timestatus, "");
        resultcode = DBMapColumnToDouble (hmap, "GRATING",
        &resultvalue, &resultstatus);
        //激活映射
        hstat = DBActivateMap (hmap, "table");
        if (hstat > 0)
        {
            //定位数据指针
            while ((resultcode = DBFetchNext (hstat)) != DB_EOF)
            {
                if (idvalue == globalvalue)
                {
                    break;
                }
            }
            GetTableCellVal (panelHandle, PANEL_TABLE, MakePoint(2,
            globalvalue), personvalue);
            GetTableCellVal (panelHandle, PANEL_TABLE, MakePoint(3,
            globalvalue), timevalue);
```

```
                GetTableCellVal (panelHandle, PANEL_TABLE, MakePoint(4,
                globalvalue), &resultvalue);
                //更新数据库
                resultcode = DBPutRecord (hstat);
                //释放被激活的句柄
                resultcode = DBDeactivateMap (hmap);
                SetCtrlAttribute (panelHandle, PANEL_DELETE,
                ATTR_DIMMED, 1);
                SetCtrlAttribute(panelHandle,PANEL_INSERT,
                ATTR_DIMMED, 1);
            }
            else
            {
                SetCtrlAttribute (panelHandle, PANEL_DELETE,
                ATTR_DIMMED, 0);
                SetCtrlAttribute (panelHandle, PANEL_INSERT,
                ATTR_DIMMED, 0);
            }
            break;
        }
        return 0;
}
//读取数据，即刷新数据
int CVICALLBACK read (int panel, int control, int event,
void *callbackData, int eventData1, int eventData2)
{
    long personstatus;
    char personvalue[10];
    long timestatus;
    char timevalue[19];
    long resultstatus;
    double resultvalue;
    int resultcode;
    long idstatus;
    int idvalue;
    int hstat;
    int total = 0;
    int i = 1;
    switch (event)
```

```
{
    case EVENT_COMMIT:
        DisableBreakOnLibraryErrors ();
        //激活SQL查询
        hstat = DBActivateSQL (hdbc, "SELECT * FROM table");
        //以下操作为将每列字段绑定到相关变量中
        resultcode = DBBindColInt (hstat, 1, &idvalue, &idstatus);
        resultcode = DBBindColChar (hstat, 2, 10, personvalue,
        &personstatus,"");
        resultcode = DBBindColChar (hstat, 3, 19, timevalue,
        &timestatus, "");
        resultcode = DBBindColDouble(hstat, 4, &resultvalue,
        &resultstatus);
        //获得记录的总数
        total = DBNumberOfRecords (hstat);
        //删除面板中的表格控件所有行
        DeleteTableRows (panelHandle, PANEL_TABLE, 1, -1);
        //插入与数据表中记录数相同的行数
        InsertTableRows (panelHandle, PANEL_TABLE, 1, total,
        VAL_USE_MASTER_CELL_TYPE);
        if (total > 0)
        {
            //利用数据指针逐行写入面板表格控件中
            while (DBFetchNext(hstat) != DB_EOF)
            {
                SetTableCellVal (panelHandle, PANEL_TABLE,
                MakePoint(1,i), idvalue);
                SetTableCellVal (panelHandle, PANEL_TABLE,
                MakePoint(2,i), personvalue);
                SetTableCellVal (panelHandle, PANEL_TABLE,
                MakePoint(3,i), timevalue);
                SetTableCellVal (panelHandle, PANEL_TABLE,
                MakePoint(4,i), resultvalue);
                i++;
            }
        }
        DBDeactivateSQL (hstat);
        break;
}
```

```
    return 0;
}
int CVICALLBACK tableCB (int panel, int control, int event,void
*callbackData, int eventData1, int eventData2)
{
    int value;
    Point colrow;
    switch (event)
    {
        //在面板中的表格控件中双击时，产生以下操作
        ase EVENT_LEFT_DOUBLE_CLICK:
        //得活动表格当前的行与列
        etActiveTableCell (panelHandle, PANEL_TABLE, &colrow);
        //得本行一列中数据的ID号： colrow.x 是列号,colrow.y 是行号
        etTableCellVal (panelHandle, PANEL_TABLE, MakePoint(1,
        olrow.y), &value);
        //将ID号作为全局变量处理
        lobalvalue = value;
        reak;
    }
return 0;
}
//定时器
int CVICALLBACK time (int panel, int control, int event,void
*callbackData, int eventData1, int eventData2)
{
    switch (event)
    {
        case EVENT_TIMER_TICK:
        DAQmxReadCounterScalarF64 (taskHandle, 10.0, &GratingVal,
        0);
        SetCtrlVal (panelHandle, PANEL_READ, GratingVal);
        break;
    }
return 0;
}
//退出程序
int CVICALLBACK quit (int panel, int control, int event, void
*callbackData, int eventData1, int eventData2)
```

```
{
    switch (event)
    {
        case EVENT_COMMIT:
        SetCtrlAttribute(panelHandle,PANEL_TIMER, ATTR_ENABLED,
0);
        DAQmxClearTask(taskHandle_CIL);
        QuitUserInterface (0);
        break;
    }
return 0;
}
//停止时钟
int CVICALLBACK stop (int panel, int control, int event, void
*callbackData, int eventData1, int eventData2)
{
switch (event)
    {
        case EVENT_COMMIT:
        SetCtrlAttribute (panelHandle, PANEL_TIMER, ATTR_ENABLED,
0);
        break;
    }
    return 0;
}
//开始采集光栅数据
int CVICALLBACK start (int panel, int control, int event,void
*callbackData, int eventData1, int eventData2)
{
    switch (event)
    {
        case EVENT_COMMIT:
            if (taskHandle_CIL==0)
            {
                DAQmxCreateTask("GRATING", &taskHandle_CIL);
                DAQmxCreateCILinEncoderChan (taskHandle_CIL,
                "Dev1/ctr0",   "",   DAQmx_Val_X1,   0,   0,   0,
                Qmx_Val_Meters, 0.002, 0, NULL);
                DAQmxStartTask (taskHandle_CIL);
```

```
                SetCtrlAttribute (panelHandle, PANEL_TIMER,
                ATTR_ENABLED, 1);
            }
            break;
    }
    return 0;
}
```

10.6　硬件连线图

本设计项目光栅的四路信号 A 信号、B 信号、5V 电源及地应与 PCI-6251 的接线盒 SCB-68A 相连，对应的端子为 37、45、14 及 36，硬件连线图如图 10.5 所示。

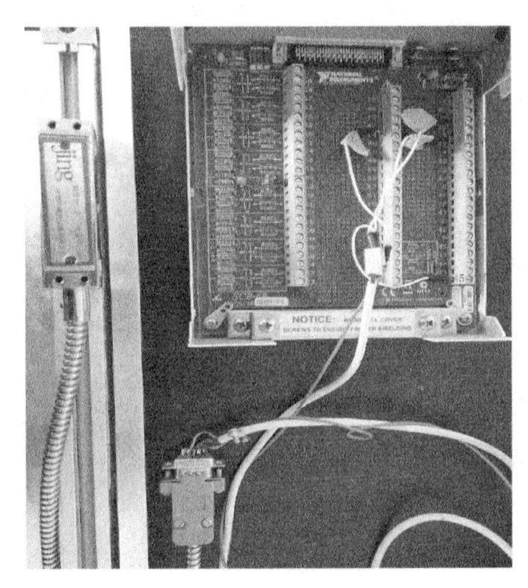

图 10.5　硬件连线图

第 11 章 转速计的虚拟仪器设计及精度研究

11.1 引 言

转速计是日常生活中比较重要的计量仪表之一，在汽车、电子、纺织、造纸、自动化等行业有广泛的应用，但是由于过去的技术比较落后，转速计一般都使用机械式或机电式的机构。本设计基于 LabWindows/CVI 及 PCI-6251 采集卡和转速传感探头，针对低频计数测量、大范围计数测量及脉冲宽度计数测量等三种测频方法进行研究，用虚拟仪器面板实时记录这三种测量方法的转速值、报警并对精度提高方法进行研究。该项目能培养学生熟悉 LabWindows/CVI 程序设计，以及独立完成小规模软硬件设计的能力。

本章内容主要分为以下几点：

（1）转速计及 NI 频率计等资料搜集整理工作；

（2）构建转速计测试硬件系统；

（3）几种频率计测试方法程序实现的调试工作；

（4）LabWindows/CVI 程序设计。

主要技术指标与要求如下：

（1）探测频率范围为 1～1000Hz；

（2）三种测试方法精度的研究。

11.2 硬件的介绍

11.2.1 NI PCI-6251 计数器

数据采集卡 6251 是 NI 公司设计的 M 系列新一代多功能的数据采集设备。它具有 2 路 16 位模拟输出、24 路 I/O、70 多个通道、2 路 32 位计数器。本设计数据采集卡引脚如图 11.1 所示。

（1）GATE：待测频率输入端口，工作方式为高电平、低电平、上升沿触发与下降沿触发。

（2）SOURCE：标准频率源输入端口（或计数器内部时钟，如 80MHz），可以由高到低也可以由低到高，还可以设置内部计数器计数方式为递增或递减。

（3）OUT 端：计数器输出端口，也可通过串级中断来增大计数量程。

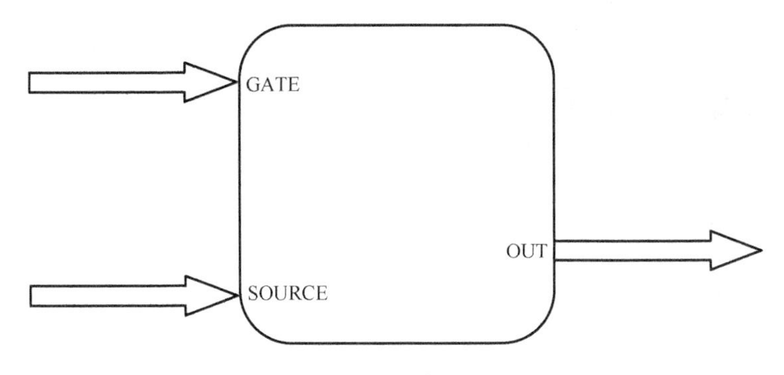

图 11.1　数据采集卡引脚

11.2.2　平台 TS-OSC-7A 传感器模块

1. 模块总体简介

TS-OSC-7A 是深圳市欧鹏科技有限公司研发的一款传感器实验平台，TS-OSC-7A 传感器模块如图 11.2 所示，该平台具有电源模块、PWM 脉宽调制模块、全桥（仪器）放大模块等板载模块以及光电耦合信号调理（光电开关）模块、光敏电阻模块、光照强度测量模块、9015 三极管应用与温度测量模块、AD590 集成温度传感器应用与温度测量模块、CS3020 霍尔磁性开关转速测量模块、电压频率转换模块、频率电压转换模块、电压电流转换、电流电压转换等 10 个独立常用传感器模块或信号调理模块，极大地方便工程应用及学生实验。

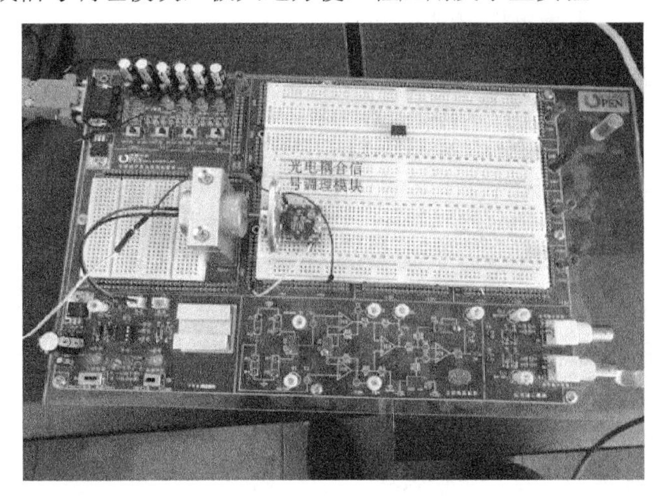

图 11.2　TS-OSC-7A 传感器模块

本设计所需模块采用欧鹏科技生产的光电耦合信号调理（光电开关）测量模块 M3，其信号引脚中第 1、2 引脚为+5V，第 6、7 引脚接地，信号输出 0～5V

模拟信号。该模块外形图及电原理图分别如图 11.3（a）和图 11.3（b）所示。

（a）外形图

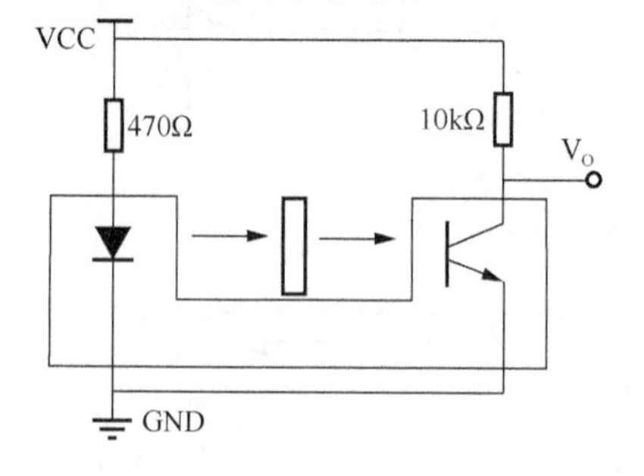

（b）电原理图

图 11.3　光电开关测量模块外形图及电原理图

光电传感器可以感应红外线、可见光及紫外线的光能量，并将光能量转换成电信号。光电传感器按能量输出可以分为模拟式和脉冲式，模拟式是将被测信号转换成连续的光信号，它分为吸收式、反射式和遮光式三种。

（1）吸收式光电传感器指的是被测物体放在光路上光可以穿过物体，因此，光源发出的光可以透过被测物体照射到光电器件。

（2）反射式光电传感器指的是被测物体放在光路上光可反射一部分光到光电器件上，这种被测物要进行选择。

（3）遮光式光电传感器指的是光源发出的光被测量物体遮挡一部分使得光通量改变，被测物的位置可以改变光路位置。

2. 设计转速计原理

本项目运用了 PCI-6251 计数器的频率测量的两种方法和脉宽测量的一种方法，共三种方法，其原理为在恒定时间读取光电开关传感器模块（M3）产生的脉冲数，测量频率除以 10（过孔）为实际频率，然后乘以 60 即得转速。本设计使用红外光电传感器进行非接触测量，当物体挡在红外光电二极管和光电开关之间时，传感器生成一个低电平，当物体没有挡在它们之间，传感器输出一个高电平，这样一遮一挡就可以产生一个脉冲，在光电传感器收发端加入一个圆形转盘，转盘图如图 11.4 所示，在转盘边缘打出若干圆形小孔，把圆盘放到光电耦合器件的红外光电二极管和光电晶体管之间，测量原理图如图 11.5 所示。当电机转动时带动转盘转动，传感器将发出若干脉冲，将这些脉冲通过数据采集卡进行读取，通过公式计算出实际转速。

测量的精度取决于转盘的孔数，个数越多，测量的精度越高，即单位时间内测量的脉冲越多，精度越高，也可以避免两个孔之间距离太大造成较大误差。本设计转盘有 10 个过孔。

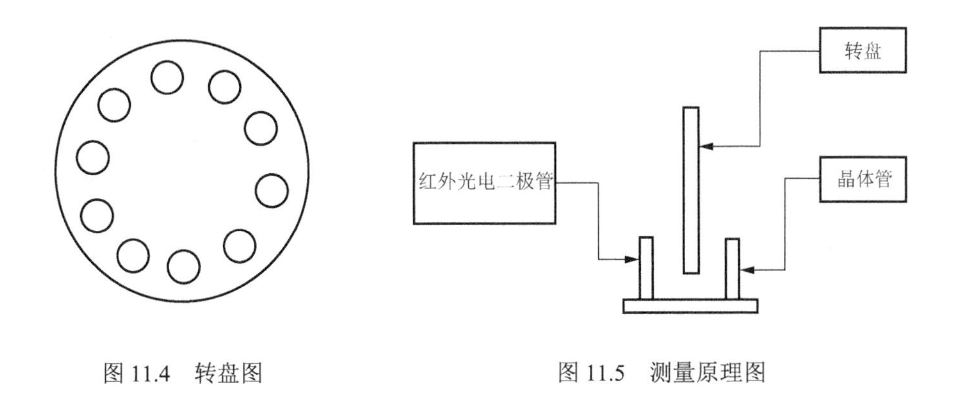

图 11.4　转盘图　　　　图 11.5　测量原理图

11.3　低频计数测频程序设计分析

11.3.1　低频计数测频的原理

该方法通过使用一个已知时基测量待测频率的周期而得到。测量时，被测信号 F1 接计数器的门信号端，已知时基接计数器的信号源端，已知时基一般是 80 MHz，频率低于 0.02Hz 时改用低频时基，低频计数测频方法原理图如图 11.6 所示。

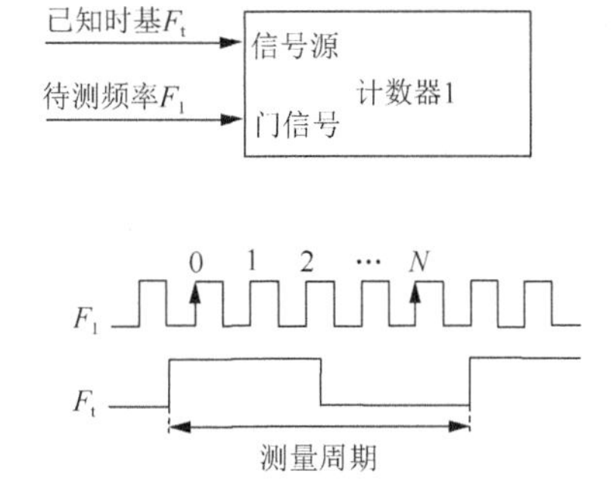

图 11.6　低频计数测频方法原理图

该项目三种测频方法均基于 ELVIS 平台，该平台的两个计数器及一个频率计输出接口位于原型板的右侧第二列，从上到下排序分别为：CTR0_SOURCE(1)、CTR0_GATE(2)、CTR0_OUT(3)、CTR1_SOURCE(4)、 CTR1_GATE(5)、CTR1_OUT (6)及 FRQ_OUT(7)。低频计数测频方法将待测信号与 CTR1_GATE 端口（从上往下数第 5 脚）相连，SOURCE 为恒定内部时基，一般为 80MHz，低频测频接线图如图 11.7（a）所示。

因此，待测频率在恒定时基计数得到计数 N，公式为

$$F_1 = F_t / N \tag{11.1}$$

式中，F_t为已知时基（Hz）；N为计数器 1（counter1）的计数结果；F_1为待测频率（Hz）。

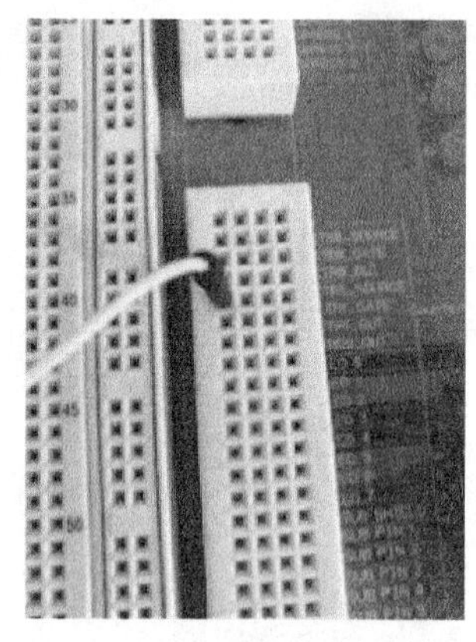

（a）低频测频接线图　　（b）大范围测频接线图　　（c）脉宽测频接线图

图 11.7　三种测频方法的接线图

11.3.2　仪器面板

本设计的低频测量仪器面板如图 11.8 所示。本仪器面板依据任务放置有“转速计”量表控件，“开始”“停止”等按钮控件，“物理通道”“采集方式”等下拉列表控件及“最小值”“最大值”等数值控件，当然为便于周期采集还在编辑状态时放置“时钟”控件，其在运行状态时不显示。

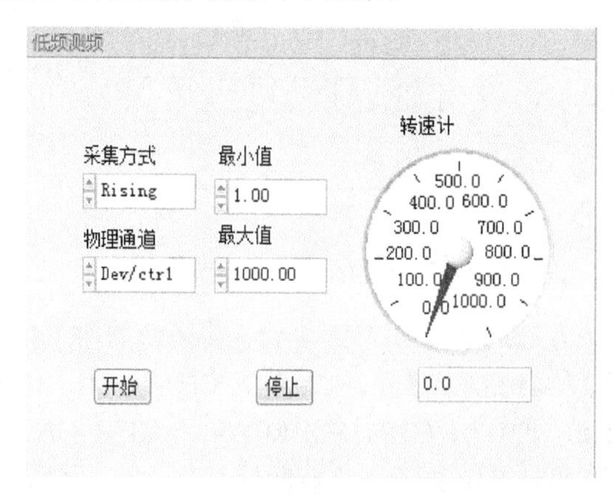

图 11.8　低频测量仪器面板

11.3.3　各控件属性设置

各控件属性设置见表 11.1。

表 11.1　控件属性设置

项数	标签	常量名	回调函数
1	转速计	PANEL_GAUGE	—
2	最小值	PANEL_MIN	—
3	最大值	PANEL_MAX	—
4	采集方式	PANEL_EDGE	—
5	物理通道	PANEL_CHANNEL	—
6	开始	PANEL_START	start
7	停止	PANEL_STOP	stop
8	时钟	PANEL_TIMER	timer

11.3.4　程序分析

1. *启动程序*

该程序代码如下：

```
    int CVICALLBACK start (int panel, int control, int event,void
*callbackData, int eventData1, int eventData2)
    {
    float64 numb[1];
    char    TD[256];
    uint32  Edge;
    float64 minize;
    float64 maxize;
        switch (event)
        {
            case EVENT_COMMIT:
            if(task==0)
                {
                    GetCtrlVal(panel,PANEL_CHANNEL,TD);
                    GetCtrlVal(panel,PANEL_MAX,&max);
                    GetCtrlVal(panel,PANEL_MIN,&min);
                    GetCtrlVal(panel,PANEL_EDGE,&edge);
                    DAQmxCreateTask ("", &task);
                    DAQmxCreateCIFreqChan (task, "TD", "", mine, maxe,
                    DAQmx_Val_Hz,edge, DAQmx_Val_ LowFreq 1Ctr,0.001,
                    4,"");
```

```
                    DAQmxCfgImplicitTiming (task, DAQmx_Val_ContSamps,
                    1000);
                    DAQmxStartTask (task);
                    SetCtrlAttribute (PANEL, PANEL_TIMER, ATTR_ENABLED,1);
                }
            break
            }
        return 0;
    }
```

本程序对应“开始”按钮的回调函数。本函数主要完成任务的建立、开始、通道的设置、定时器的开启等。

本例使用的函数如下：

（1）SetCtrlAttribute (PANEL, PANEL_TIMER, ATTR_ENABLED, 1);

其功能为：该函数使能定时器。参数说明略。

（2）DAQmxCreateCIFreqChan (task, "TD", "", min, max, DAQmx_Val_Hz, edge, DAQmx_Val_LowFreq1Ctr, 0.001, 4, "");

其功能为：频率通道设置。参数说明如下：

第 1 个参数 task，任务句柄；

第 2 个参数 TD，物理通道；

第 3 个参数""，分配给通道的名字；

第 4 个参数 min，频率最小值；

第 5 个参数 max，频率最大值；

第 6 个参数 DAQmx_Val_Hz，采样单位为 Hz；

第 7 个参数 edge，采样方式；

第 8 个参数 DAQmx_Val_LowFreq1Ctr，低频计数；

第 9 个及第 10 个参数 0.001 和 4，其他测频方法的参数设置；

第 11 个参数""，自定义换算的名字。

（3）DAQmxCfgImplicitTiming (task, DAQmx_Val_ContSamps, 1000);

其功能为：采样时钟设置。参数说明如下：

第 1 个参数 task，任务句柄；

第 2 个参数 DAQmx_Val_ContSamps，连续采样；

第 3 个参数 1000，采集数。

2. 定时器响应函数

本函数代码如下：

```
int CVICALLBACK timer (int panel, int control, int event, void
*callbackData, int eventData1, int eventData2)
{
    float64  count[1];
    switch (event)
    {
        case EVENT_TIMER_TICK:
        DAQmxReadCounterScalarF64 (task, 10.0, &count[0],0);
        //除10将频率转换为转速
        SetCtrlVal (PANEL, PANEL_NUMERIC, count[0]/10);
        break;
    }
    return 0;
}
```

本例使用的函数如下：

DAQmxReadCounterScalarF64 (task, 10.0, &count[0],0);

其功能为：读取计数器的输出。参数说明如下：

第 1 个参数 task，任务句柄；

第 2 个参数 10.0，超时；

第 3 个参数&count[0]，从任务中读取的采样数据；

第 4 个参数 NULL，保留。

11.3.5　低频计数测频的精度分析

低频测量分析列于表 11.2。

表 11.2　低频测量分析

标准频率/Hz	测量频率/Hz	绝对误差/Hz	绝对误差方差/Hz	相对误差/%	相对误差方差/%
28.41	28.05	−0.36		1.20	
78.74	78.88	0.14		0.18	
137.40	136.26	1.14	0.84①	0.83	0.49②
263.20	262.63	−0.57		0.22	
520.80	521.89	1.09		0.21	

注：① 绝对误差方差由绝对误差列的五个数据计算得出；

② 相对误差方差由相对误差列的五个数据计算得出。

11.4　大范围计数测频程序设计分析

11.4.1　大范围计数测频原理

使用两个计数器，能精确测量高的或低的频率信号（大范围测频），这种技术又叫关联频率测量方法。这种方法将待测频率转换成长脉冲，然后用已知时基信号测量该长脉冲，从而得到待测频率，大范围测频原理图如图 11.9 所示。

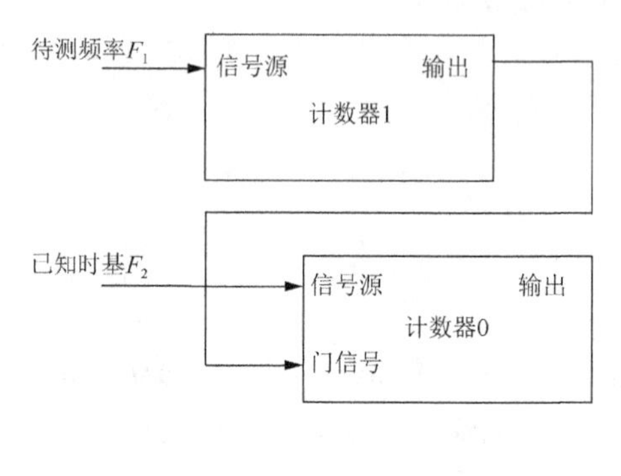

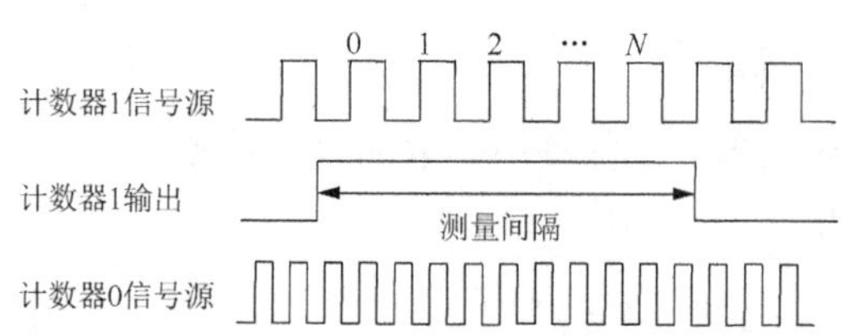

图 11.9　大范围测频原理图

大范围测频方法需将待测频率与计时器 1（counter1）的信号源端（即 ELVIS 的 CTR1_SOURCE 端）相连，大范围测频接线图如图 11.7（b）所示，设计数器 0 的计数个数为 J，则测量结果为

$$F_1 = NF_2 / J \qquad (11.2)$$

式中，F_2 为已知时基（Hz）；J 为计数器 0（counter0）对计数器 1 的输出的计数结果；N 为计数器 1 对待测频率的计数结果；F_1 为待测频率（Hz）。

11.4.2　仪器面板

本设计的大范围测频仪器面板如图 11.10 所示。本仪器面板放置有“转速计”列表控件、“开始”“停止”等按钮控件、“采样数”数值控件，当然为便于周期采集还在编辑状态时放置“时钟”控件，其在运行状态时不显示。

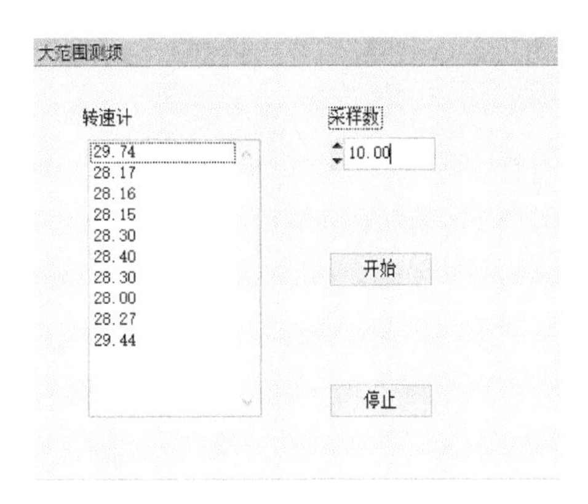

图 11.10　大范围测频仪器面板

11.4.3　各控件属性设置

各控件属性设置见表 11.3。

表 11.3　控件属性设置

项数	标签	常量名	回调函数
1	待测频率	PANEL_FRQ	—
2	采样数	PANEL_SAMPLES	—
3	开始	PANEL_START	start
4	停止	PANEL_STOP	stop
5	时钟	PANEL_TIMER	timer

11.4.4　程序分析

1. *启动程序*

该程序代码如下：

```
   int CVICALLBACK start (int panel, int control, int event, void
*callbackData, int eventData1, int eventData2)
   {
   switch event
   {
        case EVENT_COMMIT )
             GetCtrlVal(panel, PANEL_SAMPLES, &SampleRead);
             DAQmxCreateTask("", &gTaskHandle);
             DAQmxCreateCIFreqChan (gTaskHandle, "Dev/ctr1", "", 1, 1000. 0,
```

```
            DAQmx_Val_Hz,  DAQmx_Val_Rising,  DAQmx_Val_LargeRng2Ctr,
            0.001, 20, "");
            DAQmxCfgImplicitTiming (gTaskHandle, DAQmx_Val_FiniteSamp s,
            SampleRead);
            DAQmxStartTask(gTaskHandle);
            SetCtrlAttribute(panel,PANEL_START,ATTR_DIMMED,1);
            break;
    }
    return 0;
    }
```

本程序对应“开始”按钮的回调函数。本函数主要完成任务的建立、开始、通道的设置、定时器的开启及采样数的读取等。

本例使用的函数如下：

（1）DAQmxCreateCIFreqChan (gTaskHandle, "Dev1/ctr1", "", 1, 1000.0, DAQmx_Val_Hz, DAQmx_Val_Rising, DAQmx_Val_LargeRng2Ctr, 0.001, 20, "");

其功能为：大范围频率通道设置。参数说明如下：

第 1 个参数 gTaskHandle，任务句柄；

第 2 个参数"Dev1/ctr1"，物理通道；

第 3 个参数""，分配给通道的名字；

第 4 个参数 1，频率最小值；

第 5 个参数 1000，频率最大值；

第 6 个参数 DAQmx_Val_Hz，采样单位为 Hz；

第 7 个参数 DAQmx_Val_Rising，采样方式为上升沿；

第 8 个参数 DAQmx_Val_ LargeRng2Ctr，大范围测频计数；

第 9 个参数 0.001，脉冲宽度测频方法的参数设置，即周期时间；

第 10 个参数 20，输入频率的分频数；

第 11 个参数""，自定义换算的名字。

（2）DAQmxCfgImplicitTiming (gTaskHandle, DAQmx_Val_FiniteSamps, SampleRead)；

其功能为：采样时钟设置。参数说明如下：

第 1 个参数 gTaskHandle，任务句柄；

第 2 个参数 DAQmx_Val_FiniteSamps，有限采样；

第 3 个参数 SampleRead，采集数。

2. 定时器响应函数

本函数代码如下：

```
    int CVICALLBACK timer (int panel, int control, int event, void
*callbackData, int eventData1, int eventData2)
{
        int32   numRead, i;
        char itemLabel[30];
        switch (event)
    {
    case EVENT_TIMER_TICK)
        DAQmxReadCounterF64(gTaskHandle, SampleRead, 10.0, data,
        SampleRead, &numRead, 0);
        if( numRead > 0 )
        {
            ClearListCtrl (panelHandle, PANEL_FRQ);
            for(i=0; i<numRead; i++)
            {
                    //除10将频率转换为转速
                    Fmt (itemLabel, "%s<%f", data[i]/10);
                    InsertListItem (panelHandle, PANEL_FRQ , i , item
                    Label,i);
            }
        }
        break;
     }
}
```

其功能为：读取 numRead 数据，填入“转速计”列表控件内。

本例使用的函数如下：

（1）DAQmxReadCounterF64(gTaskHandle, SampleRead, 10.0, data, SampleRead, &numRead, 0);

其功能为：读取计数器的输出。参数说明如下：

第 1 个参数 gTaskHandle，任务句柄；

第 2 个参数 SampleRead，每通道读取的采样数；

第 3 个参数 10.0，超时；

第 4 个参数 data，读取的频率数据数组；

第 5 个参数 SampleRead，数组大小；

第 6 个参数&numRead，实际读取的采样数，即数组 data 的实际数据个数；

第 7 个参数 0。

（2）InsertListItem (panelHandle, PANEL_FRQ , i , itemLabel,i);

其功能为：将读取的数据数组并已转换为字符串的 itemLabel 填入列表框中。参数说明如下：

第 1 个参数 panelHandle，面板句柄；

第 2 个参数 PANEL_FRQ，“转速计”列表框的 ID 号；

第 3 个参数 i，列表框的第 i 个项目，即第 i 个读数；

第 4 个参数 itemLabel，读取的第 i 个频率数据；

第 5 个参数 i，列表框项目的序号。

11.4.5 大范围频率测量方法精度分析

大范围测频方法测量分析见表 11.4。

表 11.4 大范围测频方法测量分析

标准频率/Hz	测量频率/Hz	绝对误差/Hz	绝对误差方差/Hz	相对误差/%	相对误差方差/%
28.41	28.49	0.08		0.28	
78.74	77.40	−1.34		1.70	
137.40	136.56	−0.84	1.13①	0.61	0.61②
263.20	264.39	1.19		0.45	
520.80	521.91	1.11		0.21	

注：① 绝对误差方差由绝对误差列的五个数据计算得出；
② 相对误差方差由相对误差列的五个数据计算得出。

11.5 脉冲宽度计数测频程序设计分析

11.5.1 脉冲宽度测频原理

该方法是使用待测频率去测量一个已知宽度的脉冲而推测出待测频率。测量时，被测信号 F_1 接计数器的信号源端，已知宽度脉冲接计数器的门信号端，宽度脉冲可以由另一个计数器产生，或者通过 PFI 或 RTSI 由外部接入，脉冲宽度测频方法原理图如图 11.11 所示。

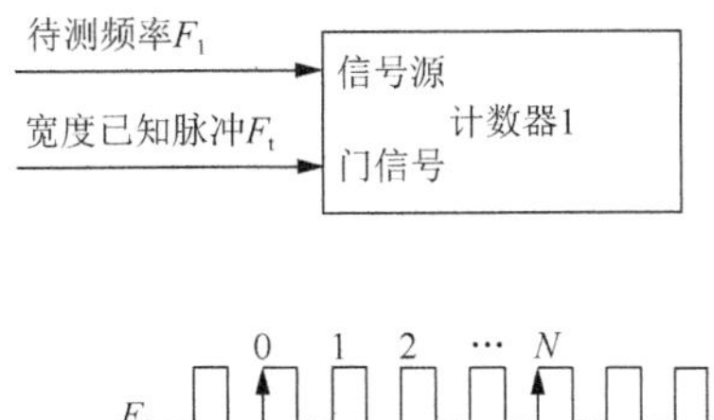

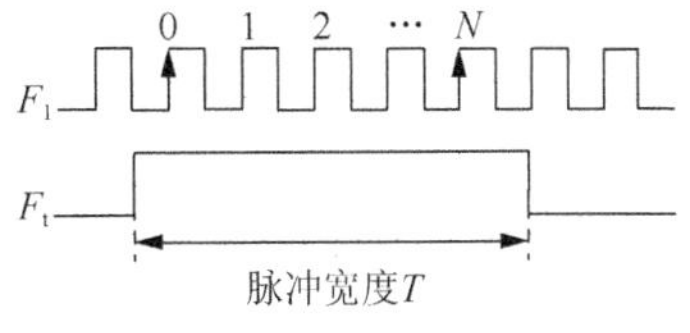

图 11.11　脉冲宽度测频方法原理图

将被测频率接至计数器 1（counter1）的信号源端口（ELVIS 标记为 CTR1_SOURCE），已知宽度脉冲接门信号（ELVIS 为 GATE），脉宽测频接线图如图 11.7（c）所示，因此，计数器对脉宽 T 计数为 N，公式为

$$F_1 = N / T \tag{11.3}$$

式中，T 为已知宽度的时钟脉冲（s）；N 为计数器 1（counter1）的计数结果；F_1 为待测频率（Hz）。

11.5.2　仪器面板

本设计的脉冲宽度测频仪器面板如图 11.12 所示。本仪器面板放置有“转速计”“最大值”“最小值”数值控件、“开始”“停止”等按钮控件、“计数器”“触发方式”列表控件，以及“通道设置”装饰控件和便于周期采集还在编辑状态时放置“时钟”控件，“时钟”控件运行状态时不显示。

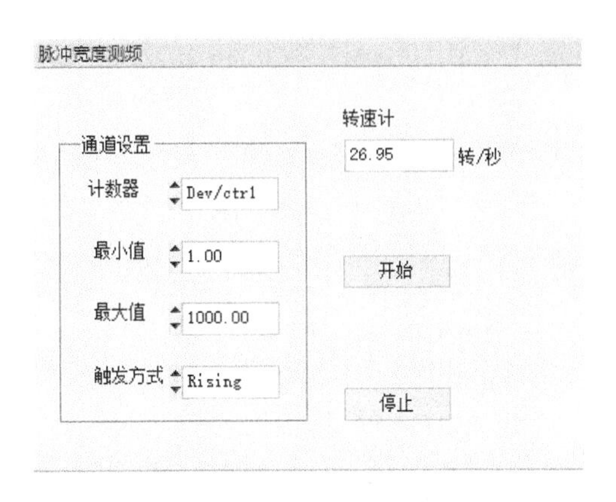

图 11.12　脉冲宽度测频仪器面板

11.5.3　各控件属性设置

各控件属性设置见表 11.5。

表 11.5　控件属性设置

项数	标签	常量名	回调函数
1	转速计	PANEL_WIDTH	—
2	计数器	PANEL_CHANNEL	—
3	最小值	PANEL_MIN	—
4	最大值	PANEL_MAX	—
5	触发方式	PANEL_EDGE	—
6	开始	PANEL_START	start
7	停止	PANEL_STOP	stop
8	时钟	PANEL_TIMER	timer

11.5.4　程序分析

1. *启动程序*

本程序代码如下：

```
int CVICALLBACK start (int panel, int control, int event,void
*callbackData, int eventData1, int eventData2)
{
    char  chan[256];
    uint32 edge;
    float64 min, max;
    switch (event)
    {
        case EVENT_COMMIT:
        if(taskHandle==0)
        {
            GetCtrlVal(panel,PANEL_CHANNEL, chan);
            GetCtrlVal(panel,PANEL_MAX, &max);
            GetCtrlVal(panel,PANEL_MIN, &min);
            GetCtrlVal(panel,PANEL_EDGE, &edge);
            DAQmxCreateTask ("", &taskHandle);
            DAQmxCreateCIPulseWidthChan(taskHandle, chan, "", min,
            max, DAQmx_Val_Seconds, edge, DAQmx_Val_HighFreq2Ctr,
            0.001, 20, "");
```

```
            DAQmxCfgImplicitTiming  (taskHandle,  DAQmx_Val_Cont
            Samps, 1000);
            DAQmxStartTask (taskHandle);
            SetCtrlAttribute (PANEL, PANEL_TIMER, ATTR_ENABLED, 1);
        }
        break;
    }
    return 0;
}
```

本程序对应“开始”按钮的回调函数。本函数主要完成任务的建立、开始、通道的设置、定时器的开启及采样数的读取等。

本例使用的函数如下：

（1）DAQmxCreateCIPulseWidthChan(taskHandle, chan, "", min, max, DAQmx_Val_Seconds, edge, DAQmx_Val_HighFreq2Ctr, 0.001, 20, "");

其功能为：脉冲宽度频率通道设置。参数说明如下：

第 1 个参数 taskHandle，任务句柄；

第 2 个参数 chan，物理通道；

第 3 个参数""，分配给通道的名字；

第 4 个参数 min，频率最小值；

第 5 个参数 max，频率最大值；

第 6 个参数 DAQmx_Val_Seconds，采样单位为 Hz；

第 7 个参数 edge，采样方式为上升沿；

第 8 个参数 DAQmx_Val_HighFreq2Ctr，脉冲宽度测频计数；

第 9 个参数 0.001，脉冲宽度测频方法的参数设置，为周期时间；

第 10 个参数 20，输入频率的分频数；

第 11 个参数""，自定义换算的名字。

（2）DAQmxCfgImplicitTiming (taskHandle, DAQmx_Val_ContSamps, 1000);

其功能为：采样时钟设置。参数说明如下：

第 1 个参数 taskHandle，任务句柄；

第 2 个参数 DAQmx_Val_ContSamps，连续采样；

第 3 个参数 1000，采集数。

2. 定时器响应函数

该函数代码如下：

```
int CVICALLBACK timer (int panel, int control, int event,void
*callbackData, int eventData1, int eventData2)
```

```
{
    float64  num;
    switch (event)
    {
        case EVENT_TIMER_TICK:
        DAQmxReadCounterScalarF64(taskHandle, 10.0, &num, NULL);
        //0.1/num中1/num为周期转频率，0.1为频率转转速
        SetCtrlVal(panel, PANEL_WIDTH, 0.1/num);
        break;
    }
    return 0;
}
```

其功能为：读取数据，转换成转速填入“转速计”数值控件内。该函数参数说明如下：

第 1 个参数 taskHandle，任务句柄；

第 2 个参数 10.0，超时；

第 3 个参数&num，频率数据；

第 4 个参数 NULL，保留。

11.5.5 脉冲宽度测频方法的精度分析

脉宽测量分析见表 11.6。

表 11.6 脉宽测量分析

标准频率/Hz	测量频率/Hz	绝对误差/Hz	绝对误差方差/Hz	相对误差/%	相对误差方差/%
28.41	27.02	−1.39		4.89	
78.74	79.36	0.62		0.79	
137.40	136.99	−0.41	1.91①	0.30	1.91②
263.20	265.99	2.79		1.06	
520.80	523.69	2.89		0.55	

注：① 绝对误差方差由绝对误差列的五个数据计算得出；
② 相对误差方差由相对误差列的五个数据计算得出。

11.5.6 三种测频方法的对比

以上三节针对低频计数测量、大范围计数测量及脉冲宽度计数测量三种测频方法进行研究，三种测频方法对应的绝对误差方差分别为 0.84Hz、1.13Hz 及 1.91Hz，相对误差方差分别为 0.48%、0.61%及 1.91%。从这些数据可以得出低频技术测量频率的方法较适合于实验室条件下的转速计的测频，这也与转速计处于

低频（1kHz 以下）相对应。

11.6　程序清单

11.6.1　低频测频方法程序

该程序完整代码如下：

```
//主程序及头文件
#include <cvirte.h>
#include <userint.h>
#include <NIDAQmx.h>
#include "cepin.h"
TaskHandle task=0;
static int panelHandle;
int main (int argc, char *argv[])
{
    if (InitCVIRTE (0, argv, 0) == 0)
    return -1; /* 内存不足 */
    if ((panelHandle = LoadPanel (0, "cepin.uir", PANEL)) < 0)
    return -1;
    DisplayPanel (panelHandle);
    SetCtrlAttribute (PANEL, PANEL_TIMER, ATTR_ENABLED, 0);
    NIDAQmx_NewPhysChanCICtrl(panelHandle,PANEL_CHANNEL,0);
    RunUserInterface ();
    DiscardPanel (panelHandle);
    return 0;
}
//退出程序
int CVICALLBACK quit (int panel, int control, int event,void
*callbackData, int eventData1, int eventData2)
{
 switch (event)
 {
    case EVENT_COMMIT:
    if(task!=0)
    {
        DAQmxClearTask (task);
    }
```

```
        QuitUserInterface (0);
        break;
    }
   return 0;
  }
  //开始测量
  int CVICALLBACK start (int panel, int control, int event, void
*callbackData, int eventData1, int eventData2)
  {
      float64 count[1];
      char   chan[256];
      uint32  edge;
      float64  min, max;
      switch (event)
      {
          case EVENT_COMMIT:
               if(task==0)
               {
                   GetCtrlVal(panel,PANEL_CHANNEL,chan);
                   GetCtrlVal(panel,PANEL_MAXIMUM_VALUE,&max);
                   GetCtrlVal(panel,PANEL_MINIMUM_VALUE,&min);
                   GetCtrlVal(panel,PANEL_EDGE,&edge);
                   DAQmxCreateTask ("", &task);
                   //定义物理通道为计数器0低频测频
                   DAQmxCreateCIFreqChan (task, "chan", "", min, max,
                   DAQmx_Val_Hz, edge, DAQmx_Val_LowFreq1Ctr, 0.001,
                   4, "");
                   DAQmxCfgImplicitTiming (task, DAQmx_Val_ContSamps,
                   1000);
                   DAQmxStartTask (task);
                   SetCtrlAttribute (PANEL, PANEL_TIMER, ATTR_ENABLED, 1);
               }
          break;
      }
      return 0;
  }
  //读数程序
  int CVICALLBACK timer (int panel, int control, int event, void
*callbackData, int eventData1, int eventData2)
```

```
{
    float64  count[1];
    switch (event)
    {
        case EVENT_TIMER_TICK:
            DAQmxReadCounterScalarF64 (task, 10.0, &count [0],0);
            //除10将频率转换为转速
            SetCtrlVal (PANEL, PANEL_NUMERIC, count[0]/10);
            break;
    }
    return 0;
}
```

11.6.2 大范围测频方法程序

该程序完整代码如下：

```
//主程序及头文件
#include <cvirte.h>
#include <userint.h>
#include <NIDAQmx.h>
#include "DigFreq-Buff.h"
static int panelHandle;
static TaskHandle gTaskHandle=0;
static int32 SampleRead=0;
static float64 data[100],
int main(int argc, char *argv[])
{
    if( InitCVIRTE(0,argv,0)==0 )
        return -1;  /* 内存不足 */
    if( (panelHandle=LoadPanel(0,"DigFreq-Buff.uir",PANEL))<0)
        return -1;
    SetCtrlAttribute (PANEL, PANEL_TIMER, ATTR_ENABLED, 0)
    DisplayPanel(panelHandle);
    RunUserInterface();
    if( gTaskHandle )
        DAQmxClearTask(gTaskHandle);
    DiscardPanel(panelHandle);
    return 0;
}
```

```
//开始程序
int CVICALLBACK start (int panel, int control, int event, void
*callbackData, int eventData1, int eventData2)
{
    switch (event)
    {
        case EVENT_COMMIT
        GetCtrlVal(panel, PANEL_SAMPLES, &SampleRead);
        DAQmxCreateTask("", &gTaskHandle);
        //定义物理通道为计数器1大范围测频
        DAQmxCreateCIFreqChan (gTaskHandle, "Dev/ctr1", "", 1,
        1000.0,DAQmx_Val_Hz,DAQmx_Val_Rising, DAQmx_Val_LargeRng2
        Ctr, 0.001, 20, "");
        DAQmxCfgImplicitTiming  (gTaskHandle,  DAQmx_Val_Finite
        Samps, SampleRead);
        DAQmxStartTask(gTaskHandle);
        SetCtrlAttribute(panel,PANEL_START, ATTR_DIMMED,1);
        SetCtrlAttribute (PANEL, PANEL_TIMER, ATTR_ENABLED, 1);
    }
    return 0;
}
//退出程序
int CVICALLBACK stop (int panel, int control, int event, void
*callbackData, int eventData1, int eventData2)
{
    switch (event)
    {
    case EVENT_COMMIT)
        DAQmxStopTask(gTaskHandle);
        DAQmxClearTask(gTaskHandle);
        gTaskHandle = 0;
        SetCtrlAttribute(panel,PANEL_START,ATTR_DIMMED,0);
    }
    return 0;
}
//读数程序
int CVICALLBACK timer (int panel, int control, int event, void
*callbackData, int eventData1, int eventData2)
{
```

```
    int32 numRead, i;
    char itemLabel[30];
    case EVENT_TIMER_TICK)
        DAQmxReadCounterF64(gTaskHandle, SampleRead, 10.0, data,
        SampleRead, &numRead, 0);
        if( numRead > 0 )
        {
            ClearListCtrl (panelHandle, PANEL_FRQ);
            for(i=0; i<numRead; i++)
            {
                Fmt (itemLabel, "%s<%f", data[i]/10);
                //除10将频率转换为转速
                InsertListItem (panelHandle, PANEL_FRQ , i ,
                itemLabel,i);
            }
        }
        break;
}
```

11.6.3 脉冲宽度测频方法程序

该程序完整代码如下：

```
//主程序及头文件
#include <formatio.h>
#include <cvirte.h>
#include <userint.h>
#include <stdlib.h>
#include <NIDAQmx.h>
#include "PulseWidth.h"
static int panelHandle;
TaskHandle  taskHandle=0;
int main(int argc, char *argv[])
{
    if( InitCVIRTE(0,argv,0)==0)
        return -1;  /* 内存不足 */
    if( (panelHandle=LoadPanel(0,"PulseWidth.uir",PANEL))<0)
        return -1;
    SetCtrlAttribute (PANEL, PANEL_TIMER, ATTR_ENABLED, 0);
```

```
        DisplayPanel(panelHandle);
        RunUserInterface();
        DiscardPanel(panelHandle);
        return 0;
    }
    //开始程序
    int CVICALLBACK start (int panel, int control, int event,void
*callbackData, int eventData1, int eventData2)
    {
        char chan[256];
        uint32 edge;
        float64 min, max;
        switch (event)
        {
            case EVENT_COMMIT:
                if(taskHandle==0)
                {
                        GetCtrlVal(panel,PANEL_CHANNEL, chan);
                        GetCtrlVal(panel,PANEL_MAX, &max);
                        GetCtrlVal(panel,PANEL_MIN, &min);
                        GetCtrlVal(panel,PANEL_EDGE, &edge);
                        DAQmxCreateTask ("", &taskHandle);
                        //定义物理通道为计数器脉冲宽度
                        DAQmxCreateCIPulseWidthChan(taskHandle, chan,
                        "", min, max, DAQmx_Val_Seconds, edge, "")
                        DAQmxCfgImplicitTiming (taskHandle, DAQmx_
                        Val_ContSamps, 1000);
                        DAQmxStartTask (taskHandle);
                        SetCtrlAttribute (PANEL, PANEL_TIMER, ATTR_
                        ENABLED, 1);
                }
            break;
        }
        return 0;
    }
    //读数程序
    int CVICALLBACK timer (int panel, int control, int event,void
*callbackData, int eventData1, int eventData2)
```

```
{
    float64  num;
    switch (event)
    {
        case EVENT_TIMER_TICK:
        DAQmxReadCounterScalarF64(taskHandle, 10.0, &num, NULL);
        SetCtrlVal(panel, PANEL_WIDTH, 1/num);
        break;
    }
    return 0;
}
//退出程序
int CVICALLBACK quit (int panel, int control, int event, void
*callbackData, int eventData1, int eventData2)
{
    switch (event)
    {
        case EVENT_COMMIT:
            if(taskHandle!=0)
            {
                DAQmxStopTask(taskHandle);
                DAQmxClearTask(taskHandle);
                SetCtrlAttribute(panel, PANEL_START, ATTR_DIMMED,0);
            }
            QuitUserInterface (0);
            break;
    }
    return 0;
}
```

11.7　硬件连接图

本项目硬件连接图如图 11.13 所示。

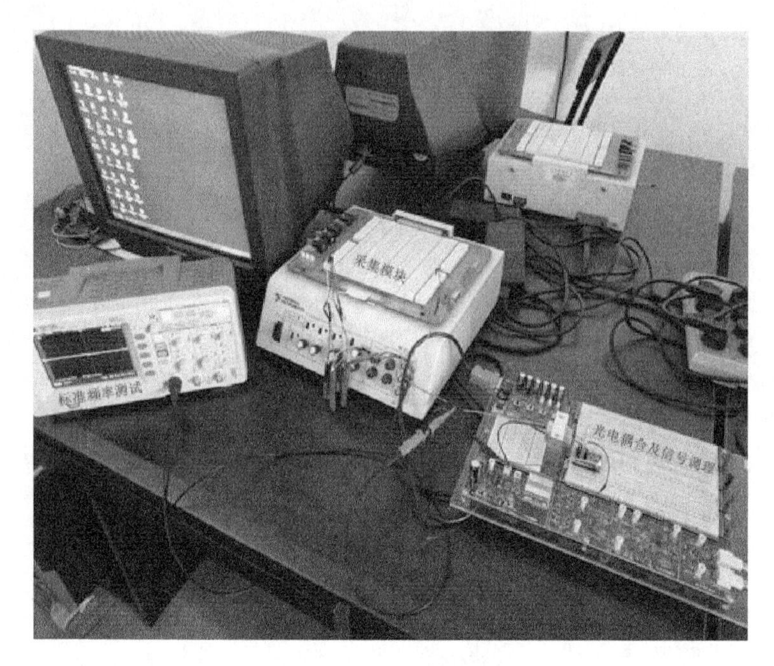

图 11.13　硬件连接图

第 12 章　无线继电器控制系统的 CVI 程序设计

12.1　引　　言

无线控制可以省去大量铺设线路的费用，而且使用方便、简单、安全，电气控制中继电器的控制尤为需要。本设计采用 USB 6001 采集卡通过无线模块对远程的继电器进行控制，虚拟仪器面板可对远程继电器组进行随意控制及状态显示。该项目能培养学生熟悉 LabWindows/CVI 程序设计，以及独立完成小规模软硬件设计的能力。

本章内容主要分为以下几点：

（1）无线继电器模块及发展概况等资料搜集整理工作；

（2）无线传感模块接口的 LabWindows 设计；

（3）虚拟仪器界面设计。

主要技术指标与要求如下：

（1）控制可靠迅捷；

（2）前面板应设计美观友好；

（3）继电器状态指示。

12.2　无线通信模块 NRF24L01

12.2.1　NRF24L01 无线通信模块简介

NRF24L01 是一款工作在 2.4～2.5GHz 频率的单片无线收发器芯片。无线收发器包括频率发生器、增强型 ShockBurst^{TM} 模式控制器、功率放大器、晶体振荡器、调制器和解调器。输出功率、频道选择和协议的设置可以通过 SPI 接口进行设置。它有发射、接收、掉电、空闲 I 和空闲 II 等五种工作模式。它具有以下 11 个特点。

（1）支持六路通道的数据接收，可同时设置六路接收通道地址，可有选择性地打开接收通道。

（2）低工作电压：1.9～3.6V 低电压工作。

（3）高速率：2Mbit/s，由于空中传输时间很短，极大地降低了无线传输中的碰撞现象（软件设置 1Mbit/s 或者 2Mbit/s 的空中传输速率）。

（4）多频点：125 频点，满足多点通信和跳频通信需要。

（5）超小型：内置 2.4GHz 天线，体积小巧，尺寸 15mm×29mm（包括天线）。

（6）低功耗：当工作在应答模式通信时，具有快速的空中传输及启动时间，极大地降低了电流消耗。

（7）低应用成本：NRF24L01 集成了所有与 RF 协议相关的高速信号处理部分，例如，自动重发丢失数据包和自动产生应答信号等，NRF24L01 的 SPI 接口可以利用单片机的硬件 SPI 口连接或用单片机 I/O 口进行模拟，内部有 FIFO 可以与各种高低速微处理器接口，便于使用低成本单片机。

（8）便于开发：由于链路层完全集成在模块上，非常便于开发。

（9）自动重发功能：自动检测和重发丢失的数据包，重发时间及重发次数可用软件控制，自动存储未收到应答信号的数据包。

（10）自动应答功能：在收到有效数据后，模块自动发送应答信号，无需另行编程。

（11）载波检测：固定频率检测，内置硬件 CRC 检错和单点对多点通信地址控制，数据包传输错误计数器及载波检测功能可用于跳频设置。

12.2.2　NRF24L01 无线模块各引脚功能

1. 无线模块各引脚图

NRF24L01 无线模块引脚图如图 12.1 所示。

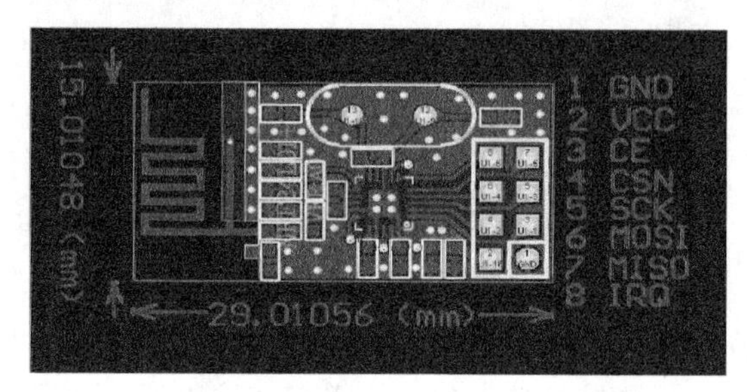

图 12.1　NRF24L01 无线模块引脚图

2. 管脚功能描述

NRF24L01 管脚功能描述见表 12.1。

表 12.1　NRF24L01 管脚功能描述

管脚次序	管脚定义	功能描述
1	GND	电源地
2	VCC	输入电源（3.0～3.3V）
3	CE	工作模式选择：RX 或 TX

续表

管脚次序	管脚定义	功能描述
4	CSN	SPI 使能、低电平有效
5	SCK	SPI 时钟
6	MOSI	SPI 串行输入
7	MISO	SPI 串行输出
8	IRQ	中断，低电平使能

12.2.3　增强型 ShockBurst™ 工作模式

1. 发送模式

（1）配置寄存器位 PRIM_RX 为低。

（2）当上位机有数据要发送时，接收节点地址 TX_ADDR 和有效数据(TX_PLD)通过 SPI 接口写入 NRF24L01。发送数据的长度以字节计数从上位机写入 TX_FIFO。当 CSN 为低时，数据被不断写入。发送端发送完数据后，将通道 0 设置为接收模式来接收应答信号，其接收地址(RX_ADDR_P0)与接收端地址(TX_ADDR)相同。

（3）设置 CE 为高，启动发射。CE 高电平持续时间最小为 10μs。

（4）NRF24L01 ShockBurst™ 模式为：①无线系统上电；②启动内部 16MHz 时钟；③无线发送数据打包；④高速发送数据。

（5）如果启动了自动应答模式（自动重发计数器不等于 0，ENAA_P0=1），无线芯片立即进入接收模式。如果在有效应答时间范围内收到应答信号，则认为数据成功发送到了接收端，此时状态寄存器的 TX_DS 位置高并把数据从 TX_FIFO 中清除掉。如果在设定时间范围内没有接收到应答信号，则重新发送数据。如果自动重发计数器 ARC_CNT 溢出（超过了编程设定的值），则状态寄存器的 MAX_RT 位置高，不清除 TX_FIFO 中的数据。当 MAX_RT 或 TX_DS 为高电平时，IRQ 引脚产生中断 IRQ，中断通过写状态寄存器来复位。如果重发次数在达到设定的最大重发次数时还没有收到应答信号，在 MAX_RX 中断清除之前不会重发数据包，数据包丢失计数器(PLOS_CNT)在每次产生 MAX_RT 中断后加 1。

（6）如果 CE 置低，则系统进入待机模式Ⅰ；如果不设置 CE 为低，则系统会发送 TX_FIFO 寄存器中下一包数据；如果 TX_FIFO 寄存器为空并且 CE 为高，则系统进入待机模式Ⅱ。

（7）如果系统在待机模式Ⅱ，当 CE 置低后系统立即进入待机Ⅰ。

2. 接收模式

（1）ShockBurst™ 接收模式是通过设置寄存器中 PRIM_RX 位为高来选择的。

准备接收数据的通道必须被使能（EN_RXADDR 寄存器），所有工作在增强型 ShockBurst™ 模式下的数据通道的自动应答功能是由 EN_AA 寄存器来使能的，有效数据宽度是由 RX_PW_Px 寄存器来设置的。

（2）接收模式由设置 CE 为高来启动。

（3）130μs 后 NRF24L01 开始检测空中信息。

（4）接收到有效的数据包后（地址匹配、CRC 检验正确），数据存储在 RX_FIFO 中，同时 RX_DR 位置高，并产生中断。状态寄存器中 RX_P_NO 位显示数据是由哪个通道接收到的。

（5）如果使能自动确认信号，则发送确认信号。

（6）上位机设置 CE 脚为低，进入待机模式 I（低功耗模式）。

（7）上位机将数据以合适的速率通过 SPI 口将数据读出。

（8）芯片准备好进入发送模式、接收模式或掉电模式。

12.2.4　SPI 指令

NRF24L01 所有配置都在配置寄存器中，所有寄存器都是通过 SPI 口进行配置的，大多数寄存器是可读的，NRF24L01 SPI 串行口指令设置见表 12.2。使用每个指令时必须使 CSN 变低，用完后将其变高。单片机的控制指令从 NRF24L01 的 MOSI 引脚输入，而 NRF24L01 的状态信息和数据信息是从其 MISO 引脚输出并送给上位机的。利用 SPI 传输数据时，先传低位字节，再传高位字节，并且在传每个字节时是从高位字节传起的。

表 12.2　NRF24L01 SPI 串行口指令设置

指令名称	指令格式	操作
R_REGISTER	000AAAAA	读配置寄存器，AAAAA 指出读操作的寄存器地址
W_REGISTER	001AAAAA	写配置寄存器，AAAAA 指出写操作的寄存器地址，只有在掉电模式和待机模式下可操作
R_RX_PAYLOAD	01100001	读 RX 有效数据：1～32 字节，读操作全部从字节 0 开始，当读 RX 有效数据完成后，FIFO 寄存器中有效数据被清除。应用于接收模式下
W_TX_PAYLOAD	10100000	写 TX 有效数据：1～32 字节。写操作从字节 0 开始。应用于发射模式下
FLUSH_TX	11100001	清除 TX_FIFO 寄存器，应用于发射模式下；清除 RX_FIFO 寄存器，应用于接收模式下。在传输应答信号过程中不应执行
FLUSH_RX	11100010	若传输应答信号过程中执行此指令，将使得应答信号不能被完整地传输
REUSE_TX_PL	11100011	重新使用上一包有效数据。当 CE 为高过程中，数据包被不断地重新发射。在发射数据包过程中必须禁止数据包重利用功能
NOP	11111111	空操作，可以用来读状态寄存器

SPI 指令格式如下。

命令字：由高位到低位（每字节）。

数据字节：由低字节到高字节，每一字节高位在前。

图 12.2～图 12.4 给出 SPI 的各种操作时序。

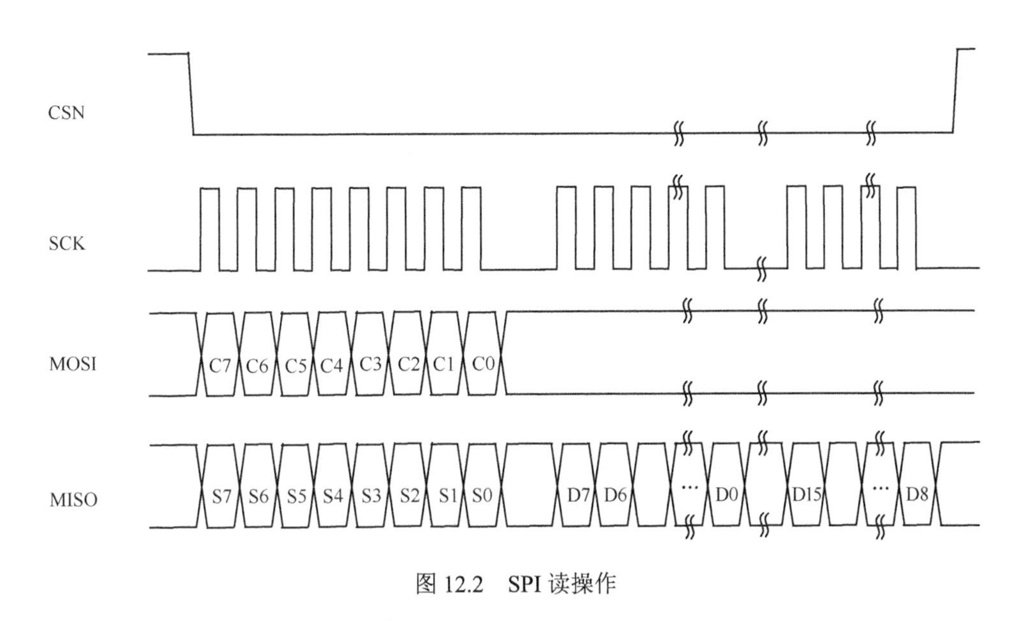

图 12.2　SPI 读操作

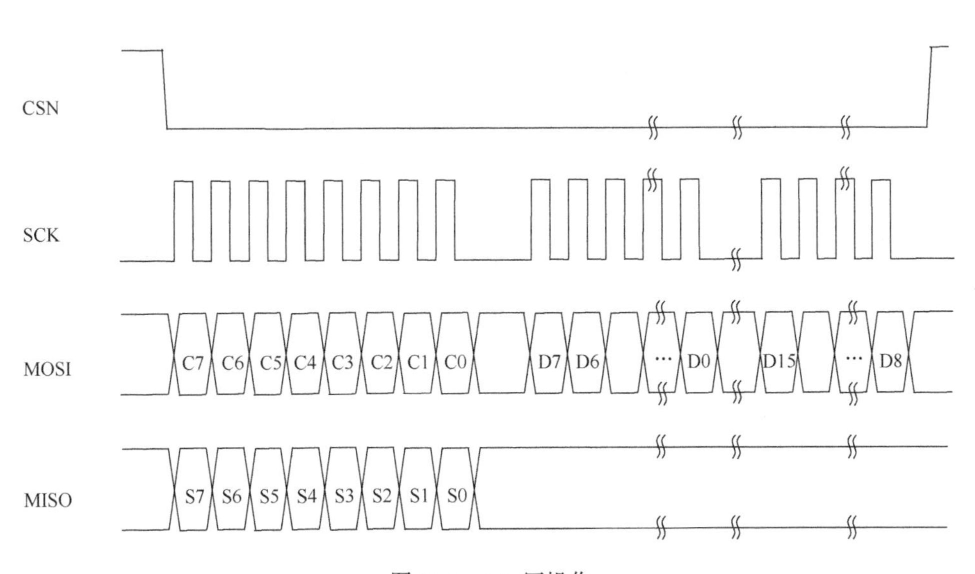

图 12.3　SPI 写操作

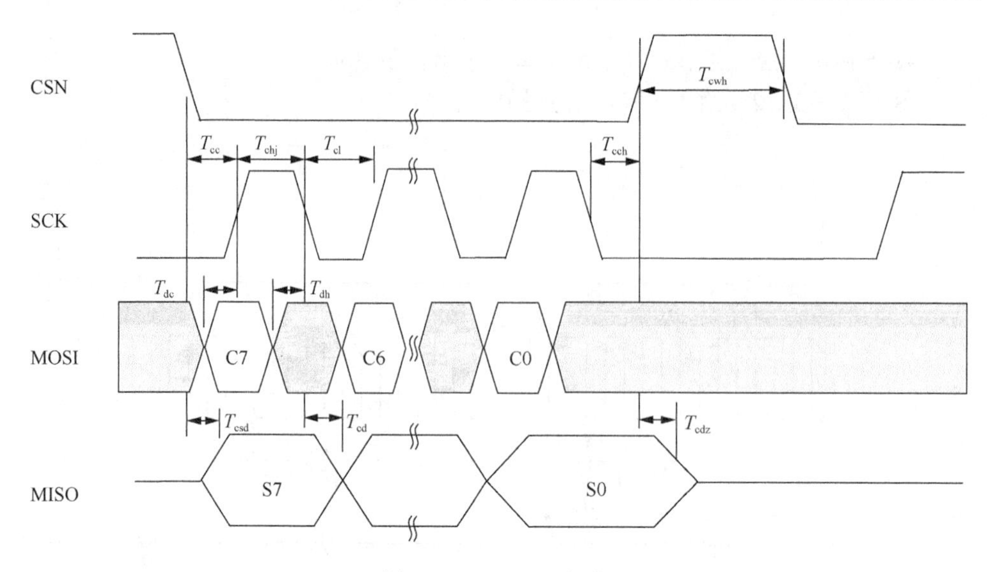

图 12.4　SPI NOP 操作

12.2.5　NRF24L01 模块寄存器配置

各寄存器的具体参数配置见表 12.3。

表 12.3　NRF24L01 寄存器配置

地址	参数	位	复位值	类型	描述
00	CONFIG	—	—	—	配置寄存器
	reserved	7	0	R/W	默认为 0
	MASK_RX_DR	6	0	R/W	可屏蔽中断 RX_RD 1：IRQ 引脚不显示 RX_RD 中断 0：RX_RD 中断产生时 IRQ 引脚电平为低
	MASK_TX_DS	5	0	R/W	可屏蔽中断 TX_DS 1：IRQ 引脚不显示 TX_DS 中断 0：TX_DS 中断产生时 IRQ 引脚电平为低
	MASK_MAX_RT	4	0	R/W	可屏蔽中断 MAX_RT 1：IRQ 引脚不显示 TX_DS 中断 0：MAX_RT 中断产生时 IRQ 引脚电平为低
	EN_CRC	3	1	R/W	CRC 使能。如果 EN_AA 中任意一位为高，则 EN_CRC 强迫为高
	CRCO	2	0	R/W	CRC 模式 0：8 位 CRC 校验 1：16 位 CRC 校验
	PWR_UP	1	0	R/W	1：上电；0：掉电
	PRIM_RX	0	0	R/W	1：接收模式；0：发射模式
01	EN_AA	—	—	—	使能自动应答功能 此功能禁止后可与 NRF2401 通信

续表

地址	参数	位	复位值	类型	描述
01	Reserved	7:6	00	R/W	默认为 0
	ENAA_P5	5	1	R/W	数据通道 5 自动应答允许
	ENAA_P4	4	1	R/W	数据通道 4 自动应答允许
	ENAA_P3	3	1	R/W	数据通道 3 自动应答允许
	ENAA_P2	2	1	R/W	数据通道 2 自动应答允许
	ENAA_P1	1	1	R/W	数据通道 1 自动应答允许
	ENAA_P0	0	1	R/W	数据通道 0 自动应答允许
02	EN_RXADDR	—	—	—	接收地址允许
	Reserved	7:6	00	R/W	默认为 00
	ERX_P5	5	0	R/W	接收数据通道 5 允许
	ERX_P4	4	0	R/W	接收数据通道 4 允许
	ERX_P3	3	0	R/W	接收数据通道 3 允许
	ERX_P2	2	0	R/W	接收数据通道 2 允许
	ERX_P1	1	1	R/W	接收数据通道 1 允许
	ERX_P0	0	1	R/W	接收数据通道 0 允许
03	SETUP_AW	—	—	—	设置地址宽度（所有数据通道）
	Reserved	7:2	00000	R/W	默认为 00000
	AW	1:0	11	R/W	接收/发射地址宽度 00：无效 01：3 字节宽度 10：4 字节宽度 11：5 字节宽度
04	SETUP_RETR	—	—	—	建立自动重发
	ARD	7:4	0000	R/W	自动重发延时 0000：等待 250+86μs 0001：等待 500+86μs 0010：等待 750+86μs …… 1111：等待 4000+86μs
	ARC	3:0	0011	R/W	自动重发计数 0000：禁止自动重发 0001：自动重发 1 次 …… 1111：自动重发 15 次
05	RF_CH	—	—	—	射频通道
	Reserved	7	0	R/W	默认为 0
	RF_CH	6:0	0000010	R/W	设置 NRF24L01 工作通道频率
06	RF_SETUP	—	—	—	射频寄存器
	Reserved	7:5	000	R/W	默认为 000
	PLL_LOCK	4	0	R/W	PLL_LOCK 允许，仅应用于测试模式
	RF_DR	3	1	R/W	数据传输率 0：1Mbit/s 1：2Mbit/s

续表

地址	参数	位	复位值	类型	描述
06	RF_PWR	2:1	11	R/W	发射功率 00：18dBm 01：12dBm 10：6dBm 11：0dBm
	LNA_HCURR	0	1	R/W	低噪声放大器增益
07	STATUS	—	—	—	状态寄存器
	Reserved	7	0	R/W	默认为 0
	RX_DR	6	0	R/W	接收数据中断。当接收到有效数据后置一。写 1 清除中断
	TX_DS	5	0	R/W	数据发送完成中断。当数据发送完成后产生中断。如果工作在自动应答模式下，只有当接收到应答信号后此位置 1 写 1 清除中断
	MAX_RT	4	0	R/W	达到最多次重发中断 写 1 清除中断 如果 MAX_RT 中断产生则必须清除后系统才能进行通信
	RX_P_NO	3:1	111	R	接收数据通道号 000～101：数据通道号 110：未使用 111：RX_FIFO 寄存器为空
	TX_FULL	0	0	R	TX_FIFO 寄存器满标志 1：TX_FIFO 寄存器满 0：TX_FIFO 寄存器未满，有可用空间
08	OBSERVE_TX	—	—	—	发送检测寄存器
	PLOS_CNT	7:4	0	R	数据包丢失计数器。当写 RF_CH 寄存器时此寄存器复位。当丢失 15 个数据包后此寄存器重启
	ARC_CNT	3:0	0	R	重发计数器。发送新数据包时此寄存器复位
09	CD	—	—	—	—
	Reserved	7:1	000000	R	—
	CD	0	0	R	载波检测
0A	RX_ADDR_P0	39:0	0XE7E7E7E7E7	R/W	数据通道 0 接收地址。最大长度：5 个字节(先写低字节所写字节数量由 SETUP_AW 设定)
0B	RX_ADDR_P1	39:0	0XE7E7E7E7E7	R/W	数据通道 1 接收地址。最大长度：5 个字节(先写低字节所写字节数量由 SETUP_AW 设定)
0C	RX_ADDR_P2	7:0	0XC3	R/W	数据通道 2 接收地址。最低字节可设置，高字节部分必须与 RX_ADDR_P1[39:8]相等
0D	RX_ADDR_P3	7:0	0XC4	R/W	数据通道 3 接收地址。最低字节可设置，高字节部分必须与 RX_ADDR_P1[39:8]相等
0E	RX_ADDR_P4	7:0	0XC5	R/W	数据通道 4 接收地址。最低字节可设置，高字节部分必须与 RX_ADDR_P1[39:8]相等

续表

地址	参数	位	复位值	类型	描述
0F	RX_ADDR_P5	7:0	0XC6	R/W	数据通道 5 接收地址。最低字节可设置，高字节部分必须与 RX_ADDR_P1[39:8]相等
10	TX_ADDR	39:0	0xE7E7E7E7E7	R/W	发送地址（先写低字节） 在增强型 ShockBurst™ 模式下 RX_ADDR_P0 与此地址相等
11	RX_PW_P0	—	—	—	—
	Reserved	7:6	00	R/W	默认为 00
	RX_PW_P0	5:0	0	R/W	接收数据通道 0 有效数据宽度(1～32 字节) 0：设置不合法 1：1 字节有效数据宽度 …… 32：32 字节有效数据宽度
12	RX_PW_P1	—	—	—	—
	Reserved	7:6	00	R/W	默认为 00
	RX_PW_P1	5:0	0	R/W	接收数据通道 1 有效数据宽度(1～32 字节) 0：设置不合法 1：1 字节有效数据宽度 …… 32：32 字节有效数据宽度
13	RX_PW_P2	—	—	—	—
	Reserved	7:6	00	R/W	默认为 00
	RX_PW_P2	5:0	0	R/W	接收数据通道 2 有效数据宽度(1～32 字节) 0：设置不合法 1：1 字节有效数据宽度 …… 32：32 字节有效数据宽度
14	RX_PW_P3	—	—	—	—
	Reserved	7:6	00	R/W	默认为 00
	RX_PW_P3	5:0	0	R/W	接收数据通道 3 有效数据宽度(1～32 字节) 0：设置不合法 1：1 字节有效数据宽度 …… 32：32 字节有效数据宽度
15	RX_PW_P4	—	—	—	—
	Reserved	7:6	00	R/W	默认为 00
	RX_PW_P4	5:0	0	R/W	接收数据通道 4 有效数据宽度(1～32 字节) 0：设置不合法 1：1 字节有效数据宽度 …… 32：32 字节有效数据宽度
16	RX_PW_P5	—	—	—	—
	Reserved	7:6	00	R/W	默认为 00

续表

地址	参数	位	复位值	类型	描述
16	RX_PW_P5	5:0	0	R/W	接收数据通道 5 有效数据宽度(1～32 字节) 0：设置不合法 1：1 字节有效数据宽度 …… 32：32 字节有效数据宽度
17	FIFO_STATUS	—	—	—	FIFO 状态寄存器
	Reserved	7	0	R/W	默认为 0
	TX_REUSE	6	0	R	若 TX_REUSE=1，则当 CE 位高电平状态时不断发送上一数据包 TX_REUSE 通过 SPI 指令 REUSE_TX_PL 设置，通过 W_TX_PALOAD 或 FLUSH_TX 复位
	TX_FULL	5	0	R	TX_FIFO 寄存器满标志 1：TX_FIFO 寄存器满 0：TX_FIFO 寄存器未满有可用空间
	TX_EMPTY	4	1	R	TX_FIFO 寄存器空标志 1：TXFIFO 寄存器空 0：TXFIFO 寄存器非空
	Reserved	3:2	00	R/W	默认为 00
	RX_FULL	1	0	R	RX_FIFO 寄存器满标志 1：RX_FIFO 寄存器满 0：RX_FIFO 寄存器未满，有可用空间
	RX_EMPTY	0	1	R	RX_FIFO 寄存器空标志 1：RX_FIFO 寄存器空 0：RX_FIFO 寄存器非空
	TX_PLD	255:0	—	W	发射时写入的有效数据
	RX_PLD	255:0	—	R	接收时存入的有效数据

12.3　继电器模块

12.3.1　模块实物接口

模块 SRD-05VDC-SL-C 实物图如图 12.5 所示。

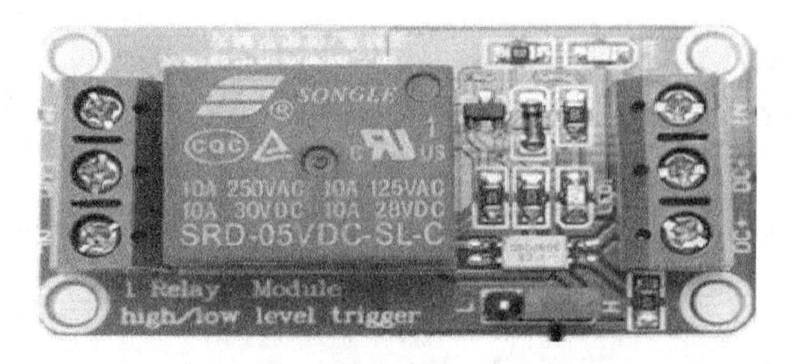

图 12.5　模块 SRD-05VDC-SL-C 实物图

模块功能说明见表 12.4。

表 12.4　模块功能说明

序号	功能说明
1	常开接口最大负载为 250VAC/10A，30VDC/10A
2	使用 1 路贴片光耦隔离，所以它的驱动能力极强，触发时电流为 5mA
3	模块供电电压为 5V
4	可自行选择高电平还是低电平触发继电器
5	容错设计，输入信号断开，继电器也不会被触发
6	两个 LED：电源供电 LED，继电器触发 LED
7	模块尺寸较小，方便使用

12.3.2　模块接口

模块接口功能描述见表 12.5。

表 12.5　模块接口功能描述

输入接口	功能描述
DC+	接供电极正极 5V
DC-	接供电极负极
IN	输入信号，由信号控制继电器是否触发
输出接口	功能描述
NO	继电器常开接口，没有触发信号时继电器断开，触发之后继电器与公用口接通
COM	继电器公用接口
NC	继电器常闭接口，没有触发信号时继电器与公用口接通，触发之后继电器断开

12.4　程序设计分析

12.4.1　前面板设计

本设计采用 USB-6001 采集卡通过无线模块对继电器的闭合进行控制。本仪器面板放置有“继电器控制”“自检数据”两个开关控件、“退出”按钮控件、“继电器指示”圆形指示灯控件及“LED0”到“LED7”共 8 个寄存器状态方形指示灯以及“寄存器名称”组合框控件。仪器操作面板如图 12.6 所示。

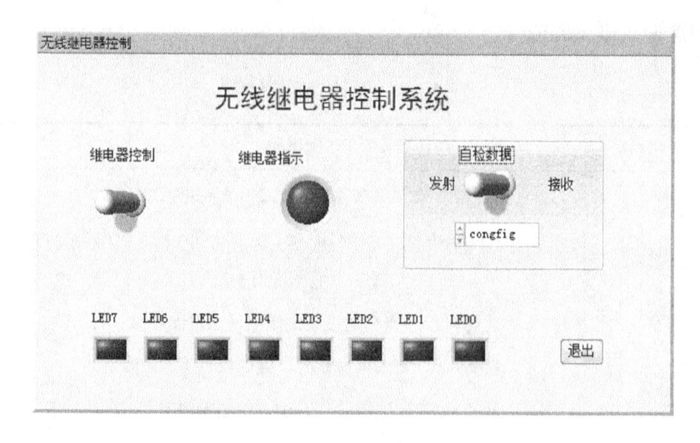

图 12.6　仪器操作面板

12.4.2　各控件属性设置

各控件属性设置见表 12.6。

表 12.6　控件属性设置

项数	标签	常量名	回调函数
1	继电器指示	PANEL_LED	—
2	自检数据	PANEL_CHECK	check
3	寄存器名称	PANEL_ RING	ring
4	继电器控制	PANEL_RELAY	relay
5	LED0	PANEL_IN0	—
6	LED1	PANEL_ IN1	—
7	LED2	PANEL_ IN2	—
8	LED3	PANEL_ IN3	—
9	LED4	PANEL_ IN4	—
10	LED5	PANEL_ IN5	—
11	LED6	PANEL_ IN6	—
12	LED7	PANEL_ IN7	—
13	退出	PANEL_QUIT	quit

12.4.3　程序流程图

NRF24L01 无线收发器的低成本特性规定单片机读写它是不要求有 SPI 接口的，与其相连的 SPI 接口可以利用单片机通用 I/O 口进行模拟，因此可以用 NI-USB 6001 采集卡模拟 SPI 接口与该芯片进行数据通信。

项目用到了两个无线通信模块，其中一个模块设置为发射模式，用作将开关的状态值读入并发射出去；另一个模块设置为接收模式，它的作用就是将发射过来的数据读入，并与发射端相比较是否相同，之后把数据输出给继电器模块 SRD 并点亮 LED。

当程序开始时，首先要运行面板并初始化面板和 NRF24L01 模块，鼠标单击控制面板“继电器开关”控件，程序读取开关的状态值，赋给发射端数据寄存器并发射，发射端等待接收端接收并应答信号，无数据接收则可重发，如果数据传输无误，则将数据写入 USB 6001 的 P2.0 口，然后启动继电器并点亮操作面板 LED 灯。

整个程序流程图如图 12.7 所示。

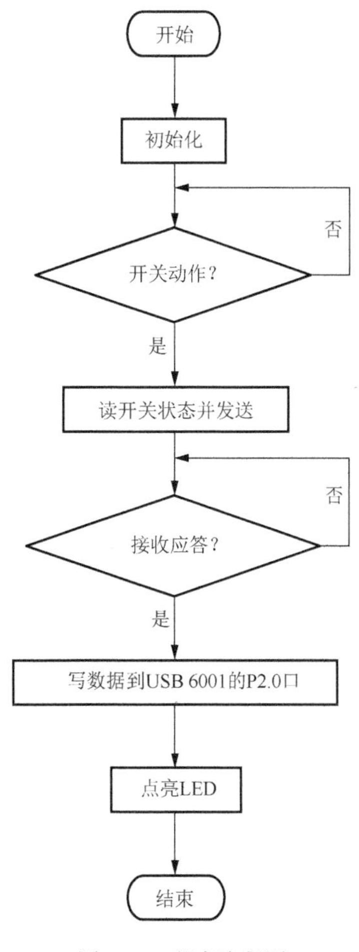

图 12.7　程序流程图

12.4.4 程序设计

1. 数据采集卡 USB 6001 初始化函数

该函数代码如下：

```
#include <ansi_c.h>
#include <NIDAQmx.h>
#define DAQmxErrChk(functionCall) if( (DAQmxError=(functionCall))<0 )
goto Error; else
int32 CreateTX_WR0(TaskHandle *taskOut1)
{
    int32 DAQmxError = DAQmxSuccess;
    TaskHandle taskOut;
    DAQmxErrChk(DAQmxCreateTask("TaskInProject100", &taskOut));
    //函数DAQmxCreateDOChan创建P0.0单线数字输出
    DAQmxErrChk(DAQmxCreateDOChan(taskOut, "Dev3/port0/line0",
    "数字输出_0", DAQmx_Val_ChanPerLine));
    //函数DAQmxSetChanAttribute设置输出数字量为正逻辑
    DAQmxErrChk(DAQmxSetChanAttribute(taskOut, "数字输出_0",
    DAQmx_DO_InvertLines, 0));
    *taskOut1 = taskOut;
    Error:
    return DAQmxError;
}
```

其功能为：主要完成 USB 6001 数字 IO 口 P0.0 口的任务创建、物理通道的设置及任务的启动等工作，对应 RX_CE 管脚，另外 P0.1～P0.7、P1.0～P0.3 及 P2.0 的 12 个数字线的任务创建，物理通道的设置及任务的启动等工作也同时进行，这里从略。这些端口对应发送 NRF24L01 及接收 NRF24L01 的 12 条端口线及继电器状态输出线。与任务有关的函数功能见其上的注释。

2. NRF24L01 程序设计

1）SPI 口读写函数

函数代码如下：

```
unsigned char SPI_RW(unsigned char byte) //发射器
{
    unsigned char i;
    for(i=0; i<8; i++)                          //循环8次
```

```
    {
        //MOSI = (byte & 0x80);                // byte最高位输出到MOSI
        DAQmxWriteDigitalScalarU32  (taskWR3,  1,  10.0,(byte  &
        0x80)>>4, NULL);
        byte <<= 1;                            // 低一位移到最高位
        //拉高SCK，NRF24L01从MOSI读入1位数据，
        //同时从MISO输出1位数据
        //SCK = 1;
        DAQmxWriteDigitalScalarU32 (taskWR2, 1, 10.0, SCK, NULL);
        DAQmxReadDigitalScalarU32 (taskRD4,10,&MISO_RD,NULL);
        MISO=(MISO_RD & MISO_MUSK) >> 4;       //由第4位右移到第0位
        byte |= MISO;                          // 读MISO到byte最低位
        //SCK = 0;                             // SCK置低
        DAQmxWriteDigitalScalarU32 (taskWR2, 1, 10.0, _SCK, NULL);
    }
return(byte)                                   // 返回读出的1字节
}
```

其功能为：传输数据为 8 位，用 IO 口模拟 SPI 每次只能传输 1 位，所以用一个 for 循环实现数据循环传输。待传数据与 0X80 取出数据的最高位，最高位右移 4 位写到 P0.3 通道的发射芯片 MOSI 引脚，之后第二高位左移一位到最高位，P0.4 通道的发射芯片 MISO 引脚读取数据位，这样发送一位数据，循环 8 次就可以把 8 位数据全部传送过去。最后再返回接收到的数据。

2）SPI 口读寄存器（1 字节）

其代码如下：

```
unsigned char SPI_Read(unsigned char reg)
{
    unsigned char reg_val;
    //CSN = 0;                                 // CSN置低，开始传输数据
    DAQmxWriteDigitalScalarU32 (taskWR1, 1, 10.0, _CSN, 0);
    SPI_RW(reg);                               // 选择寄存器
    reg_val = SPI_RW(0);                       // 然后从该寄存器读数据
    // CSN拉高，结束数据传输
    DAQmxWriteDigitalScalarU32 (taskWR1, 1, 10.0, CSN, 0);
    return(reg_val);                           // 返回寄存器数据
}
```

其功能为：从寄存器读一个字节。发射芯片 P0.1 通道 CSN 置低，SPI 打开，选择要操作的寄存器，然后从该寄存器中读取数据，CSN 拉高，SPI 关闭，并返

回寄存器数据。

3）SPI 口写寄存器（1 字节）

其代码如下：

```
unsigned char SPI_RW_Reg(unsigned char reg, unsigned char value)
{
    unsigned char status;
    //CSN = 0;                    // CSN置低，开始传输数据
    DAQmxWriteDigitalScalarU32(taskWR1,1,10,_CSN,NULL);
    status = SPI_RW(reg);         // 读取或写入配置寄存器，同时返回状态字
    SPI_RW(value);                // 然后写数据到该寄存器
    //CSN = 1;                    // CSN拉高，结束数据传输
    DAQmxWriteDigitalScalarU32(taskWR1,1,10,CSN,NULL);
    return(status);               // 返回状态寄存器
}
```

其功能为：此程序是将 1 字节数据写到寄存器中。发射芯片 P0.1 通道写 0，SPI 打开，选择所要操作的寄存器并写数据到该寄存器，CSN 拉高，SPI 关闭，返回状态寄存器。

4）SPI 口读缓冲区

其代码如下：

```
unsigned char SPI_Read_Buf(unsigned char reg, unsigned char * pBuf,
unsigned char bytes)
{
    unsigned char status, i;
    //CSN = 0;                    // CSN置低，开始传输数据
    DAQmxWriteDigitalScalarU32 (taskWR1, 1, 10.0, _CSN, 0);
    status = SPI_RW(reg);         // 选择寄存器，同时返回状态字
    for(i=0; i<bytes; i++)
    pBuf[i] = SPI_RW(0);          // 逐个字节从NRF24L01读出
    //CSN = 1;                    // CSN拉高，结束数据传输
    DAQmxWriteDigitalScalarU32 (taskWR1, 1, 10.0, CSN, 0);
    return(status);               // 返回状态寄存器
}
```

其功能为：从发射芯片 RX_FIFO 中读取 bytes 个字节。首先通过采集卡 P0.1 口写 0，将 CSN 置低，SPI 打开，选择寄存器，用 for 循环逐字节从寄存器中读出，最后将 P0.1 拉高，SPI 关闭，返回数据。

5）SPI 口写缓冲区

其代码如下：

```
unsigned char SPI_Write_Buf(unsigned char reg, unsigned char * pBuf,
unsigned char bytes)
{
    unsigned char status, i;
    //CSN = 0;                // CSN置低，开始传输数据
    DAQmxWriteDigitalScalarU32 (taskWR1, 1, 10.0, _CSN, 0);
    status = SPI_RW(reg);     // 选择寄存器，同时返回状态字
    for(i=0; i<bytes; i++)
    SPI_RW(pBuf[i]);          // 逐字节写入NRF24L01
    //CSN = 1;                // CSN拉高，结束数据传输
    DAQmxWriteDigitalScalarU32 (taskWR1, 1, 10.0, CSN, 0);
    return(status);           // 返回状态寄存器
}
```

其功能为：把 pBuf 中的内容写入发射芯片的 TX_FIFO 中，同接接收数据。

6）发射模式的配置程序（发射芯片）

发射模式的配置见表 12.7。

表 12.7　发射模式的配置

寄存器	模式配置
TX_ADDR	发射模式配置
RX_ADDR_P0	设置接收时的地址，如在发射模式下则为自动应答（AUTO　ACK）
EN_AA	自等待接收应答信号
EN_RXADDR	设置接收通道
SETUP_RETR	配置自动重发次数
RF_CH	选择通信的频率
RX_PW_P0	设置接收通道 0 的接收数据有效宽度，与步骤 4）对应
RF_SETUP	设置无线传输的速率
CONFIG	配置收发状态、CRC 校验模式以及收发状态响应模式

发射模式配置程序如下：

```
void TX_Mode(unsigned char * BUF)//PTX Exmittier Dev3
{
    //CE = 0;
    DAQmxWriteDigitalScalarU32 (taskWR0, 1, 10.0, _CE, 0);
    // 写入发送地址
    SPI_Write_Buf(WRITE_REG + TX_ADDR, TX_ADDRESS,
    TX_ADR_WIDTH);
```

```
    // 为了应答接收设备，接收通道0地址和发送地址相同
    SPI_Write_Buf(WRITE_REG + RX_ADDR_P0, TX_ADDRESS,
    TX_ADR_WIDTH);
    // 写数据包到TX FIFO
    SPI_Write_Buf(WR_TX_PLOAD, BUF, TX_PLOAD_WIDTH);
    SPI_RW_Reg(WRITE_REG + EN_AA, 0x00);// 使能接收通道0不自动应答
    SPI_RW_Reg(WRITE_REG + EN_RXADDR, 0x01);// 使能接收通道0
    // 自动重发延时等待250μs+86μs，自动重发10次
    SPI_RW_Reg(WRITE_REG + SETUP_RETR, 0x0a);
    SPI_RW_Reg(WRITE_REG + RF_CH, 0x40);// 选择射频通道0X40
    // 数据传输率1Mbit/s，发射功率0dB，低噪声放大器增益
    SPI_RW_Reg(WRITE_REG + RF_SETUP, 0x07);
    // CRC使能，16位CRC校验，上电
    SPI_RW_Reg(WRITE_REG + CONFIG, 0x0e);
    //CE = 1;
    DAQmxWriteDigitalScalarU32 (taskWR0, 1, 10.0, CE, 0);
}
```

其功能为：发射芯片 NRF24L01 发射模式配置。当调用此函数时开始无线传输，数据发送结束后，模块应转为接收回复模式。该函数调用函数的功能见其上的注释。

7）接收模式的配置程序（接收芯片）

接收模式的配置见表 12.8。

表 12.8 接收模式的配置

寄存器	模式配置
RX_ADDR_P0	设置接收端的地址，必须与发送端地址一致
EN_AA	设置自动应答信号
EN_RXADDR	设置选择通道采用 0 通道，所以用 0X01
RF_CH	选择通信的频率
RX_PW_P0	设置接收通道 0 的接收数据有效宽度
RF_SETUP	主要设置无线传输的速率
CONFIG	设置接收或发送模式

接收模式配置程序如下：

```
void RX_RXMode(void)//PRX Receiver Dev4
{
    //unsigned char sta;
```

```
    //CE = 0;
    DAQmxWriteDigitalScalarU32 (taskRXWR0, 1, 10.0, _CE, 0);
    // 接收设备接收通道0使用和发送设备相同的发送地址
    SPI_RXWrite_Buf(WRITE_REG + RX_ADDR_P0, TX_ADDRESS,
    TX_ADR_WIDTH);
    SPI_RXRW_Reg(WRITE_REG + EN_AA, 0x00); // 使能接收通道0自动应答
    SPI_RXRW_Reg(WRITE_REG + EN_RXADDR, 0x01); // 使能接收通道0
    SPI_RXRW_Reg(WRITE_REG + RF_CH, 0x40); // 选择射频通道0X40
    // 接收通道0选择和发送通道相同的有效数据宽度
    SPI_RXRW_Reg(WRITE_REG + RX_PW_P0, TX_PLOAD_WIDTH);
    // 数据传输率1Mbit/s，发射功率0dB，低噪声放大器增益
    SPI_RXRW_Reg(WRITE_REG + RF_SETUP, 0x07);
    // CRC使能，16位CRC校验，上电，接收模式
    SPI_RXRW_Reg(WRITE_REG + CONFIG, 0x0f);
    //CE = 1;   // 拉高CE启动接收设备
    DAQmxWriteDigitalScalarU32 (taskRXWR0, 1, 10.0, CE, 0);
}
```

其功能为：接收芯片 NRF24L01 的接收模式配置。该函数调用函数的功能见其上的注释。

8）状态寄存器判断程序

其代码如下：

```
unsigned char Check_RXACK(unsigned char clear)
{
    while(IRQ_RD)
    DAQmxReadDigitalScalarU32 (taskRXRD7,10,&IRQ_RD,NULL);
    sta = SPI_RXRW(NOP);// 返回状态寄存器
    MAX_RT=sta|0x10;
    if(MAX_RT)
        // 是否清除TX FIFO，若没有清除，在复位MAX_RT中断标志后重发
        if(clear)
            SPI_RXRW(FLUSH_TX);
            // 清除TX_DS或MAX_RT中断标志
    SPI_RXRW_Reg(WRITE_REG + STATUS, sta);
    IRQ_RD = 1;
    TX_DS=sta|0x20;
        //printf("TX_DS=%x",TX_DS);
    if(TX_DS)
        return(0x00);
```

```
    else
        return(0xff);
}
```

其功能为：读取状态寄存器判断数据接收状况，判断是否清除或复位TX_FIFO，见注释。

9）主控程序

其代码如下：

```
int CVICALLBACK relay (int panel, int control, int event,
void *callbackData, int
eventData1, int eventData2)
{
    int out0_status;
    unsigned char data;
    unsigned char LED;
    unsigned int RELAY;
    switch (event)
    {
        case EVENT_COMMIT:
            GetCtrlVal (panelHandle, PANEL_RELAY, &out0_status);
            data=out0_status?0:1;
            TX_BUF[0] = data;            // 数据送到缓存
            // 把发射芯片NRF24L01设置为发送模式并发送数据
            TX_Mode(TX_BUF);
            Check_ACK(1);                // 等待发送完毕，清除TX FIFO
            RX_Mode();                   // 设置为接收模式
            sta = SPI_RXRead(STATUS);    // 读状态寄存器
            RX_DR = sta & 0x40;
            if(RX_DR)                    // 判断是否接收到数据
            {
                // 从RX FIFO读出数据
                SPI_RXRead_Buf(RD_RX_PLOAD, RX_BUF,
                TX_PLOAD_WIDTH);
                flag = 1;
            }
                                         // 清除RX_DR中断标志
            SPI_RXRW_Reg(WRITE_REG + STATUS, sta);
            if(flag)                     // 接收完成
            {
```

```
                flag = 0;                   // 清除标志
                LED = RX_BUF[0];            // 数据送到LED显示
                RELAY=LED?1:0;
                SetCtrlVal(panelHandle,PANEL_LED,LED);
                DAQmxWriteDigitalScalarU32 (taskLEDWR0, 1, 10.0,
                RELAY, 0);
            }
        break;
    }
    return 0;
}
```

其功能为："继电器开关"响应函数，首先读取开关的状态值，把开关的状态值赋给发送端的数据缓冲区中，启动发射模式，然后判断接收端是否接收到数据，最后判断是否清除数据。当接收端接收到数据之后，把数据通过 P2.0 口输出，其余关键行见注释。

10）自检程序

其代码如下：

```
int CVICALLBACK check (int panel, int control, int event, void
*callbackData, int eventData1, int eventData2)
{
    unsigned char sta,o1;
    int o2;
    switch (event)
    {
        case EVENT_COMMIT:
            GetCtrlVal(panelHandle,PANEL_RING,&o1);
            GetCtrlVal(panelHandle,PANEL_CHECK,&o2);
            if (o2)
            {
                sta = SPI_RXRead(o1);// 接收端读状态寄存器
            }
            else
            {
                sta = SPI_Read(o1);// 发射端读状态寄存器
            }
            SetCtrlVal(panelHandle,PANEL_IN0,sta & 1);
            SetCtrlVal(panelHandle,PANEL_IN1,sta & 2);
```

```
            SetCtrlVal(panelHandle,PANEL_IN2,sta & 4);
            SetCtrlVal(panelHandle,PANEL_IN3,sta & 8);
            SetCtrlVal(panelHandle,PANEL_IN4,sta & 16);
            SetCtrlVal(panelHandle,PANEL_IN5,sta & 32);
            SetCtrlVal(panelHandle,PANEL_IN6,sta & 64);
            SetCtrlVal(panelHandle,PANEL_IN7,sta & 128);
            break;
    }
    return 0;
}
```

其功能为："自检数据"摇杆开关相应函数。首先获取"寄存器状态"组合框及"自检数据"摇杆开关的值，然后根据"自检数据"开关的状态分别读发射芯片或接收芯片的寄存器的值，最后将相应的值写入状态指示灯中（8 位）。

12.5　程序清单

```
/*********************************************/
该段程序包含LabWindows/CVI运行必需的头文件、发射模块与接收模块各六个管脚、内部寄存器的初始化参数定义，以及其他一些参数的定义。
/*********************************************/
#include <ansi_c.h>
#include <cvirte.h>
#include <userint.h>
#include <utility.h>
#include "RFOutIn20170313.h"
#include "TX_WR0.h"//对应发射芯片的P0.0，CE，DEV3
#include "TX_WR1.h"//对应发射芯片的P0.1，CSN，DEV3
#include "TX_WR2.h"//对应发射芯片的P0.2，SCK，DEV3
#include "TX_WR3.h"//对应发射芯片的P0.3，MOSI，DEV3
#include "TX_RD4.h"//对应发射芯片的P0.4，MISO，DEV3
#include "TX_RD5.h"//对应发射芯片的P0.5，IRQ，DEV3
#include "RX_WR0.h"//对应接收芯片的P0.0，CE，DEV4
#include "RX_WR1.h"//对应接收芯片的P0.1，CSN，DEV4
#include "RX_WR2.h"//对应接收芯片的P0.2，SCK，DEV4
#include "RX_WR3.h"//对应接收芯片的P0.3，MOSI，DEV4
#include "RX_RD6.h"//对应接收芯片的P0.4，MISO，DEV4
#include "RX_RD7.h"//对应接收芯片的P0.4，IRQ，DEV4
```

```
#include "RX_LEDWR0.h"//继电器状态输出，P2.0，DEV4
//*********************************************************
// Define interface to NRF24L01
// Define SPI lines function
//specified data
#define uInt32 unsigned int
uint32 CE = 0x00000001;// CE=1,DO0
uint32 CSN = 0x00000002;// CSN=1,DO1
uint32 SCK = 0x00000004;// SCK=1,DO2
uint32 MOSI = 0x00000010;// MOSI=8,DO3
uint32 MISO_RD = 0x00000000;// MISO=1(input),DI4
uint32 MISO_MUSK = 0x00000010;//MISO musking bit
uint32 IRQ_RD = 0x00000001;// IRQ=1(input),DI5
uint32 IRQ_MUSK = 0x00000020;//IRQ musking bit
uint32 MISO = 0x00000000;
uint32 _CE = 0x00000000;// CE=0
uint32 _CSN = 0x00000000;// CSN=0
uint32 _SCK = 0x00000000;// SCK=0
// SPI(NRF24L01) commands
#define READ_REG    0x00// Define read command to register
#define WRITE_REG   0x20// Define write command to register
#define RD_RX_PLOAD 0x61// Define RX payload register address
#define WR_TX_PLOAD 0xA0// Define TX payload register address
#define FLUSH_TX    0xE1// Define flush TX register command
#define FLUSH_RX    0xE2// Define flush RX register command
#define REUSE_TX_PL 0xE3// Define reuse TX payload register command
// 定义空操作，可用于读取状态寄存器
#define NOP         0xFF
//************************************************************
// SPI(nRF24L01) registers(addresses)
#define CONFIG      0x00// 'Config' register address
#define EN_AA       0x01// 'Enable Auto Acknowledgment' register
address
#define EN_RXADDR   0x02// 'Enabled RX addresses' register address
#define SETUP_AW    0x03// 'Setup address width' register address
#define SETUP_RETR  0x04// 'Setup Auto. Retrans' register address
#define RF_CH       0x05// 'RF channel' register address
#define RF_SETUP    0x06// 'RF setup' register address
```

```
#define STATUS      0x07// 'Status' register address
#define OBSERVE_TX  0x08// 'Observe TX' register address
#define CD          0x09// 'Carrier Detect' register address
#define RX_ADDR_P0  0x0A// 'RX address pipe0' register address
#define RX_ADDR_P1  0x0B// 'RX address pipe1' register address
#define RX_ADDR_P2  0x0C// 'RX address pipe2' register address
#define RX_ADDR_P3  0x0D// 'RX address pipe3' register address
#define RX_ADDR_P4  0x0E// 'RX address pipe4' register address
#define RX_ADDR_P5  0x0F// 'RX address pipe5' register address
#define TX_ADDR     0x10// 'TX address' register address
#define RX_PW_P0    0x11// 'RX payload width, pipe0' register address
#define RX_PW_P1    0x12// 'RX payload width, pipe1' register address
#define RX_PW_P2    0x13// 'RX payload width, pipe2' register address
#define RX_PW_P3    0x14// 'RX payload width, pipe3' register address
#define RX_PW_P4    0x15// 'RX payload width, pipe4' register address
#define RX_PW_P5    0x16// 'RX payload width, pipe5' register address
#define FIFO_STATUS 0x17// 'FIFO Status Register' register address
/***************************************************/
#define TX_ADR_WIDTH 5      // 5字节宽度的发送/接收地址
#define TX_PLOAD_WIDTH 4    // 数据通道有效数据宽度
/******************************************/
unsigned char TX_ADDRESS[TX_ADR_WIDTH] = {0x34,0x43,0x10,0x10,0x0
1}; // 定义一个静态发送地址
unsigned char RX_BUF[TX_PLOAD_WIDTH];
unsigned char TX_BUF[TX_PLOAD_WIDTH];
unsigned char flag;
unsigned char DATA = 0x01;
unsigned char sta,RX_DR,TX_DS,MAX_RT;
static int panelHandle;
static TaskHandle taskWR0=0, taskLEDWR0=0, taskWR1=0, taskWR2=0,
taskWR3=0, taskRD4=0, taskRD5=0;
static  TaskHandle  taskRXWR0=0,  taskRXWR1=0,  taskRXWR2=0,
taskRXWR3=0, taskRXRD6=0, taskRXRD7=0;
/**************************************************/
函数：SPI_RW()
描述：根据SPI协议，发射芯片写1字节数据到NRF24L01，同时从NRF24L01
读出1字节
/**************************************************/
```

```
unsigned char SPI_RW(unsigned char byte) //发射器
{
    unsigned char i;
    // 循环8次，1个字节
    for(i=0; i<8; i++)
    {
        //MOSI = (byte & 0x80);     // byte最高位输出到MOSI
        DAQmxWriteDigitalScalarU32  (taskWR3,  1,  10.0,(byte  &
        0x80)>>4, NULL);
        byte <<= 1;                 // 低一位移位到最高位
        // 拉高SCK，NRF24L01从MOSI读入1位数据， 同时从MISO输出1位数据
        DAQmxWriteDigitalScalarU32 (taskWR2, 1, 10.0, SCK, NULL);
        DAQmxReadDigitalScalarU32 (taskRD4,10,&MISO_RD,NULL);
        MISO=(MISO_RD & MISO_MUSK) >> 4; //由第4位右移到第0位
        byte |= MISO;               // 读MISO到byte最低位
        //SCK置低
        DAQmxWriteDigitalScalarU32 (taskWR2, 1, 10.0, _SCK, NULL);
    }
return(byte);                       // 返回读出的1字节
}
/*********************************************/
/*********************************************/
函数：SPI_RXRW()
描述：根据SPI协议，接收芯片写1字节数据到NRF24L01，同时从NRF24L01读出1字节
/*********************************************/
unsigned char SPI_RXRW(unsigned char byte) //Receiver
{
    unsigned char i;
    for(i=0; i<8; i++)              // 循环8次
    {
        //MOSI = (byte & 0x80);     // byte最高位输出到MOSI
        DAQmxWriteDigitalScalarU32 (taskRXWR3, 1, 10.0,
        (byte & 0x80)>>4, NULL);
        byte <<= 1;// 低一位移位到最高位
        //拉高SCK，NRF24L01从MOSI读入1位数据，同时从MISO输出1位数据
        DAQmxWriteDigitalScalarU32 (taskRXWR2, 1, 10.0, SCK, NULL);
        DAQmxReadDigitalScalarU32 (taskRXRD6,10,&MISO_RD,NULL);
        MISO=(MISO_RD & MISO_MUSK) >> 4; //由第4位右移到第0位
```

```
        byte |= MISO;           // 读MISO到byte最低位
        //SCK = 0;              // SCK置低
        DAQmxWriteDigitalScalarU32 (taskRXWR2, 1, 10.0, _SCK,
        NULL);
        }
    return(byte);               // 返回读出的1字节
    }
/**********************************************/

/**********************************************/
函数: SPI_RW_Reg()
描述: 发射芯片写数据value到reg寄存器
/**********************************************/
unsigned char SPI_RW_Reg(unsigned char reg, unsigned char value)
{
    unsigned char status;
    //CSN = 0;                      // CSN置低，开始传输数据
    DAQmxWriteDigitalScalarU32(taskWR1,1,10,_CSN,NULL);
    status = SPI_RW(reg);           // 读取或写入配置寄存器，同时返回状态字
    SPI_RW(value);                  // 然后写数据到该寄存器
    //CSN = 1;                      // CSN拉高，结束数据传输
    DAQmxWriteDigitalScalarU32(taskWR1,1,10,CSN,NULL);
    return(status);                 // 返回状态寄存器
}
/**********************************************/

/**********************************************/
函数: SPI_RXRW_Reg()
描述: 接收芯片写数据value到reg寄存器
/**********************************************/
unsigned char SPI_RXRW_Reg(unsigned char reg, unsigned char value)
{
    unsigned char status;
    //CSN = 0;                      // CSN置低,开始传输数据
    DAQmxWriteDigitalScalarU32(taskRXWR1,1,10,_CSN,NULL);
    status = SPI_RXRW(reg);         // 读取或写入配置寄存器，同时返回状态字
    SPI_RXRW(value);                // 然后写数据到该寄存器
    //CSN = 1;                      // CSN拉高，结束数据传输
```

```
    DAQmxWriteDigitalScalarU32(taskRXWR1,1,10,CSN,NULL);
    return(status);              // 返回状态寄存器
}
/*************************************************/

/*************************************************/
函数：SPI_Read()
描述：发射芯片从reg寄存器读1字节
/*************************************************/
unsigned char SPI_Read(unsigned char reg) //Exmittier
{
    unsigned char reg_val;
    //CSN = 0;// CSN置低，开始传输数据
    DAQmxWriteDigitalScalarU32 (taskWR1, 1, 10.0, _CSN, 0);
    SPI_RW(reg);                 // 选择寄存器
    _val = SPI_RW(0);            // 然后从该寄存器读数据
    // CSN拉高，结束数据传输
    DAQmxWriteDigitalScalarU32 (taskWR1, 1, 10.0, CSN, 0);
    return(reg_val);             // 返回寄存器数据
}
/*************************************************/
/*************************************************/
函数：SPI_RXRead()
描述：接收芯片从reg寄存器读1字节
/*************************************************/
unsigned char SPI_RXRead(unsigned char reg)//Receiver
{
    unsigned char reg_val;
    // CSN置低，开始传输数据
    DAQmxWriteDigitalScalarU32 (taskRXWR1, 1, 10.0, _CSN, 0);
    SPI_RXRW(reg);               // 选择寄存器
    reg_val = SPI_RXRW(0);       // 从该寄存器读数据
    //CSN = 1;                   // CSN拉高，结束数据传输
    DAQmxWriteDigitalScalarU32 (taskRXWR1, 1, 10.0, CSN, 0);
    return(reg_val);             // 返回寄存器数据
}
/*************************************************/
```

```
/***********************************************/
函数：SPI_Read_Buf()
描述：发射芯片从reg寄存器读出byteS个字节，通常用来读取接收通道数据或接收发送地址
/***********************************************/
unsigned char SPI_Read_Buf(unsigned char reg, unsigned char * pBuf, unsigned char bytes) //发射器
{
    unsigned char status, i;
    //CSN = 0;                                  // CSN置低，开始传输数据
    DAQmxWriteDigitalScalarU32 (taskWR1, 1, 10.0, _CSN, 0);
    status = SPI_RW(reg);                       // 选择寄存器，同时返回状态字
    for(i=0; i<bytes; i++)
    pBuf[i] = SPI_RW(0);                        // 逐个字节从NRF24L01读出
    //CSN = 1;                                  // CSN拉高，结束数据传输
    DAQmxWriteDigitalScalarU32 (taskWR1, 1, 10.0, CSN, 0);
    return(status);                             // 返回状态寄存器
}
/***********************************************/
/***********************************************/
函数：SPI_RXRead_Buf()
描述：接收芯片从reg寄存器读出byteS个字节，通常用来读取接收通道数据或接收发送地址
/***********************************************/
unsigned char SPI_RXRead_Buf(unsigned char reg, unsigned char * pBuf, unsigned char bytes) //Receiver
{
    unsigned char status, i;
    // CSN置低，开始传输数据
    //sta = SPI_RXRead(FIFO_STATUS);
    //printf("FIFO_STATUS_BEFORE_RX=%x\n",sta);
    DAQmxWriteDigitalScalarU32 (taskRXWR1, 1, 10.0, _CSN, 0);
    status = SPI_RXRW(reg);                     // 选择寄存器，同时返回状态字
    for(i=0; i<bytes; i++)
    pBuf[i] = SPI_RXRW(0);                      // 逐个字节从NRF24L01读出
    //CSN拉高，结束数据传输
    DAQmxWriteDigitalScalarU32 (taskRXWR1, 1, 10.0, CSN, 0);
    return(status);                             // 返回状态寄存器
```

```
}
/*************************************************/

/*************************************************/
函数：SPI_Write_Buf()
描述：发射芯片把pBuf缓存中的数据写入NRF24L01，通常用来写入发射通道数据或接
收/发送地址
/*************************************************/
unsigned char SPI_Write_Buf(unsigned char reg, unsigned char * pBuf,
unsigned char bytes)                //发射器
{
    unsigned char status, i;
    //CSN = 0;                      // CSN置低，开始传输数据
    DAQmxWriteDigitalScalarU32 (taskWR1, 1, 10.0, _CSN, 0);
    status = SPI_RW(reg);           // 选择寄存器，同时返回状态字
    for(i=0; i<bytes; i++)
    SPI_RW(pBuf[i]);                // 逐个字节写入NRF24L01
    //CSN = 1;                      // CSN拉高，结束数据传输
    DAQmxWriteDigitalScalarU32 (taskWR1, 1, 10.0, CSN, 0);
    return(status);                 // 返回状态寄存器
}
/*************************************************/
/*************************************************/
函数：SPI_RXWrite_Buf()
描述：接收芯片把pBuf缓存中的数据写入NRF24L01，通常用来写入发射通道数据或接
收发送地址
/*************************************************/
unsigned char SPI_RXWrite_Buf(unsigned char reg, unsigned char * pBuf,
unsigned char bytes)//接收器
{
    unsigned char status, i;
    //CSN = 0;                      // CSN置低，开始传输数据
    DAQmxWriteDigitalScalarU32 (taskRXWR1, 1, 10.0, _CSN, 0);
    status = SPI_RXRW(reg);         // 选择寄存器，同时返回状态字
    for(i=0; i<bytes; i++)
    SPI_RXRW(pBuf[i]);              // 逐个字节写入NRF24L01
    //CSN = 1;                      // CSN拉高，结束数据传输
    DAQmxWriteDigitalScalarU32 (taskRXWR1, 1, 10.0, CSN, 0);
    return(status);                 // 返回状态寄存器
```

```
}
/**********************************************/

/**********************************************/

函数：RX_Mode()
描述：该函数设置发射芯片NRF24L01为接收模式，等待接收发送设备的数据包

/**********************************************/
void RX_Mode(void)//PTX Receiver Dev3
{
    //CE = 0;
    DAQmxWriteDigitalScalarU32 (taskWR0, 1, 10.0, _CE, 0);
    SPI_Write_Buf(WRITE_REG + RX_ADDR_P0, TX_ADDRESS,
    TX_ADR_WIDTH);  // 接收设备接收通道0使用和发送设备相同的发送地址
    SPI_RW_Reg(WRITE_REG + EN_AA, 0x00);    //使能接收通道0自动应答
    SPI_RW_Reg(WRITE_REG + EN_RXADDR, 0x01);//使能接收通道0
    SPI_RW_Reg(WRITE_REG + RF_CH, 0x40);    //选择射频通道0x40
    // 接收通道0选择和发送通道相同有效数据宽度
    SPI_RW_Reg(WRITE_REG + RX_PW_P0, TX_PLOAD_WIDTH);
    // 数据传输率1Mbit/s，发射功率0dB，低噪声放大器增益
    SPI_RW_Reg(WRITE_REG + RF_SETUP, 0x07);
    // CRC使能，16位CRC校验，上电，接收模式
    SPI_RW_Reg(WRITE_REG + CONFIG, 0x0f);
    // 拉高CE启动接收设备
    DAQmxWriteDigitalScalarU32 (taskWR0, 1, 10.0, CE, 0);
}
/**********************************************/
/**********************************************/

函数：RX_RXMode()
描述：该函数设置接收芯片NRF24L01为接收模式，等待接收发送设备的数据包

/**********************************************/
void RX_RXMode(void)//PRX Receiver Dev4
{
    //unsigned char sta;
    //CE = 0;
    DAQmxWriteDigitalScalarU32 (taskRXWR0, 1, 10.0, _CE, 0);
    // 接收设备接收通道0使用和发送设备相同的发送地址
    SPI_RXWrite_Buf(WRITE_REG + RX_ADDR_P0, TX_ADDRESS,
```

```
        TX_ADR_WIDTH);
        SPI_RXRW_Reg(WRITE_REG + EN_AA, 0x00); // 使能接收通道0自动应答
        SPI_RXRW_Reg(WRITE_REG + EN_RXADDR, 0x01); // 使能接收通道0
        SPI_RXRW_Reg(WRITE_REG + RF_CH, 0x40); // 选择射频通道0x40
        // 接收通道0选择和发送通道相同有效数据宽度
        SPI_RXRW_Reg(WRITE_REG + RX_PW_P0, TX_PLOAD_WIDTH);
        // 数据传输率1Mbit/s，发射功率0dB，低噪声放大器增益
        SPI_RXRW_Reg(WRITE_REG + RF_SETUP, 0x07);
        // CRC使能，16位CRC校验，上电，接收模式
        SPI_RXRW_Reg(WRITE_REG + CONFIG, 0x0f);
        CE = 1;// 拉高CE启动接收设备
        DAQmxWriteDigitalScalarU32 (taskRXWR0, 1, 10.0, CE, 0);
    }
    /**************************************************/

    /**************************************************/
```

函数：TX_Mode()

描述：这个函数设置发射芯片NRF24L01为发送模式(CE = 1持续至少10μs)，130μs后启动发射，数据发送结束后，发送模块自动转入接收

```
    /**************************************************/
    void TX_Mode(unsigned char * BUF)//PTX Exmittier Dev3
    {
        //CE = 0;
        DAQmxWriteDigitalScalarU32 (taskWR0, 1, 10.0, _CE, 0);
        // 写入发送地址
        SPI_Write_Buf(WRITE_REG + TX_ADDR, TX_ADDRESS,
        TX_ADR_WIDTH);
        // 为了应答接收设备，接收通道0地址和发送地址相同
        SPI_Write_Buf(WRITE_REG + RX_ADDR_P0, TX_ADDRESS,
        TX_ADR_WIDTH);
        // 写数据包到TX FIFO
        SPI_Write_Buf(WR_TX_PLOAD, BUF, TX_PLOAD_WIDTH);
        SPI_RW_Reg(WRITE_REG + EN_AA, 0x00);//使能接收通道0不自动应答
        SPI_RW_Reg(WRITE_REG + EN_RXADDR, 0x01);//使能接收通道0
        // 自动重发延时等待250μs+86μs，自动重发10次
        SPI_RW_Reg(WRITE_REG + SETUP_RETR, 0x0a);
        SPI_RW_Reg(WRITE_REG + RF_CH, 0x40);// 选择射频通道0x40
        // 数据传输率1Mbit/s，发射功率0dB，低噪声放大器增益
```

```
    SPI_RW_Reg(WRITE_REG + RF_SETUP, 0x07);
    // CRC使能，16位CRC校验，上电
    SPI_RW_Reg(WRITE_REG + CONFIG, 0x0e);
    //CE = 1;
    DAQmxWriteDigitalScalarU32 (taskWR0, 1, 10.0, CE, 0);
}
/***************************************************/
/***************************************************/
```

函数：TX_RXMode()

描述：这个函数设置接收芯片NRF24L01为发送模式(CE = 1持续至少10μs)，130μs后启动发射，数据发送结束后，发送模块自动转入接收

```
/***************************************************/
void TX_RXMode(unsigned char * BUF)//PRX Exmittier Dev4
{
    //CE = 0;
    DAQmxWriteDigitalScalarU32 (taskRXWR0, 1, 10.0, _CE, 0);
    // 写入发送地址
    SPI_RXWrite_Buf(WRITE_REG + TX_ADDR, TX_ADDRESS,
    TX_ADR_WIDTH);
    // 为了应答接收设备，接收通道0地址和发送地址相同
    SPI_RXWrite_Buf(WRITE_REG + RX_ADDR_P0, TX_ADDRESS,
    TX_ADR_WIDTH);
    // 写数据包到TX FIFO
    SPI_RXWrite_Buf(WR_TX_PLOAD, BUF, TX_PLOAD_WIDTH);
    SPI_RXRW_Reg(WRITE_REG + EN_AA, 0x00);// 使能接收通道0不自动应答
    SPI_RXRW_Reg(WRITE_REG + EN_RXADDR, 0x01);// 使能接收通道0
    // 自动重发延时等待250μs+86μs，自动重发10次
    SPI_RXRW_Reg(WRITE_REG + SETUP_RETR, 0x0a);
    SPI_RXRW_Reg(WRITE_REG + RF_CH, 0x40);// 选择射频通道0x40
    // 数据传输率1Mbit/s，发射功率0dB，低噪声放大器增益
    SPI_RXRW_Reg(WRITE_REG + RF_SETUP, 0x07);
    // CRC使能，16位CRC校验，上电
    SPI_RXRW_Reg(WRITE_REG + CONFIG, 0x0e);
    //CE = 1;
    DAQmxWriteDigitalScalarU32 (taskRXWR0, 1, 10.0, CE, 0);
}
/***************************************************/
```

```
/**************************************************/

函数: Check_ACK()
描述: 检查发射芯片有无接收到数据包，设定没有收到应急信号是否重发

/**************************************************/
unsigned char Check_ACK(unsigned char clear) //Exmitter
{
    while(IRQ_RD)
    DAQmxReadDigitalScalarU32 (taskRD5,10,&IRQ_RD,NULL);
    sta = SPI_RW(NOP);// 返回状态寄存器
    MAX_RT=sta|0x10;
    if(MAX_RT)
        // 是否清除TX FIFO，若没有清除,在复位MAX_RT中断标志后重发
        if(clear)
            SPI_RW(FLUSH_TX);
    // 清除TX_DS或MAX_RT中断标志
    SPI_RW_Reg(WRITE_REG + STATUS, sta);
    IRQ_RD = 1;
    TX_DS=sta|0x20;
    //sprintf("TX_DS=%c",&TX_DS);
    if(TX_DS)
        return(0x00);
    else
        return(0xff);
}
/**************************************************/
/**************************************************/

函数: Check_RXACK()
描述: 检查接收芯片有无接收到数据包，设定没有收到应答信号是否重发

/**************************************************/
unsigned char Check_RXACK(unsigned char clear)
{
    while(IRQ_RD)
    DAQmxReadDigitalScalarU32 (taskRXRD7,10,&IRQ_RD,NULL);
    sta = SPI_RXRW(NOP);// 返回状态寄存器
    MAX_RT=sta|0x10;
    if(MAX_RT)
```

```
        // 是否清除TX FIFO，若没有清除，在复位MAX_RT中断标志后重发
        if(clear)
            SPI_RXRW(FLUSH_TX);
    // 清除TX_DS或MAX_RT中断标志
    SPI_RXRW_Reg(WRITE_REG + STATUS, sta);
    IRQ_RD = 1;
    TX_DS=sta|0x20;
    //printf("TX_DS=%x",TX_DS);
    if(TX_DS)
        return(0x00);
    else
        return(0xff);
}
/***********************************************************/

/***********************************************************/
函数：Init_IO()
描述：初始化IO
/***********************************************************/
void Init_IO(void)
{
    //Exmittier
    //CE=0，待机
    DAQmxWriteDigitalScalarU32 (taskWR0, 1, 10.0, _CE, 0);
    //CSN = 1，SPI禁止
    DAQmxWriteDigitalScalarU32 (taskWR1, 1, 10.0, CSN, 0);
    //SCK = 0，SPI时钟置低
    DAQmxWriteDigitalScalarU32 (taskWR2, 1, 10.0, _SCK, 0);
    //Receiver
    //CE = 0，待机
    DAQmxWriteDigitalScalarU32 (taskRXWR0, 1, 10.0, _CE, 0);
    //CSN = 1，SPI禁止
    DAQmxWriteDigitalScalarU32 (taskRXWR1, 1, 10.0, CSN, 0);
    //SCK = 0，SPI时钟置低
    DAQmxWriteDigitalScalarU32 (taskRXWR2, 1, 10.0, _SCK, 0);
    IRQ_RD = 1;      // 中断复位
}
/***********************************************************/
```

```
/**************************************************

函数：RF_main()
描述：主函数
/**************************************************/
void RF_main(void)
{
    Init_IO();          // 初始化IO
    RX_Mode();          // 发射芯片设置为接收模式
    RX_RXMode();        // 接收芯片设置为接收模式
}
/**************************************************/

/**************************************************/
int main (int argc, char *argv[])
{
    if (InitCVIRTE (0, argv, 0) == 0)
        return -1;  /* out of memory */
    if ((panelHandle = LoadPanel (0, "RFOutIn20170313.uir", PANEL))
    < 0)
        return -1;
    DisplayPanel (panelHandle);
    CreateTX_WR0(&taskWR0);
    CreateTX_WR1(&taskWR1);
    CreateTX_WR2(&taskWR2);
    CreateTX_WR3(&taskWR3);
    CreateTX_RD4(&taskRD4);
    CreateTX_RD5(&taskRD5);
    CreateRX_WR0(&taskRXWR0);
    CreateRX_WR1(&taskRXWR1);
    CreateRX_WR2(&taskRXWR2);
    CreateRX_WR3(&taskRXWR3);
    CreateRX_RD6(&taskRXRD6);
    CreateRX_RD7(&taskRXRD7);
    CreateRX_LEDWR0(&taskLEDWR0);
    RF_main();//initialize RF2401;
    RunUserInterface ();
    DiscardPanel (panelHandle);
    return 0;
```

```
}
/**********************************************/

/**********************************************/
int CVICALLBACK quit (int panel, int control, int event,
void *callbackData, int eventData1, int eventData2)
{
    switch (event)
    {
        case EVENT_COMMIT:
            DAQmxClearTask(taskWR0);
            DAQmxClearTask(taskWR1);
            DAQmxClearTask(taskWR2);
            DAQmxClearTask(taskWR3);
            DAQmxClearTask(taskRD4);
            DAQmxClearTask(taskRD5);
            DAQmxClearTask(taskRXWR0);
            DAQmxClearTask(taskRXWR1);
            DAQmxClearTask(taskRXWR2);
            DAQmxClearTask(taskRXWR3);
            DAQmxClearTask(taskRXRD6);
            DAQmxClearTask(taskRXRD7);
            QuitUserInterface (0);
            break;
    }
    return 0;
}
/**********************************************/

/**********************************************/
int CVICALLBACK check (int panel, int control, int event,
void *callbackData, int eventData1, int eventData2)
{
    unsigned char sta,o1;
    int o2;
    switch (event)
    {
        case EVENT_COMMIT:
            GetCtrlVal(panelHandle,PANEL_RING,&o1);
```

```
            GetCtrlVal(panelHandle,PANEL_CHECK,&o2);
            if (o2)
            {
                sta = SPI_RXRead(o1);// 接收端读状态寄存器
            }
            else
            {
                sta = SPI_Read(o1); // 发射端读状态寄存器
            }
            SetCtrlVal(panelHandle,PANEL_IN0,sta & 1);
            SetCtrlVal(panelHandle,PANEL_IN1,sta & 2);
            SetCtrlVal(panelHandle,PANEL_IN2,sta & 4);
            SetCtrlVal(panelHandle,PANEL_IN3,sta & 8);
            SetCtrlVal(panelHandle,PANEL_IN4,sta & 16);
            SetCtrlVal(panelHandle,PANEL_IN5,sta & 32);
            SetCtrlVal(panelHandle,PANEL_IN6,sta & 64);
            SetCtrlVal(panelHandle,PANEL_IN7,sta & 128);
            break;
    }
    return 0;
}
/***************************************************/

/***************************************************/
int CVICALLBACK ring (int panel, int control, int event,
void *callbackData, int eventData1, int eventData2)
{
    unsigned char sta=0,o1;
    int o2;
    switch (event)
    {
        case EVENT_COMMIT:
            GetCtrlVal(panelHandle,PANEL_RING,&o1);
            GetCtrlVal(panelHandle,PANEL_CHECK,&o2);
            if (o2)
            {
                sta = SPI_RXRead(o1);// 接收端读状态寄存器
            }
```

```
            else
            {
                sta = SPI_Read(o1); // 发射端读状态寄存器
            }
            SetCtrlVal(panelHandle,PANEL_IN0,sta & 1);
            SetCtrlVal(panelHandle,PANEL_IN1,sta & 2);
            SetCtrlVal(panelHandle,PANEL_IN2,sta & 4);
            SetCtrlVal(panelHandle,PANEL_IN3,sta & 8);
            SetCtrlVal(panelHandle,PANEL_IN4,sta & 16);
            SetCtrlVal(panelHandle,PANEL_IN5,sta & 32);
            SetCtrlVal(panelHandle,PANEL_IN6,sta & 64);
            SetCtrlVal(panelHandle,PANEL_IN7,sta & 128);
            break;
    }
    return 0;
}
/*****************************************************/

/*****************************************************/
int CVICALLBACK relay (int panel, int control, int event,
void *callbackData, int eventData1, int eventData2)
{
    int out0_status;
    unsigned char data;
    unsigned char LED;
    unsigned int RELAY;
    switch (event)
    {
        case EVENT_COMMIT:
            GetCtrlVal (panelHandle, PANEL_RELAY, &out0_status);
            data=out0_status?0:1;
            TX_BUF[0] = data;            //数据送到缓存
            // 把发射芯片NRF24L01设置为发送模式并发送数据
            TX_Mode(TX_BUF);
            Check_ACK(1);                //等待发送完毕，清除TX FIFO
            RX_Mode();                   //设置为接收模式
            sta = SPI_RXRead(STATUS);    //读状态寄存器
            RX_DR = sta & 0x40;
```

```
            if(RX_DR)//判断是否接收到数据
            {
            //从RX FIFO读出数据
                SPI_RXRead_Buf(RD_RX_PLOAD, RX_BUF, TX_PLOAD_WIDT H);
                flag = 1;
            }
            SPI_RXRW_Reg(WRITE_REG + STATUS, sta);
            // 清除RX_DR中断标志
            if(flag)                            // 接收完成
            {
                flag = 0;                       //清除标志
                LED = RX_BUF[0];                //数据送到LED显示
                RELAY=LED?1:0;
                SetCtrlVal(panelHandle,PANEL_LED,LED);
                DAQmxWriteDigitalScalarU32 (taskLEDWR0, 1, 10.0,
                RELAY, 0);
            }
        break;
    }
    return 0;
}
```

12.6 硬件连线图

由于 NRF24L01 的使用电压为 3.0～3.3V，而通常用到的是 5V，所以在通电前需要一个将 5V 电压转换成 3.3V 的稳压模块，用 3.3V 电压对 NRF24L01 进行供电。

无线发送模块 NRF24L01 的片选信号、使能信号、时钟信号、MOSI、MISO 和中断信号的六个端口分别连接至发射端 USB-6001 数据采集卡的 P0.0～P0.5 口共六个端口。因为模块的 CE、CSN、SCK 和 MOSI 为输入接口，所以要把采集卡的对应接口设置为输出接口 DO。因为 MISO 和 IRQ 为输出，所以采集卡的对应接口设置为输入接口 DI。

无线接收模块 NRF24L01 的片选信号、使能信号、时钟信号、MOSI、MISO 和中断信号的六个端口分别连接至发射 USB-6001 数据采集卡的 P0.0～P0.5 口共六个端口。P2.0 输出给继电器 SDR 模块。信号连接图如图 12.8 所示，实物接线图如图 12.9 所示。

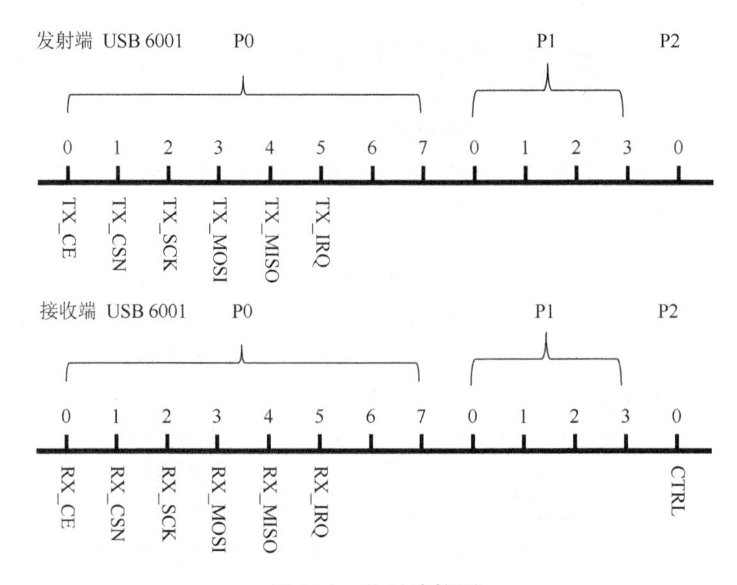

图 12.8　信号连接图

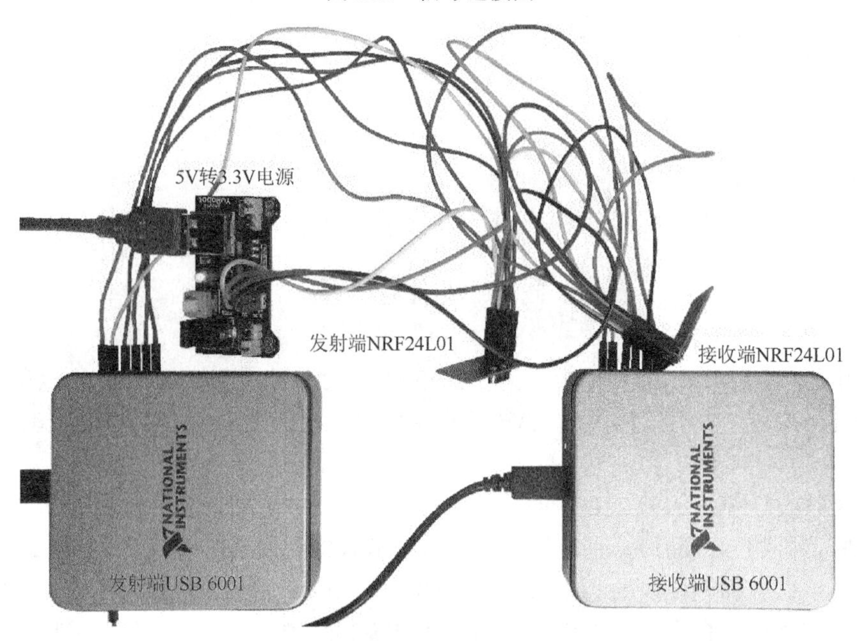

图 12.9　实物接线图

第三篇　综合开发篇

第 13 章　直流电感测试系统的设计

13.1　引　　言

传统的电感测量方法主要是针对交流电感的，可分为伏安法、LCR 表法和谐振法。传统的电感测量不能同时满足激励频率高、激励电流大的条件，因此不适合功率或直流电感测量。工作在直流状态下的直流电感器，由于直流磁化的作用，电感铁芯中除存在交变磁场外，还存在着稳态磁场，属于单向磁化状态。从常见的铁芯电感的磁滞回线、基本磁化曲线及磁导率与磁场强度（激励电流）关系曲线可以看出，随着直流电流的增大，其稳态磁场的强度随着基本磁化曲线也增大，铁芯的磁导率与磁场强度（激励电流）曲线在中段出现一个极值后再减少（对应于最大激励电流的饱和区）。对同一个电感器在相同情况下，由于电流较大有时接近饱和区，电感在直流工作条件下的值比在交流条件下小，故不能直接用 LCR 电桥仪测试直流电感。目前国内市场尚未找到切实可行的直流大电感测试仪。本项目在校企横向合作项目设计智能直流电感测试仪的基础上并基于 LabWindows 开发平台，拟采用 LCR 电路零输入电流响应，以尽可能地仿真直流电感使用环境以及基于 LCR 放电时间电流函数的 Levenberg-Marquardt 的非线性参数估计算法估算直感与直阻的思路来直接计算逐点直感与直阻。

系统参数如下。

（1）电感范围：1～1000μH，精度±3%；

（2）电流范围：20～450A，精度±0.5%；

（3）最大电压：400V，精度±0.5%；

（4）负载电阻：≥10mΩ。

13.2　项目的硬件原理

利用 LabWindows 虚拟仪器技术，测量电路采用二阶零输入响应电路来实现，开始工作时，程序发出充电信号，系统开始通过直流高压电源给电容组充电，当电压达到预设电压时，程序停止充电并发出放电信号，通过导通 IGBT 使电路放电，在放电持续时间内触发柔性电流探头及高压差分探头来对流过电感的电流及电感两端的电压进行数据采集。采集到的数据通过 USB-6251 数据采集卡送入计算机进行处理，设计程序通过一系列运算得到待测电感的测量值。

13.3　测试系统的硬件设计

13.3.1　测试系统设计的基本原理

本测试系统设计的整体思路是：首先把要测试的直流电感接入 LCR 回路中；然后设定充入电容的电压值，打开充电开关手动缓慢调节三相变压器给直流大电容充电，待充入的电压值大于等于设定的电容电压值时，由程序触发充电开关关闭，放电开关闭合，同时触发电压和电流高速数据采集卡采集放电时电感两端的电压与电流信号。将采集卡采集到的电压、电流值送入已经编制好的程序中，由 LM 算法计算出此时的电感值并且画出电压、电流和电感的曲线图。

13.3.2　测试系统的硬件介绍

1. 启保停电路

本测试系统的电源开关采用自动控制电路中经常使用的启动、保持、停止电路，简称启保停电路，对应的启保停电路原理图和实物图分别如图 13.1 和图 13.2 所示。

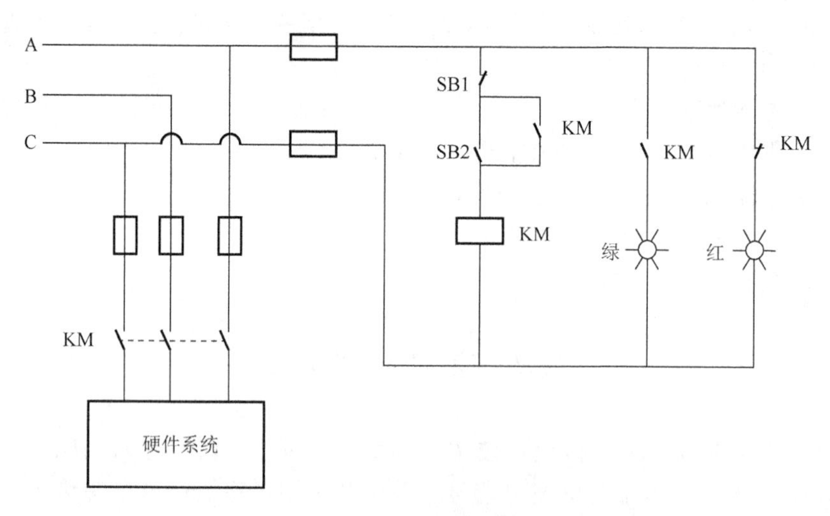

图 13.1　启保停电路原理图

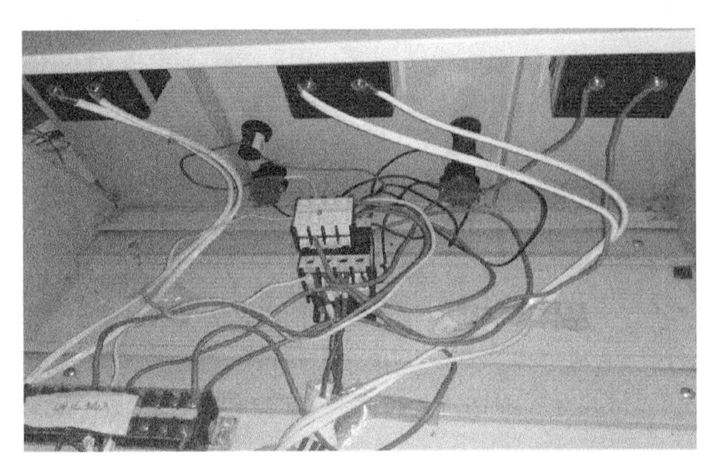

图 13.2　启保停电路实物图

在图 13.1 中，开关 SB1 代表停止按钮，SB2 代表启动按钮，KM 代表接触器，在电路未启动以前 KM 是断开的，此时红色的指示灯亮。当手动按下启动按钮 SB2 时，绿色指示灯亮，红色指示灯灭，此时交流接触器的 KM 线圈通电，交流接触器的常开触头闭合电路接通。当松开 SB2 时，KM 线圈仍可通过交流接触器的触头继续通电，从而保证整个硬件系统的供电，在按下 SB2 的同时要使硬件系统断电，只要按下停止按钮 SB1，此时交流接触器的线圈断电，主触头断开，从而实现了电路的断电。当停止按钮松开时，接触器的线圈已不能再通电，因为原来的已经闭合的触头已随接触器的断电而断开了。

2. 充放电回路的硬件介绍

充放电回路用到的元器件主要有：三相交流调压器、交流接触器、三相整流桥、大电容组、IGBT、快速恢复二极管和大功率陶瓷电阻。各个元器件的介绍如下。

（1）三相交流调压器：输入电压的最大值为 380V、频率为 50Hz 的交流电，输出电压连续可调的范围为 0～430V、50Hz 的交流电，其主要作用是调节充入电容的电压值。

（2）交流接触器：当交流接触器的线圈通电时，接触器的静铁芯将会产生电磁吸引力，将动铁芯吸合，常闭触点的触头断开，常开触点的触头闭合，从而通过调压器给电容充电。本设计是通过 24V 的继电器控制交流接触的通断。

（3）三相整流桥：本设计所用的三相整流桥是将 6 个 1N4007 的整流二极管封装在一起而共同组成的桥式全波整流电路，其作用是将经三相调压器变压后的三相电进行全波整流。

（4）大电容组：本设计用到的是 6 个电解电容的并联，电容的耐压值为 450V，容量为 470μF。

（5）IGBT：IGBT 是一种绝缘栅型双极性的晶体管，这种晶体管是由 BJT 和 MOS 管组成的复合全空型电压驱动式半导体器件。IGBT 具有耐压值高、通过电流大、频率高、导通电阻小等优点。本项目所选用的 IGBT 型号为英飞凌的 FF450R12KT4，最大集电极电流为 450A，耐压值为 1200V，集电极重复峰值电流为 900A，导通压降 2V 左右。

（6）快速恢复二极管：快速恢复二极管是电路中经常使用的开关性能好、反向恢复时间短的半导体二极管，此处用到的是快恢复二极管的续流作用。本设计所用二极管的型号为 DSEI2X101-12A，其回复时间为 40ns，最高反向恢复电压为 1200V。

（7）大功率陶瓷电阻：型号为 RXG20-1000W，该型号电阻值为 1Ω，功率 1000W，其优点为功率大、耐压值高、易散热[5,8]。

3. 控制模块的硬件介绍

控制模块用的硬件主要有：直流开关电压源、IGBT 驱动模块 2SC0108T、施耐德 RXM2LB2BD 小电压继电器和控制卡模块。其对应的介绍如下。

（1）直流开关电压源：直流开关电压源输出的直流电压有 5V、15V、24V 三种电压值，前两个用于集成电路和 IGBT 模块，24V 用于给继电器供电。

（2）IGBT 的驱动模块：2SC0108T 是一种三电平 IGBT 模块驱动，该模块具有短路、欠压保护等特殊功能。此模块电源为 15V，兼容 3.3～15V 的逻辑电平信号，2SC0108T 驱动电流为 8A，单个通道的驱动功率为 1W，可以驱动 600A/1200V 的 IGBT。

（3）施耐德 RXM2LB2BD 小电压继电器：此继电器适用于控制交流接触器的通断，该模块的线圈供电电压为 24V，额定电流为 5A。

（4）控制卡模块：其核心芯片 CPC1008N 是一种低压、低导通电阻、小型的单刀常开固态继电器的 4 引脚 SOP 封装，它使用 OptoMOS 构架，同时提供输入、输出 1500VRMS 隔离。控制板卡原理图如图 13.3 所示。

13.3.3 数据采集模块介绍

充电时电容两端的电压传感器采用的是闭环霍尔电压传感器 CHV-25P/400，该传感器模块所检测的电压范围是 0～±600V，精度为±1.0%，变比为 83∶1，霍尔电压传感器引脚如图 13.4 所示。

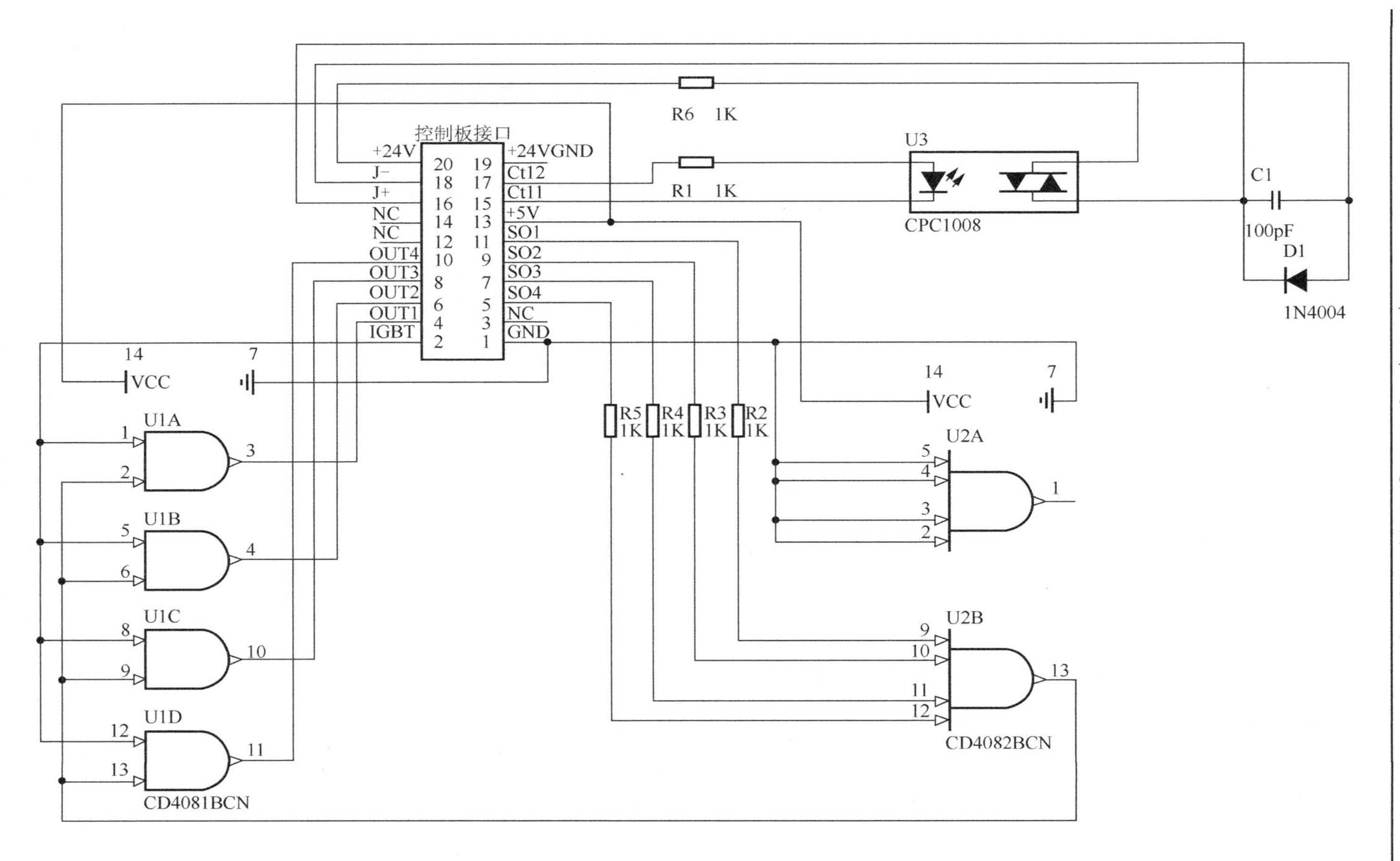

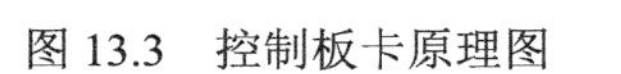
图 13.3　控制板卡原理图

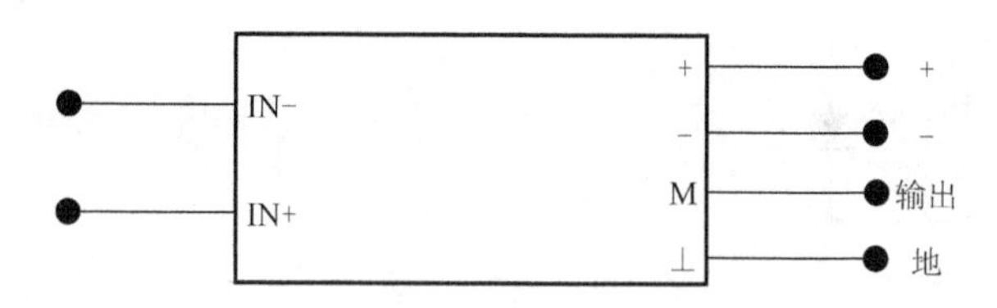

图 13.4　霍尔电压传感器引脚

放电时，电感两端电压电流传感器的型号为：高压差分探头 PINTECHN1015A、柔性电流探头 DKFLEX DK-3500，其相应的参数如下。

高压差分探头 PINTECH N1015A 主要参数如下。

（1）频宽：100MHz；

（2）误差：±1%；

（3）输入阻抗：4MΩ；

（4）衰减：1:1000/100；

（5）最大差动电压：1500V（1:1000），150V（1:100）。

柔性电流探头 DKFLEX DK-3500 主要参数特性如下。

（1）变比：20mA/10A；

（2）最小测量值：20mA；

（3）最大测量值：3500A；

（4）精度：1%；

（5）输入阻抗 100kΩ；

（6）线圈最大耐压：5KV。

数据采集卡：本设计所用到的数据采集卡是 NI 公司的 USB-6251，USB-6251 是高速多功能数据采集卡，该采集卡有 16 路模拟输入通道，每个模拟通道的采样率最大为 1M/s，两路模拟输出，模拟通道的输入与输出电压范围为：−10～10V。本采集卡还带有 24 路的数字 I/O 端口。

13.3.4　总体硬件设计图

1. 硬件设计原理图

硬件设计原理图如图 13.5 所示。三相调压器的一端接入 50Hz、380V 的交流电，另一端与交流接触器连接。当交流接触器闭合时，缓慢调节三相变压器，经变压器变压后输出的 50Hz 交流电经过三相整流桥的全波整流后给电容充电即组成充电回路；当充电完毕后，交流接触器断开，IGBT 此时导通，电容组、IGBT、电感、功率电阻组成放电回路；快恢复二极管与大电容组并联起续流作用。控制模块中用 NI USB-6251 的 P0.0 和 P0.1 控制充放电回路的开关，当给 P0 口的指令为 01H 时充电开关闭合，当给 P0 口的指令为 02H 时充电开关断开，放电开关闭合。充电时用 USB-6251 的 AI0 采集充电电容两端的电压，并判断此时电压值是否达到预设电压值。放电时用 USB-6251AI1 采集放电时电感两端的电压，AI2 采集放电的电流，并将采集的数值送入计算机处理[5,8]。

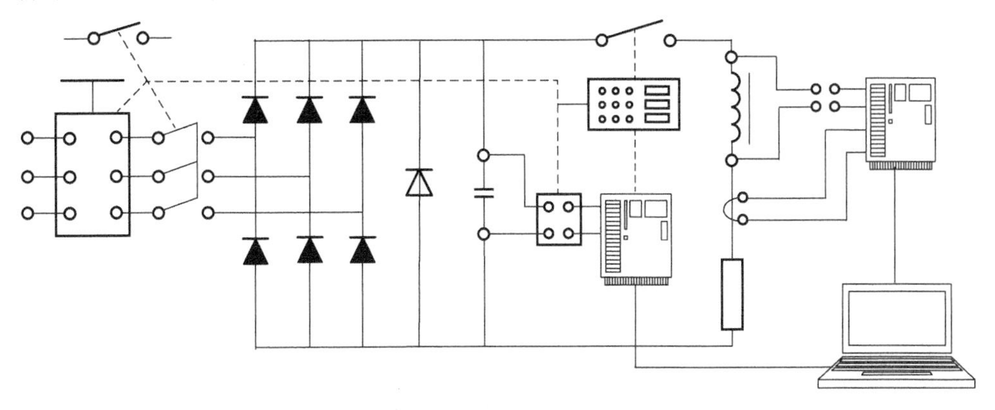

图 13.5　硬件设计原理图

2. 硬件设计实物图

总体硬件结构图如图 13.6 所示。为了美观和方便操作及操作时的安全性，本设计将硬件电路的各个模块整理在一个实验柜子里，本实验平台一共分为三层。在本实验柜里第一层放置的是电压、电流传感器，供电模块及控制模块；第二层放置的是充电回路和放电回路；第三层存放的是数据采集卡 USB-6251。本系统的硬件平台上还有三个表头及两个开关指示灯，三个表头从左至右依次测量的是调

图 13.6　整体硬件结构图

压前电源的电压、充电时电容两端的电压及经变压器输出的电压，通过这三个表头的指示值可以确保供电系统是否正常。红色的指示灯亮用于指示本测试系统还没供电，绿色亮指示灯表示此测试系统已供电。

13.4　测试系统充放电及电感计算的程序设计

13.4.1　程序设计前的准备工作

1. 软件的安装

（1）首先安装 LabWindows/CVI 2012 应用软件，并选择本设计需要安装的库函数的程序包。

（2）安装 NI-DAQmx 驱动程序。在使用 USB-6251 时必须安装此程序，否则将无法识别 USB-6251。当 NI-DAQmx 安装成功时，在电脑桌面右下角会出现一个 NI 监视器的图标。当 USB-6251 与电脑连接时，此监视器会自动识别接入的 USB-6251 设备并启动相应的程序。

（3）将 USB-6251 与电脑连接，并打开安装 NI-DAQmx 时在电脑桌面上生成的 Measurement&Automation 软件，此软件用于检测 USB-6251 设备是否存在，展开设备和接口选项，只有在此目录下发现 USB-6251 设备，才可以编程来驱动数据采集卡，Measurement&Automation 测试图如图 13.7 所示。

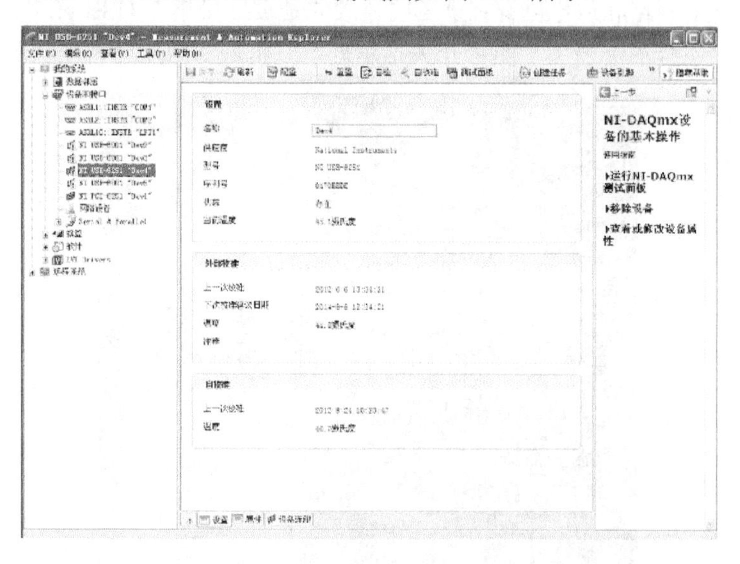

图 13.7　Measurement&Automation 测试图

2. USB-6251 与设备的连线

（1）电容两端的电压传感器 CHV-25P/400 的输出端接入 USB-6251 的 AI0。

（2）高压差分探头 PINTECH N1015A 的输出端接入 USB-6251 的 AI1。

（3）柔性电流探头 DKFLEX DK-3500 的输出端接入 USB-6251 的 AI2。

（4）控制板卡的 17 口（控制充电开关）接入 USB-6251 的数字端口 P0.0。

（5）控制板卡的 2 口（控制放电开关）接入 USB-6251 的数字端口 P0.1。

将数字地与模拟地连接在一起以消除不必要的干扰，至此软件在设计前的准备工作已结束。

13.4.2　程序流程图

打开电源开关，给系统各个部分上电，开始对直流大电感进行测试工作。首先要设定充入电容的电压值，然后通过仪器面板的充电开关控制 USB-6251 的数字端口 P0.0 来控制 24V 继电器的闭合，继而控制交流接触器闭合。交流接触器闭合以后缓慢调节三相调压器给电容充电，当充入电容的电压值大于等于预设定的电压值时，由程序自动发出交流接触器断开的信号，充电完毕，此时旋转三相调压器让其归零，以备下次测试使用。延时 200ms 后，由程序控制 USB-6251 的数字端口 P0.1 发出放电的信号，即放电回路闭合。放电的同时由高压差分电压探头和柔性电流探头采集放电时电感两端的电压和通过的电流，将采集的电压和电流信号通过 USB-6251 的模拟输入端口送入由 LabWindows 编制好的程序进行电感值的计算，并绘制出电压、电流、电感的曲线图。本设计系统的程序流程图如图 13.8 所示。

13.4.3　LabWindows 程序设计

1. 充电程序设计

充电过程中要用到数字端口控制交流接触器的闭合，利用模拟输入端口采集充电时电容两端的电压，因此充电 LabWindows 程序中要创建模拟输入及数字输出通道。

创建模拟输入通道所用到的函数如下：

（1）DAQmxCreateTask();

（2）DAQmxCreateAIVoltageChan();

（3）DAQmxCfgSampClkTiming();

（4）DAQmxStartTask();

（5）DAQmxReadAnalogScalarF64();

（6）DAQmxStopTask ()。

函数 DAQmxCreateTask()用于创建一个模拟输入通道，其对应的配置方式为：DAQmxCreateTask（"采集电容电压", &taskHandle_AI0），其中 taskHandle_AI0 是本次采集的任务名，是本函数的参数变量中必不可少的。

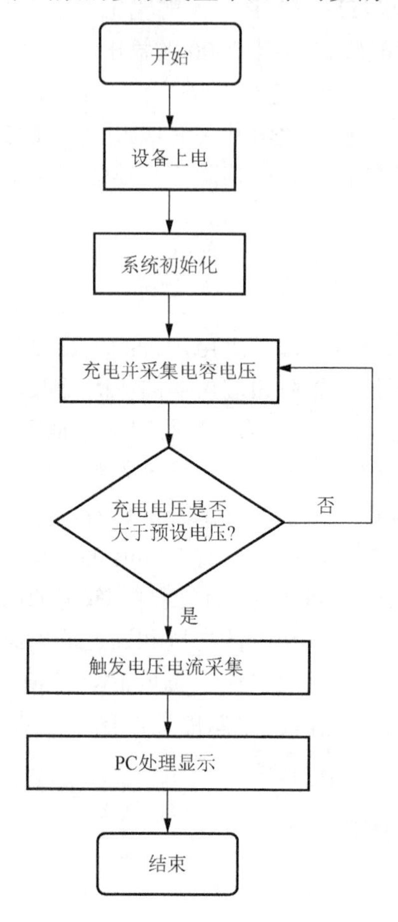

图 13.8 程序流程图

函数 DAQmxCreateAIVoltageChan()用于指定用哪个模拟端口进行数据采集，并配置此端口的采样方式是差分方式还是单端方式及指定输入电压的范围，其函数对应的设置方式为：DAQmxCreateAIVoltageChan（taskHandle_AI0, "Dev4/ai0","", DAQmx_Val_RSE, -10.0, 10.0, DAQmx_Val_Volts, ""）。

函数 DAQmxCfgSampClkTiming()用于配置此采样任务的时钟、采样的方式及每通道的采样点数。函数的配置为：DAQmxCfgSampClkTiming （taskHandle_AI0, "", 100, DAQmx_Val_Rising, DAQmx_Val_ContSamps, 1）。在所有的任务都配置完成以后，需要用函数 DAQmxStartTask()开始任务，任务开始以后需要用函数 DAQmxReadAnalogScalarF64()进行数据的读取工作。函数 DAQmxStopTask （taskHandle_AI2）用于停止任务的采集。至此一个完整的数据采集任务创建完整。

创建数字通道的方式与创建模拟通道的方式基本是一致的，在此不再叙述。

由于本任务中需要实时显示电容两端的电压，还需要一个定时器，定时器的任务是：每隔一段时间读取电容电压，把电容电压送入显示控件显示，并判断此电压是否达到预设电压。

充电模块界面如图 13.9 所示。

图 13.9　充电模块界面

2. 放电程序设计

放电程序中要用到一路数字 I/O 端口与两路模拟输入端口，端口任务的创建与充电程序中任务的创建一样，在此不再叙述。与充电程序所不同的是：对电感两端电压和电流的采集方式为交织采样，放电程序中要用到电感两端电压来触发采集。

在 LabWindows 中当设置一个任务句柄与多个模拟输入通道时，对多个模拟输入通道的采集方式可以设置为交织采样或者非交织采样。所谓交织采样，就是将采样的数值按通道序号进行排序，先将各个通道的第一个采样值排在数组中，然后是各个通道的第二个采样值，直到各个通道的最后一个采样值。不交织采样就是按通道排序，先将第一个通道的各个采样排列在数组中，然后将第二个通道的采样值放到第一个采样数组的后面，直到最后一个通道的采样值。交织采样示意图和非交织采样示意图分别如图 13.10 和图 13.11 所示。

对交织采样和非交织采样设定的函数为：DAQmxReadAnalogF64 (task, 100, 10.0, DAQmx_Val_GroupByScanNumber, VCdata, 200, &num, 0) 。在这个函数中的 DAQmx_Val_GroupByScanNumber 代表交织采样，100 为每通道采集的点数，200

为两个通道共采样的点数。要想读取每个通道的点数需要交替进行读取，读取的相应程序如下。

通道0–采样1
通道1–采样1
通道2–采样1
通道0–采样2
通道1–采样2
通道2–采样2
…
通道1–采样*N*
通道2–采样*N*
通道2–采样*N*

图 13.10　交织采样示意图

图 13.11　非交织采样示意图

```
for(int i=0; i<200; i++)
{
    if( i%2 == 0)
    {
        Voltage[n]=VCdata[i];
        n++;
    }
    else
    {
        Current[m]=VCdata[i];
        m++;
    }
}
```

由于程序中只用到了两个模拟输入通道，程序中 i%2==0 成立，即可知道此数值为第一个通道的数值，如若不成立，便是第二个通道的数值，然后将各个通道的数值赋到已经定义好的数组中，以便下面程序计算电感值。

放电时对电感两端电压和电流进行采集，是通过放电时电感两端的电压触发的采集，触发方式为上升沿，通过可编程端口 APFI0 进行触发，触发函数的设置如下：

DAQmxCfgAnlgEdgeStartTrig (taskHandle, "APFI0", DAQmx_Val_RisingSlope, Triger_vol)。

3. 仪器界面设计

总体仪器界面如图 13.12 所示。充电开关用于通过 USB-6251 的数字端口控制继电器，从而控制交流接触器的通断。由于充电过程中需要缓慢调节三相变压器，充电时间稍长，故用 LED 显示系统是否正在充电。预设电容电压用于设定要充入电容电压的最大值，电容充电指示电压用于实时显示在充电过程中电容两端的电压值，提醒操作者此时电容已经充入的电压。图中两个定时器的作用分别为：充电采集定时用于实时读取电容两端的电压并显示在数值控件上，同时它还用于判断此时充入电容的电压是否大于等于电容电压的预设值，如果大于电容预设的电压值，就要在此定时器中执行相应的操作；放电触发采集定时器用于放电，在此定时器中读取电感两端的电压与电流值并计算电感值。电压波形图和电流波形图用于显示从 USB-6251 直接读取的电压电流的曲线，电感、电压和电流波形图是用于显示变比以后实际的电压和电流曲线，以及经过计算后得到的电感曲线。

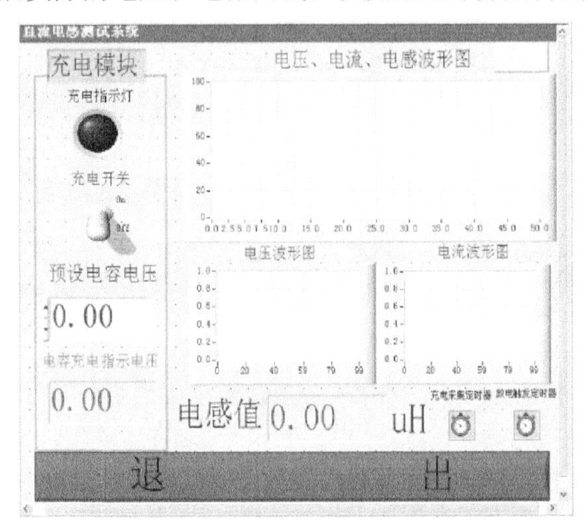

图 13.12　仪器界面

13.4.4　电感值的计算方法

对电感值的计算在本设计中用到了 Levenberg-Marquardt 算法，在此处简称 LM 算法，LM 算法是人们在生活中经常使用的非线性最小二乘法。LM 算法是利用梯度来求其最大值或者最小值的算法，LM 算法不仅具有梯度法的优点，而且还具有牛顿法的优点。当步长值 λ 很小时，LM 算法的步长相当于牛顿法的步长；

当 λ 很大时，其步长又约等于梯度法的步长。LM 算法的应用范围非常广泛，现已应用于经济学、网络分析、管理优化、机械设计、最优设计、电子设计等。

由于 LabWindows 中已经提供了 LM 算法的函数 NonLinearFit()，在此处需要做的工作是根据放电回路列出二阶零输入回路的函数模型。二阶零输入电路原理图如图 13.13 所示。

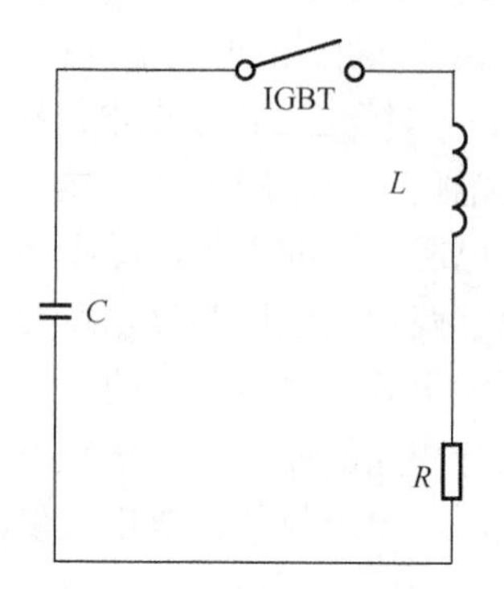

图 13.13　二阶零输入电路原理图

根据电容、电感和电阻的基本公式可得

$$U_C = \frac{1}{C}\int i\mathrm{d}t \tag{13.1}$$

$$U_L = L\frac{\mathrm{d}i}{\mathrm{d}t} \tag{13.2}$$

$$U_R = Ri \tag{13.3}$$

由基尔霍夫电压定律得

$$U_L + U_R - U_C = 0 \tag{13.4}$$

再将式（13.1）～式（13.3）代入基尔霍夫电压式（13.4）并对其求一阶导数得

$$LCi'' + RCi' - i = 0 \tag{13.5}$$

根据二阶零输入电路原理，可得此电路的初始条件为

$$i(0) = 0 \tag{13.6}$$

$$i'(0) = \frac{U_0}{L} \tag{13.7}$$

令 $a=LC$，$b=RC$，解式（13.5）二阶微分方程得

$$g = x_1 = \frac{-b + \sqrt{b^2 - 4a}}{2a} \tag{13.8}$$

$$h = x_2 = \frac{-b - \sqrt{b^2 - 4a}}{2a} \tag{13.9}$$

此时即可得电流的一般解析式为

$$i(t) = a_1 e^{gt} + a_2 e^{ht} \tag{13.10}$$

把初始条件（13.6）和（13.7）代入式（13.10）可得未知参数为

$$a_1 = \frac{ac}{\sqrt{b^2 - 4a}} \tag{13.11}$$

$$a_2 = -\frac{ac}{\sqrt{b^2 - 4a}} \tag{13.12}$$

式中，$c = i'(0)$。再令 $f=a_1$，则可得最终求解的结果为[5-8]

$$i(t) = f(e^{gt} - e^{ht}) \tag{13.13}$$

此处先设定待测电感值为 40μH，加入 5V 的噪声进行仿真，其计算的电感值为 40.016μH，仿真结果如图 13.14 所示。由仿真结果可知 LM 算法计算电感值的误差为 0.04%，由此可见 LM 算法计算的电感值的误差极小。

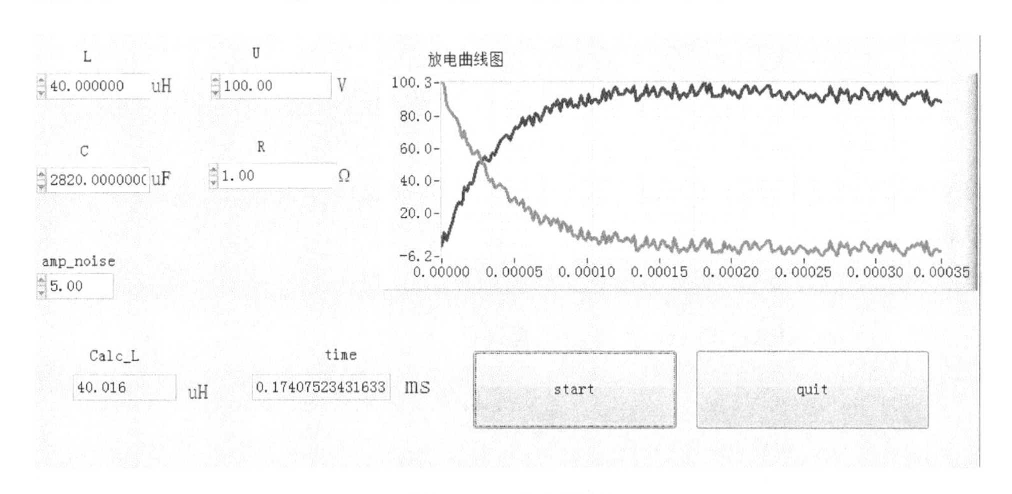

图 13.14　仿真结果

本设计是应用 LM 算法计算待测直流电感的电感值，相对于直流电感测试方法中的同一法[7]，不需要附加已知电感值的电感，而减少电路的复杂程度；相对于微分法，无需担忧采集数据含有特别大的噪声，减少测量中的误差；相对于示波器法，不需要价格昂贵的示波器，从而减少了测试的成本，而且也解决了示波器法在测试过程中自动化程度不高的缺点。在本设计中所采用的 LM 算法只需要柔性电流探头和高压差分探头将采集到的放电回路中电感两端的电流送入 LabWindows 中编制好的程序中，即可计算出待测电感的电感值。

13.5 报表的程序设计

13.5.1 通用报表的设计

目前报表设计一般都是运用办公自动化软件 Word 和 Excel 来实现的。其中用 Word 来实现报表功能最为常用，Word 软件界面友好，不仅汇聚了许多对象的处理工具，还具有非常强大的表格、文字及图片的处理功能以及灵活多变的排版功能和强大的打印功能。如若在一般的测控系统中利用 Word 来实现报表的生成及打印功能，开发人员首先按照用户所需定义好排版的方式，在要写入的图标、文字及数据的位置插入对应的标签，以便程序自动将数据写入预先设定的位置。对 Word 文档中的图标、表格等形式，如果能在 Word 中预先定义好，则可以减少报表实现的程序代码，使编程更加简洁。对于已经生成的报表，根据需求还可以进行修改、保存及打印等工作。通用报表的设计流程如图 13.15 所示。

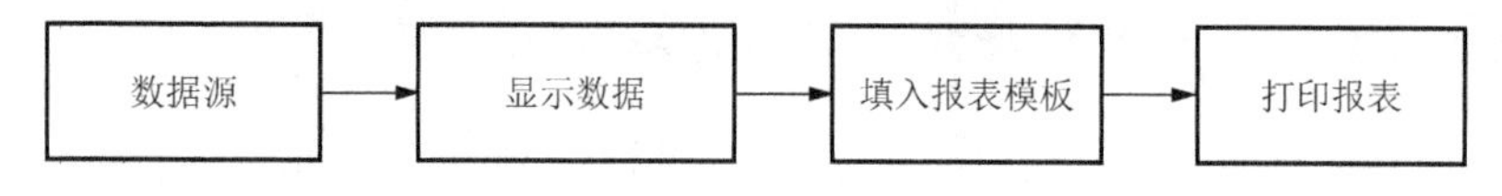

图 13.15 通用报表的设计流程

从图 13.15 中可以清晰地看出一个报表实现的完整流程。要想实现一个报表，首先要有数据源；其次要把数据源填入相应的数据位置，在报表导入相应的数据位置后，可以对其进行修改工作；最后把一个完整的报表打印出来以供相关人员进行查看。

13.5.2 LabWindows 与 Word 接口的实现

LabWindows/CVI 能与 Word 实现数据通信的基础是对 ActiveX 控件的调用，其本质就是在 LabWindows/CVI 开发软件下建立一个数据交换的 ActiveX 服务控件，从而实现 LabWindows 与 Word 的数据交换。如若直接使用 ActiveX 控件的底层驱动函数来实现 LabWindows 与 Word 的数据交换是非常复杂的，基于此本设计是采用 NI 公司已经在底层驱动上编写好的接口函数来实现的。在编程时只需将 wordreport.fp 驱动文件加入用户工程文件下，在函数调用窗口中就可以实现调用相应的库函数，利用已经提供的库函数就可以轻松地实现报表功能。

13.5.3 报表的 LabWindows 程序设计

1. 报表程序设计流程图

首先按照需求建立 Word 文档，添加 Word 文档的页眉及标题，其次向 Word

报表中添加所需的数据内容，最后实现报表的打印功能。根据需要本报表中需要加入的数据有：电感的测试日期，测试时间，测试电压，测试电容，测试电阻，测试人员，测试的电感值，测试文档的保存路径及测试的电压、电流和电感的曲线图。本报表程序流程图如图 13.16 所示。

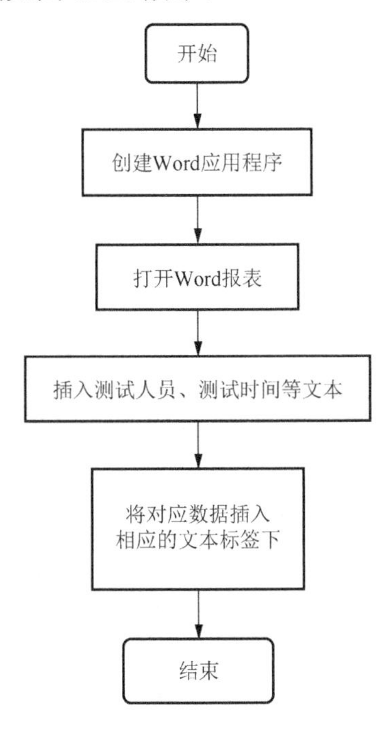

图 13.16　报表程序流程图

2. 报表设计中所用到的函数及其功能

（1）函数 WordRpt_DocumentNew (appHandle, &docHandle)，用于新建一个报表。

（2）函数 WordRpt_SetHeader (docHandle, "", "北方民族大学电信学院", "", WRConst_FieldEmpty, WRConst_FieldEmpty, WRConst_FieldEmpty)，用于设置报表的页眉。

（3）函数 WordRpt_SetTextAttribute (docHandle, WR_ATTR_FONT_SIZE, 18.0)，用于设置报表中字体的格式。

（4）函数 WordRpt_AppendLine (docHandle, "直流电感检测报告")，用于设置报表的标题。

（5）函数 WordRpt_NewLine (docHandle)，用于设置报表的换行。

（6）函数 AddSpace(leftChar,28-strlen(leftChar))，用于设置报表中字的位置。

13.5.4　报表设计的效果

在程序中添加报表功能后，程序的前面只是增加了一个产生报表功能的按钮，添加报表后的仪器面板如图 13.17 所示。

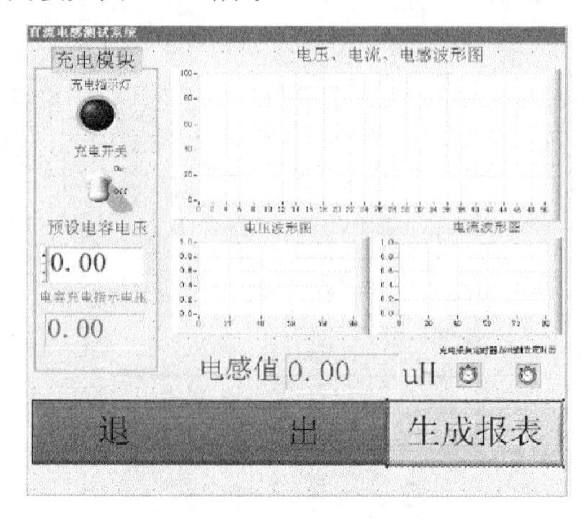

图 13.17　加报表后的仪器面板

运行设计好的报表程序，报表效果图如图 13.18 所示。

北方民族大学电信学院

直流电感检测报告

测量日期：2017 年 05 月 17 日　　测量时间：14 时 18 分 04 秒

测试电压：0V　　测试电容：2820μF

测试电阻：1000mh　　测试人员：×××

测试电感：0μH

报表文件：e:\直流电感测试系统\WordRpt2002#m01040804.doc

电压、电流、电感波形图

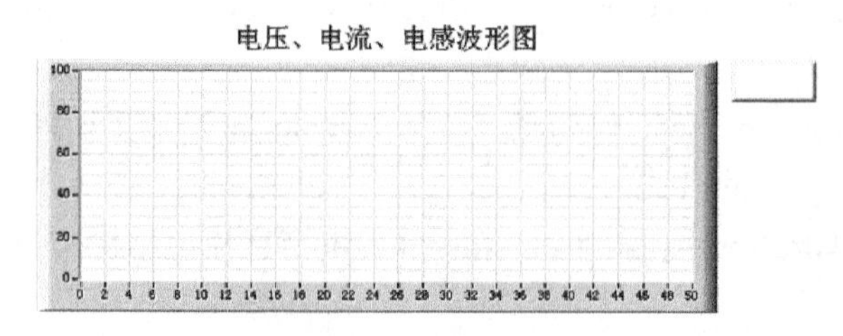

北方民族大学电信学院（公章）

图 13.18　报表效果图

13.6 测试系统的调试及结果

13.6.1 充电回路调试

当充电回路的硬件及程序设计完毕后，要对充电回路进行调试。首先运行程序并打开程序前面板的充电开关，当听到交流接触器闭合的声音时，证明其数字端口 P0.0 已经发出高电平的信号，此时前面板的 LED 指示灯亮；然后手动缓慢旋转三相变压器给电容充电，观察电容充电指示电压显示控件变化的电压值，并用电压表测试实际电容两端的电压值，对比电压表的显示电压值与程序前面显示的电压值是否相同。如果两者的电压值基本相同，证明采集电容两端电压传感器的硬件连接及程序设计是正确的；如果两者电压值相差很大，此时应该检查采集电容两端电压值的硬件电路或者程序是否存在错误。经过排查放电回路最终成功运行，充电回路运行图如图 13.19 所示。

图 13.19 充电回路运行图

13.6.2 放电回路调试

1. 示波器测量放电电压、电流曲线

为了测试放电回路是否能够形成一个导通的回路，首先由 USB-6251 的 P0.1 口发出一个高电平，然后用数字电压表的电阻挡位测试 IGBT 的漏极和源极之间的电阻值，如果电阻值特别小，则漏极和源极已经导通；如果电阻值非常大，则漏极和源极没有导通，此时需要检查电路。当确定放电回路能够导通，也为了测试放电回路硬件连接是否正确，先用示波器测试放电时电压和电流的波形图。示波器的参数设置如下：

（1）高压差分探头接入示波器的 Channel1；

（2）柔性电流探头接入示波器的 Channel2；

（3）示波器 Channel1 的触发电平设置为 400mV；

（4）横轴设置为 50μS/div。

示波器测量放电电压与电流曲线如图 13.20 所示。

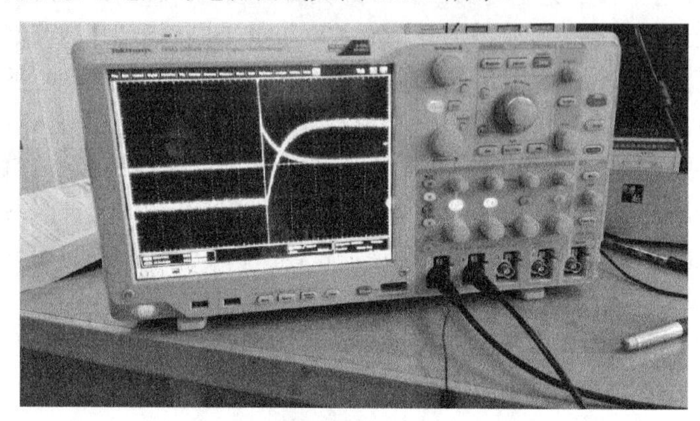

图 13.20　示波器测量放电电压与电流曲线

2. 程序测量放电电压、电流曲线

经示波器测量放电回路电压、电流曲线符合理论的曲线图时，能够证明硬件的连接是正确的，剩下的工作就是进行软件的调试。如若软件所测试的波形图与用示波器测的波形相似时，则证明放电回路软件的设计也无错误，软件测试放电电压与电流曲线如图 13.21 所示。

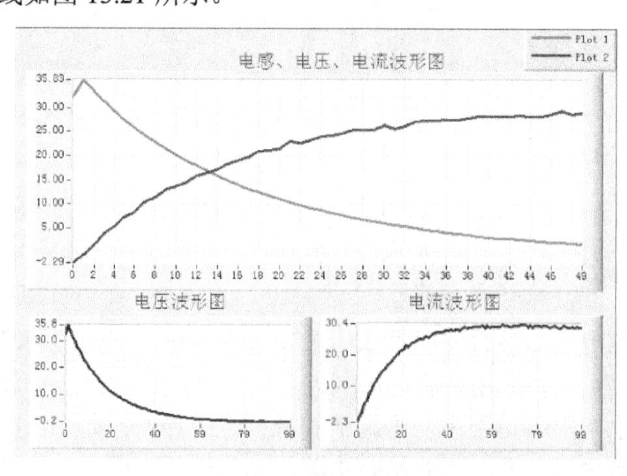

图 13.21　软件测试放电电压与电流曲线

由图 13.21 可知，用 LabWindows 程序测得放电时电感两端的电压、电流曲线与示波器测得曲线图基本上是一致的，从而说明采集卡采集数据及显示等软件设计的正确性。

13.6.3　充放电回路综合测试

经过前面的测试，可知充电回路和放电回路无误，现进行充放电回路的综合测试。电容的预设电压设为 40V，然后手动缓慢旋转变压器给其充电，待充电值达到预设电压时开始放电。总体前面板运行图如图 13.22 所示。

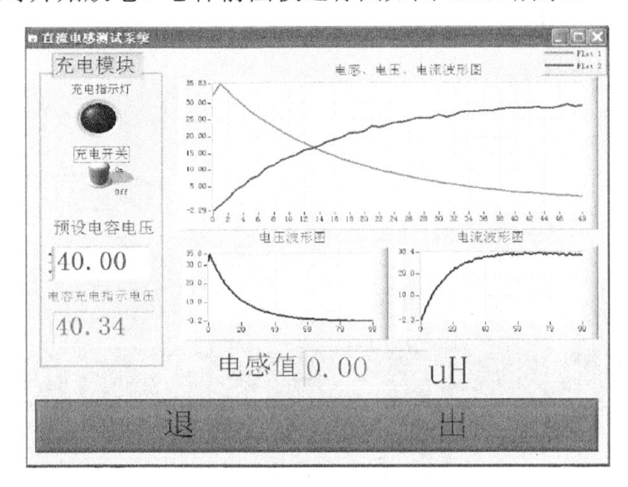

图 13.22　总体前面板运行图

13.6.4　电感值的计算

经过前面的测试，充放电回路能正常运行，现在用公式法和 LM 算法对标准值为 40μH 直流电感进行测试。

1. 公式法计算电感值

将采集到的电压和电流的数值直接用式（13.14）对电感值进行计算，公式法计算电感值如图 13.23 所示。由图可明显看出电感曲线图的波动幅度比较大，且测得电感值的结果误差也比较大。

$$L = U_L \times \frac{\mathrm{d}t}{\mathrm{d}i} \tag{13.14}$$

2. LM 算法计算电感值

用公式法计算电感值的误差比较大，且计算出的电感值的波形波动幅度也比较大，故其不适合测量直流电感的电感值。

现用 LM 算法计算电感值，LM 算法计算电感值只需把放电时测得电感两端电流值送入 NonLinearFit()函数中，直接读取 NonLinearFit()中的系数即可得到电感值，LM 算法计算电感值如图 13.24 所示。由图可知 LM 算法计算的电感值曲线比较平滑，且其误差也比较小，故 LM 算法适合于直流电感值的计算。

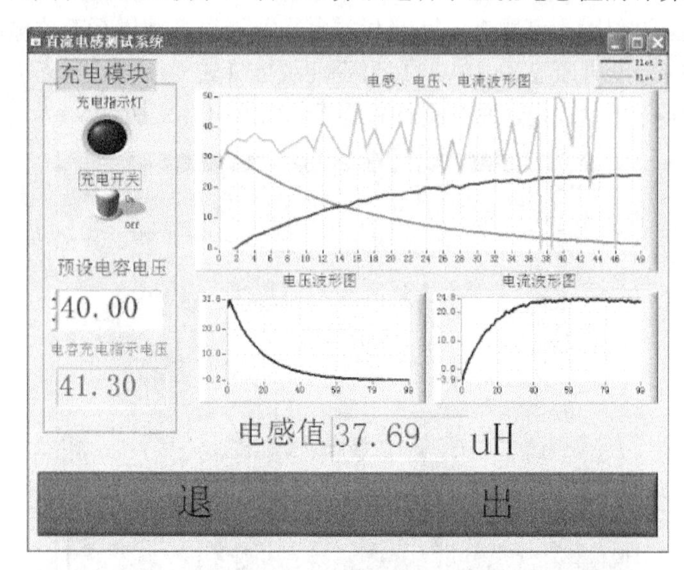

图 13.23　公式法计算电感值

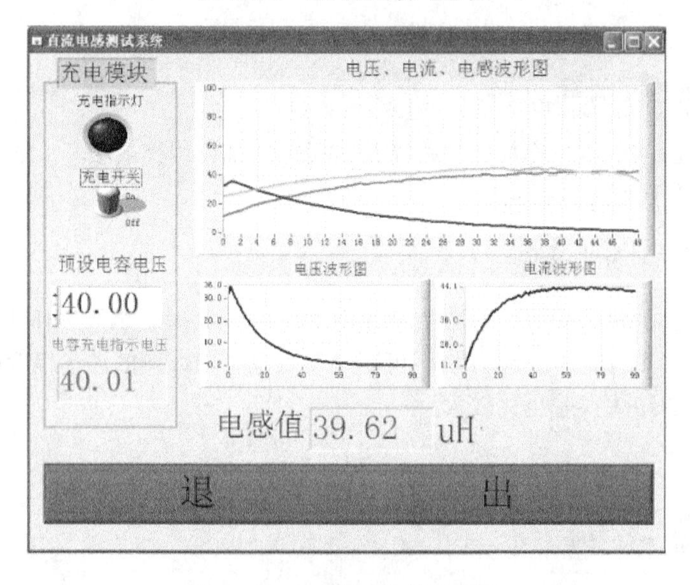

图 13.24　LM 算法计算电感值

13.6.5　测试系统报表的生成

经过上述的测试确定系统各个部分运行正常，现将报表程序加入测试系统中进行测试，加报表仪器面板及直流电感检测报告分别如图 13.25 和图 13.26 所示。经过测试系统各部分运行正常，且电感值的计算误差也达到了要求。

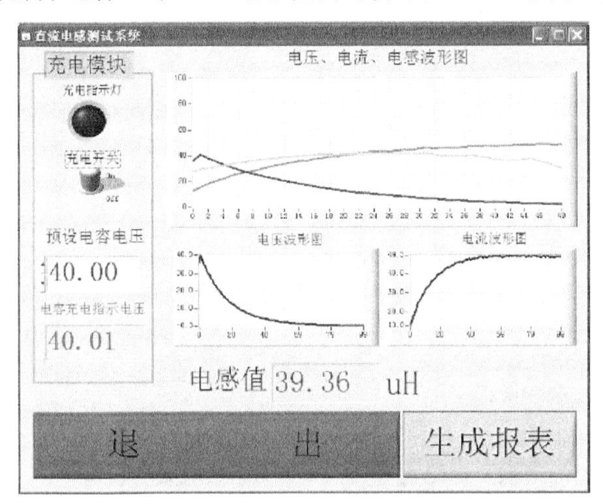

图 13.25　加报表仪器面板

直流电感检测报告

测量日期：2017 年 05 月 18 日　　测量时间：15 时 30 分 56 秒

测试电压：40V　　测试电容：2820μF

测试电阻：1000mh　　测试人员：×××

测试电感：39.36μH

报表文件：e:\直流电感测试系统\WordRpt2002#m01010456.doc

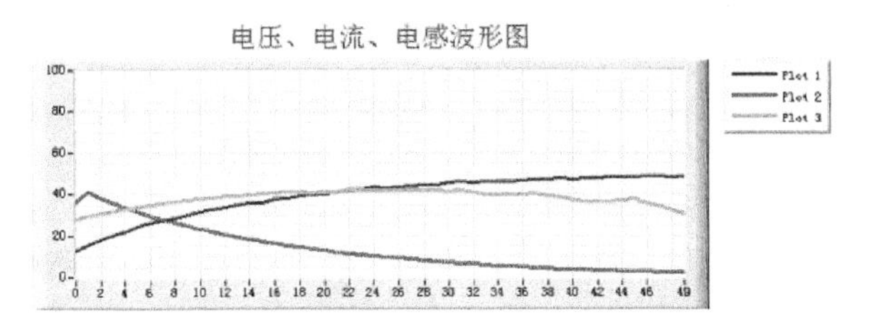

北方民族大学电信学院（公章）

图 13.26　直流电感检测报告

13.7 测试系统源程序

测试系统的完整源程序代码如下：

```
//主程序及头文件
#include <cviauto.h>                    //**********头文件************
#include "wordreport.h"
#include <ansi_c.h>
#include <analysis.h>
#include <utility.h>
#include <cvirte.h>
#include <userint.h>
#include<NIDAQmx.h>
#include "toolbox.h"                  //****************************
#include "电感测试系统.h"
#define DATALEN 200                   //数据长度
void Port_Initial(void);              //端口初始化
double MYfunctionI(double x,double I[],int i); //电流函数模型声明
static int Ploy(double Y[]);
TaskHandle taskHandle_button=0,taskHandle_AI2=0,taskHandle=0;
//任务定义
uInt8 data[8];                                  //定义数据
double Input_vol,I[4];
float64 mean_L=1;
static int panelHandle;
static double value[10];
static CAObjHandleappHandle;                    //报表的应用句柄
static CAObjHandledocHandle;                    //Word文档句柄
static intbool_testrun=1;
static intbool_reportgenerated;
static voidGenerate_WordReport (void);          //报表函数的声明
int AddSpace(char *s,int n);
double L=0.00004,C=0.00282,R=1;//U0=50;
double a,b,c,f,g,h;                             //电流模型参数的定义
int main (int argc, char *argv[])               //主函数
{
    if (InitCVIRTE (0, argv, 0) == 0)
        return -1;  /* 内存不足 */
```

```
    if ((panelHandle = LoadPanel (0, "电感测试系统.uir", PANEL)) < 0)
        return -1;
    CA_InitActiveXThreadStyleForCurrentThread(0,
    COINIT_APARTMENTTHREADED);
    DisplayPanel (panelHandle);              //运行前面板
    SetCtrlAttribute (PANEL, PANEL_caiji_TIMER, ATTR_ENABLED, 0);
    SetCtrlAttribute (PANEL, PANEL_fangdian_TIMER, ATTR_ENABLED, 0);
    Port_Initial();                          //端口初始化
    RunUserInterface ();                     //运行用户接口
    //报表文件的释放
    if (docHandle)
        CA_DiscardObjHandle (docHandle);
    if (appHandle)
        {
            WordRpt_ApplicationQuit (appHandle, 0);
            CA_DiscardObjHandle (appHandle);
        }
    DiscardPanel (panelHandle);
    return 0;
}
//数据输入
int CVICALLBACK Input_button (int panel, int control, int event,
void *callbackData, int eventData1, int eventData2)
{
    int button;
    switch (event)
    {
        case EVENT_COMMIT:
        Port_Initial();
        //得到输入的电压值
        GetCtrlVal (PANEL, PANEL_Input_Voltage, &Input_vol);
        GetCtrlVal (PANEL, PANEL_BINARYSWITCH, &button);
        if(button)
        {
            data[0]=1;
            data[1]=0;
            //写数字信号
            DAQmxWriteDigitalLines (taskHandle_button, 1, 1, 10.0,
            DAQmx_Val_GroupByChannel, data, 0, 0);
```

```
            SetCtrlAttribute (PANEL, PANEL_caiji_TIMER,
            ATTR_ENABLED, 1);
            //充电指示灯亮
            SetCtrlVal (PANEL, PANEL_LED, 1);
        }
        else
        {
            data[0]=0;
            data[1]=0;
            DAQmxWriteDigitalLines (taskHandle_button, 1, 1, 10.0,
            DAQmx_Val_GroupByChannel, data, 0, 0);
            SetCtrlAttribute (PANEL, PANEL_caiji_TIMER,
            ATTR_ENABLED, 0);
            SetCtrlVal (PANEL, PANEL_LED, 0);
        }
        break;
    }
    return 0;
}
//充电采集定时器
int CVICALLBACK caiji_timer (int panel, int control, int event,
void *callbackData, int eventData1, int eventData2)
{
    float64 Voltage;
    float64 Triger_vol;
    switch (event)
    {
        case EVENT_TIMER_TICK:
            //读电容电压
            DAQmxReadAnalogScalarF64 (taskHandle_AI2, 10.0, &Volta
            ge, 0);
            //电压变比
            Voltage=Voltage*83.33333;
            //显示电容电压
            SetCtrlVal (PANEL, PANEL_Voltage_Indicate, Voltage);
            //充电电压是否大于设定电压
            if(Voltage>Input_vol)
            {
                Triger_vol=0.8*Input_vol/100;
```

```
                DAQmxStopTask (taskHandle_AI2);
                DAQmxClearTask (taskHandle_AI2);
                //充电指示灯灭
                SetCtrlVal (PANEL, PANEL_LED, 0);
                SetCtrlAttribute (PANEL, PANEL_caiji_TIMER,
                ATTR_ENABLED,0);
                //放电定时器开
                SetCtrlAttribute (PANEL, PANEL_fangdian_TIMER,
                ATTR_ENABLED, 1);
                //上升沿触发采集
                DAQmxCfgAnlgEdgeStartTrig (taskHandle, "APFI0",
                DAQmx_Val_RisingSlope, Triger_vol);
                DAQmxStartTask (taskHandle);
            }
            break;
    }
    return 0;
}
//放电定时器函数
int CVICALLBACK fangdian_timer (int panel, int control, int event,
void *callbackData, int eventData1, int eventData2)
{
    int n=0,m=0;
    float64 Triger_vol;
    float64 VCdata[200];
    int32 num=100;
    float64 Voltage[100], Current[100], t[40], y[40], l[60];
    int i;
    double I[4],mase,intery;
    double X[100],Z[100];
    switch (event)
    {
        case EVENT_TIMER_TICK:
            //清除原始图形
            ClearStripChart (PANEL, PANEL_STRIPCHART_2);
            ClearStripChart (PANEL, PANEL_STRIPCHART);
            DeleteGraphPlot (PANEL, PANEL_Vol_Cur, -1,
            VAL_IMMEDIATE_DRAW);
            SetCtrlAttribute (PANEL, PANEL_fangdian_TIMER,
```

```
ATTR_ENABLED, 0);
data[0]=0;
data[1]=1;
DAQmxWriteDigitalLines (taskHandle_button, 1, 1, 10.0,
DAQmx_Val_GroupByChannel, data, 0, 0); //打开IGBT
//读电感两端电压和流过的电流
DAQmxReadAnalogF64 (taskHandle, 100, 10.0,
DAQmx_Val_GroupByScanNumber, VCdata, 200, &num, 0);
Delay(0.1);
//交织采集的读取
for(int i=0;i<200;i++)
{
    if(i%2==0)
    {
        Voltage[n]=VCdata[i];
        n++;
    }
    else
    {
        Current[m]=VCdata[i];
        m++;
    }
}

for(i=0;i<100;i++)
{
    X[i]=i*0.000004;
}
//采集数据的变比
LinEv1D (Voltage, 100, 100, 0.0, Voltage);
LinEv1D (Current, 100, 500, 0.0, Current);
I[0]=L;
I[1]=C;
I[2]=R;
I[3]=Voltage[3];
PlotY (PANEL, PANEL_Vol_Cur, Current, 50, VAL_DOUBLE,
VAL_FAT_LINE, VAL_EMPTY_SQUARE, VAL_SOLID, 1,
VAL_DK_YELLOW);
//绘制电压曲线
```

```
            PlotY (PANEL, PANEL_Vol_Cur, Voltage, 50, VAL_DOUBLE,
            VAL_FAT_LINE, VAL_EMPTY_SQUARE, VAL_SOLID,
            1, VAL_RED);
            PlotStripChart (PANEL, PANEL_STRIPCHART, Voltage, 100,
            0, 0, VAL_DOUBLE);
            PlotStripChart (PANEL, PANEL_STRIPCHART_2, Current,
            100, 0, 0, VAL_DOUBLE);
            data[0]=0;
            data[1]=0;
            DAQmxWriteDigitalLines (taskHandle_button, 1, 1, 10.0,
            DAQmx_Val_GroupByChannel, data, 0, 0);
            //读取电感值
            for(i=0;i<50;i++)
            {
                Subset1D (Current,100,i+3,40,y);
                Subset1D (X,100,i+3,40,t);
                NonLinearFit (t, y, Z, 30, MYfunctionI, I, 4, &mase);
                l[i]=I[0]*1000000.0;
            }
            Sum1D (l, 50, &mean_L);
            mean_L=mean_L/50.0;
            //显示电感值
            SetCtrlVal (PANEL, PANEL_NUMERIC,mean_L);
            PlotY (PANEL, PANEL_Vol_Cur, l, 50, VAL_DOUBLE,
            VAL_FAT_LINE, VAL_EMPTY_SQUARE, VAL_SOLID, 1,
            VAL_GREEN);
            break;
    }
    return 0;
}
//退出函数
int CVICALLBACK quit (int panel, int control, int event,
void *callbackData, int eventData1, int eventData2)
{
    switch (event)
    {
        case EVENT_COMMIT:
            if(taskHandle_button)
            {
```

```
                DAQmxClearTask (taskHandle_button);
                DAQmxClearTask (taskHandle);
            }
            QuitUserInterface (0);
            break;
    }
    return 0;
}
//电流函数模型
double MYfunctionI(double x,double I[],int i)
{
    double It;
    a=I[0]*I[1];
    b=I[2]*I[1];
    c=I[3]/I[0];
    f=a*c/sqrt(b*b-4*a);
    g=-(b-sqrt(b*b-4*a))/(2*a);
    h=-(b+sqrt(b*b-4*a))/(2*a);
    It=f*(exp(g*x)-exp(h*x));
    return It;
}
//端口初始化函数
void Port_Initial()
{
        if(taskHandle_button==NULL)
            {
                //创建数字通道
                DAQmxCreateTask ("写开关信号", &taskHandle_button);
                DAQmxCreateDOChan (taskHandle_button,
                "Dev4/port0/line0", "", DAQmx_Val_ChanForAllLine s);
                DAQmxCreateDOChan (taskHandle_button,
                "Dev4/port0/line1", "", DAQmx_Val_ChanForAllLine s);
                //创建模拟通道
                DAQmxCreateTask ("采集电容电压", &taskHandle_AI2);
                DAQmxCreateAIVoltageChan (taskHandle_AI2,
                "Dev4/ai2",  "",  DAQmx_Val_RSE,  -10.0,  10.0,
                DAQmx_Val_Volts, "");
                DAQmxCfgSampClkTiming (taskHandle_AI2, "", 100,
                DAQmx_Val_Rising, DAQmx_Val_ContSamps, 1);
```

```
            DAQmxCreateTask ("放电电压电流", &taskHandle);
            DAQmxCreateAIVoltageChan (taskHandle, "Dev4/ai0",
            "电压", DAQmx_Val_RSE, -10.0, 10.0, DAQmx_Val_Volts,
            "");
            DAQmxCreateAIVoltageChan (taskHandle, "Dev4/ai1",
            "电流", DAQmx_Val_RSE, -10.0, 10.0, DAQmx_Val_Volts,
            "");
            DAQmxCfgSampClkTiming (taskHandle, "", 500000,
            DAQmx_Val_Rising, DAQmx_Val_FiniteSamps, 100);
            DAQmxStartTask (taskHandle_AI2);
            DAQmxStartTask (taskHandle_button);
        }
}
//报表的生成函数
int CVICALLBACK gen (int panel, int control, int event,
void *callbackData, int eventData1, int eventData2)
{
    switch (event)
    {
        case EVENT_COMMIT:
            if (bool_testrun == 0)
                MessagePopup ("Cannot Generate Report", "Please Run
                Tests first.");
            else
            {
                //生成报表
                Generate_WordReport ();
                if (bool_reportgenerated == 0)
                    bool_reportgenerated = 1;
            }
            break;
    }
    return 0;
}
//报表函数
static void Generate_WordReport(void)
{
    charpathName[MAX_PATHNAME_LEN], timeStr[15], fileStr[27]={'\0 '},
charStr[58]={'\0'},   charfileStr[100]={'\0'},   leftChar[30]  ,
rightChar[30], person[]="孔德超", imageFileName[MAX_PATHNAME_LEN];
```

```
int i,volt=Input_vol, cap=2820, resister=1000, inductance=
mean_L, label_color, panel_color;
CAObjHandleimageHandle = 0;
time_t *calendarTime=0;
time_t curTime;
SetWaitCursor (1);
SetInputMode (panelHandle, -1, 0);
if (docHandle)
    {
        CA_DiscardObjHandle (docHandle);
        docHandle = 0;
    }
if (appHandle)
    {
        WordRpt_ApplicationQuit (appHandle, 0);
        CA_DiscardObjHandle (appHandle);
        appHandle = 0;
    }
// Open new Word application and open document
WordRpt_ApplicationNew (VTRUE, &appHandle);
GetProjectDir (pathName);
GetProjectDir(imageFileName);
curTime= time(calendarTime);
strftime(timeStr, sizeof(timeStr), "%Y%m%d%H%M%S",
localtime(&curTime));
//word file
strcat(fileStr, "\\WordRpt");
strcat(fileStr,timeStr);
strcat(fileStr,".doc");
strcat (pathName,fileStr);
//image file
strcat(imageFileName,"\\Image");
strcat(imageFileName,timeStr);
strcat(imageFileName,".bmp");
/********************************/
WordRpt_DocumentNew (appHandle, &docHandle);
// Prepare report
```

```
WordRpt_SetHeader (docHandle, "", "北方民族大学电信学院", "",
WRConst_FieldEmpty, WRConst_FieldEmpty, WRConst_FieldEmpty);
WordRpt_SetTextAttribute (docHandle, WR_ATTR_FONT_SIZE, 18.0);
WordRpt_SetTextAttribute (docHandle, WR_ATTR_FONT_BOLD,
WRConst_TRUE);
WordRpt_SetTextAttribute (docHandle, WR_ATTR_TEXT_ALIGN,
WRConst_AlignCenter);
WordRpt_AppendLine (docHandle, "直流电感检测报告");
WordRpt_NewLine (docHandle);
WordRpt_SetTextAttribute (docHandle, WR_ATTR_TEXT_ALIGN,
WRConst_AlignLeft);
WordRpt_SetTextAttribute (docHandle, WR_ATTR_FONT_BOLD,
WRConst_FALSE);
WordRpt_SetTextAttribute (docHandle, WR_ATTR_FONT_NAME,
"宋体");
WordRpt_SetTextAttribute (docHandle, WR_ATTR_FONT_SIZE, 14.0);
WordRpt_SetTextAttribute (docHandle, WR_ATTR_FONT_BOLD,
WRConst_FALSE);
/****************************************/
strftime(timeStr, sizeof(timeStr), "%Y年%m月%d日",
localtime(&curTime));
sprintf (leftChar, "测量日期：%s", timeStr);
AddSpace(leftChar,28-strlen(leftChar));
strftime(timeStr, sizeof(timeStr), "%H时%M分%S秒",
localtime(&curTime));
sprintf(rightChar,"测量时间：%s",timeStr);
strcat(charStr,leftChar);
strcat(charStr,rightChar);
WordRpt_AppendLine (docHandle, charStr);
/************************/
charStr[0]='\0';
sprintf (leftChar, "测试电压：%dV", volt);
AddSpace(leftChar,30-strlen(leftChar));
sprintf(rightChar,"测试电容：%dμF",cap);
strcat(charStr,leftChar);
strcat(charStr,rightChar);
WordRpt_AppendLine (docHandle, charStr);
/***************************/
```

```
charStr[0]='\0';
sprintf (leftChar, "测试电阻：%dmh", resister);
AddSpace(leftChar,30-strlen(leftChar));
sprintf(rightChar,"测试人员：%s",person);
strcat(charStr,leftChar);
strcat(charStr,rightChar);
WordRpt_AppendLine (docHandle, charStr);
/***************************/
charStr[0]='\0';
sprintf (leftChar, "测试电感：%dμH", inductance);
WordRpt_AppendLine (docHandle, leftChar);
/**********************************/
charfileStr[0]='\0';
sprintf (charfileStr, "报表文件：%s", pathName);
WordRpt_AppendLine (docHandle, charfileStr);
WordRpt_NewLine (docHandle);
/***********************************/
SaveCtrlDisplayToFile (panelHandle, PANEL_Vol_Cur, 1, -1, -1,
imageFileName);
SetCtrlAttribute (panelHandle, PANEL_Vol_Cur,
ATTR_LABEL_BGCOLOR, label_color);
SetPanelAttribute (panelHandle, ATTR_BACKCOLOR, panel_color);
WordRpt_SetTextAttribute (docHandle, WR_ATTR_TEXT_ALIGN,
WRConst_AlignCenter);
WordRpt_InsertImage (docHandle, imageFileName, &imageHandle);
WordRpt_SetTextAttribute (docHandle, WR_ATTR_TEXT_ALIGN,
WRConst_AlignLeft);
WordRpt_NewLine (docHandle);
WordRpt_NewLine (docHandle);
WordRpt_NewLine (docHandle);
WordRpt_NewLine (docHandle);
WordRpt_NewLine (docHandle);
WordRpt_NewLine (docHandle);
WordRpt_NewLine (docHandle);
WordRpt_NewLine (docHandle);
WordRpt_SetTextAttribute (docHandle, WR_ATTR_TEXT_ALIGN,
WRConst_AlignRight);
WordRpt_AppendLine (docHandle, "北方民族大学电信学院（公章）");
CA_DiscardObjHandle (imageHandle);
```

```
    WordRpt_DocumentSaveAs (docHandle, pathName);
    return;
}
/*****************************************************************/
int AddSpace(char *s,int n)
{
    char *space=" ";
    int i,length=strlen(s);
    for(i=0;i<n-1;i++)
    {
        strcat(s,space);
    }
    return 0;
}
```

13.8　硬件连线图

机柜内部图如图 13.27 所示。

图 13.27　机柜内部图

机柜整体图如图 13.28 所示。

图 13.28　机柜整体图

第 14 章 300m 大气温度廓线探测器设计

14.1 引 言

火电厂、机场建设等项目需要获知当地地面至几百米大气垂直温度廓线是否存在逆温层，从而判定是否利于颗粒物排放等环评基本要求。本项目要求探测地面至 300m 大气垂直廓线，探测的高度分辨率为 25m，时间分辨率为 30min。项目要求合理选用 13 个无线温度发送器及接收器，接收器通过串口和 PC 通信及计算探空气球，基于 LabVIEW 平台实现垂直 13 个温度测点的曲线显示及存储。

项目完成的任务如下：

（1）无线温度传感器及气球等合理选用计算工作；

（2）构建无线温度测试硬件系统；

（3）模拟 300m 高空温度场调试工作；

（4）LabVIEW 程序设计。

项目技术指标与要求如下：

（1）温度分辨率为 0.3℃；

（2）前面板可显示温度值及实时波形图；

（3）探测的高度分辨率为 25m；

（4）时间分辨率为 30min。

14.2 项目可行性分析

14.2.1 工程可行性分析

此项目需于建设工程开工前完成，场地一般位于水电不通、人烟稀少的地方，需考虑人员值守与电力供应，应建造面积 15m^2 的彩钢房，方便值守人员昼夜值班、住宿等，购买 3kW 柴油机供电用于照明、计算机供电等，另备一个 1kW 汽油机应急。

高空 300m 每隔 25m 采集一个温度点，可选用充气球方案。一个温度点悬挂一个无线温度传感器，传感器重量小于 200g，地面不计，12 台共计 2.4kg，2mm 呢绒绳每 100m 1kg，300m 共计 3kg，PVC 升空气球自重 4kg，升空器材总共 9.4kg。

设升空气球的半径为 R，可得空气浮力与升空器材总重量平衡的公式为

$$\frac{4}{3}\pi R^{2}\left(\rho_{\mathrm{Air}}-\rho_{\mathrm{He}}\right)=M \tag{14.1}$$

从而可推导出气球的直径 D 为

$$D=2R=2\sqrt[3]{\frac{3M}{4\pi\left(\rho_{\mathrm{Air}}-\rho_{\mathrm{He}}\right)}}=2\sqrt[3]{\frac{3\times 9.4}{4\times 3.14\times(1.29-0.13)}}\approx 2.5\mathrm{m} \tag{14.2}$$

式中，ρ_{Air} 为空气密度（$\mathrm{kg/m^3}$），其值为 1.29；ρ_{He} 为氦气密度（$\mathrm{kg/m^3}$），其值为 0.13；M 为升空器材总质量（kg），其值为 9.4；R 为采购气球的半径（m）；D 为采购气球的直径（m），其值至少为 2.5m 以上，取 3m 最为合适。之所以选用氦气而不是氢气，主要是考虑氦气为惰性气体，远较氢气安全。

另外，氦气的纯度达到 2 个 9 即可，即 99%。

14.2.2　技术可行性分析

本温度采集系统分为两部分，即上位机和下位机。上位机外购，采用市面上通用的无线温度采集器材，将采集到的温度信息通过无线发送给数据接收器，依据项目技术指标要求选用维恩电子科技有限公司的 WD01L39-DW 超低温无线温度计，该型号无线温度计如图 14.1(a)所示，以及 RS232 接口的 WD01L39-232-BZ 无线温度接收器，该型号无线温度接收器如图 14.1（b）所示，无线温度传感器主要技术指标见表 14.1。

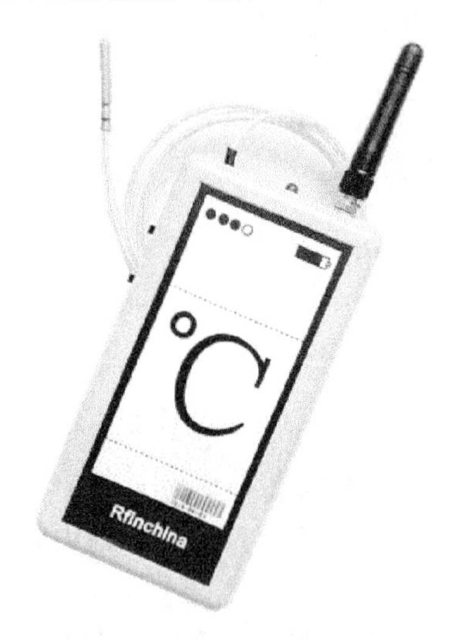

（a）WD01L39-DW 无线温度计

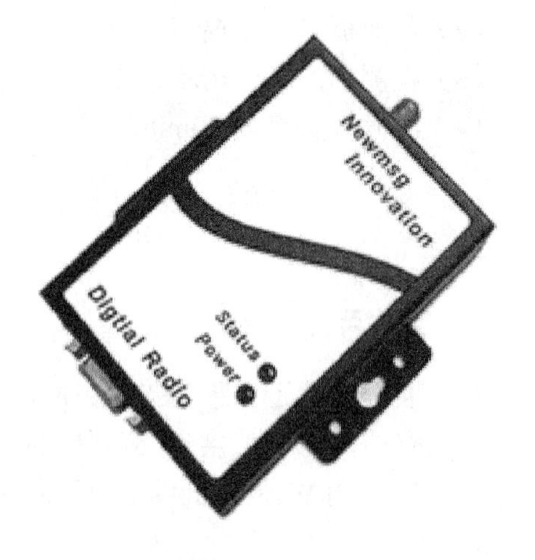

（b）WD01L39-232-BZ 无线温度接收器

图 14.1　无线温度传感器及接收器外形图

表 14.1　无线温度传感器主要技术指标

主要指标	温度传感器
型号	WD01L39-DW
探头	A 级高精度热电阻（进口四线 PT1000）
分辨率	0.1℃
测温范围	-100～100℃
采集周期	30×*N*s（*N* 取 1～255）
工作时间	充电 1 次 1 年以上
质量	<200g

数据接收器将接收的信息按组编码并通过 RS232 串口传送给下位机。下位机采用 LabVIEW 进行编程，通过 PC 串行口与上位机数据接收器通信，将接收到的数据进行解码、存储及温度廓线显示。

图 14.2 所示为系统组成框图。

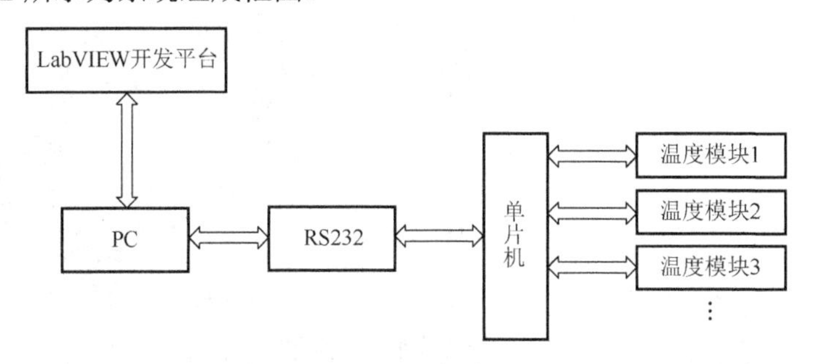

图 14.2　系统组成框图

14.3　读取的字节信息

项目的关键是将外购的 13 点无线数据接收器 WD01L39-232-BZ 的串口数据解码。每个温度测点数据格式一致，如读取的数据为：80　01　05　01　0c　9e　07　ff　ff　ff　ff　ff　ff　ff　ff　ff，数据接收器每个测点数据格式及其意义见表 14.2。

表 14.2　数据接收器每个测点数据格式及其意义

内容	值							
字节	0x80	0x01	0x05	0x01	0x0c	0x9e	0x07	0xff
意义	数据包起始字节	组地址	组成员号	温度值高字节	温度值低字节	信号强度	电量指示	保留

14.4　前　面　板

本虚拟仪器由两个程序构成，一个是温度数据采集虚拟仪器，负责与温度数据接收器通信获取每 3min 的温度原始数据并转化为 Excel 文档保存，温度数据采集前面板如图 14.3 所示，该面板有“启用”及“停止”两个布尔输入控件、一个“读取温度原始数据”字符串显示控件及一个“温度廓线图”XY 图形显示控件；一个是温度报表生成虚拟仪器，负责从每天原始 Excel 文档数据转化为每半小时数据并显示，温度报表生成前面板如图 14.4 所示，该面板只有一个“地面至高空 300 米温度曲线”XY 图形显示控件，其 X 轴标尺名为“时间：[数据采集时间×年×月×日×时×分×秒]”，Y 轴标尺名为“高度（米）”。

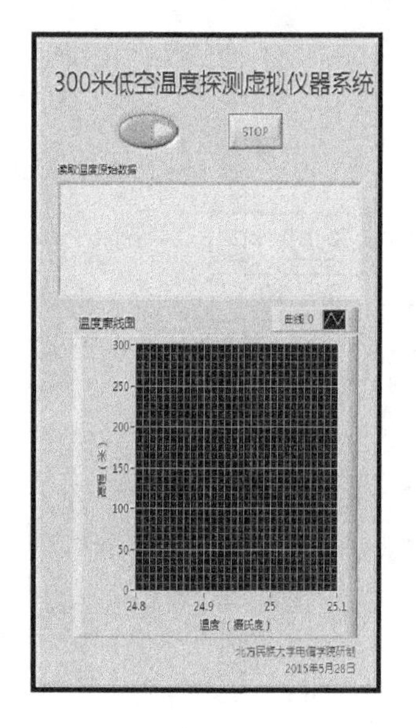

图 14.3　温度数据采集前面板

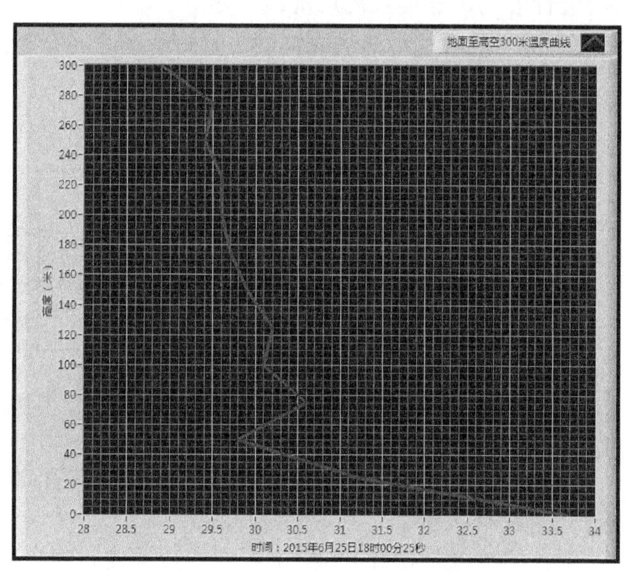

图 14.4　温度报表生成前面板

14.5　虚拟仪器设计

图 14.5 为温度采集虚拟仪器程序框图，下面将介绍各分片 G 代码设计思想及整个虚拟仪器的运行过程。

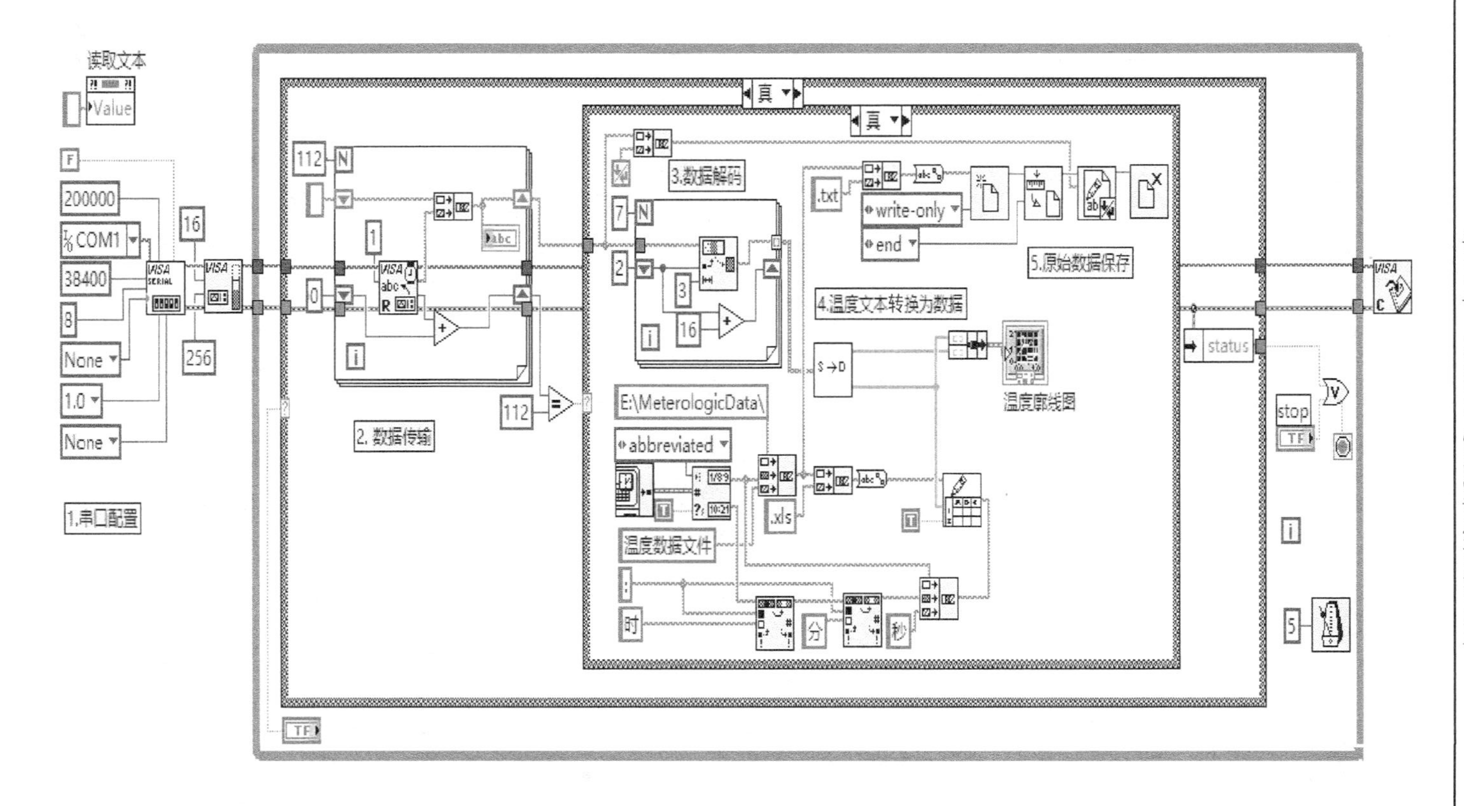

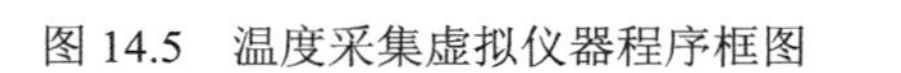
图 14.5　温度采集虚拟仪器程序框图

本程序框图G代码共分5片，分别为：①串口配置；②数据传输；③数据解码；④温度文本转换为数据；⑤原始数据保存，这5片G代码在图14.5程序框图中都给出了注释。

14.5.1 串口配置

项目的关键在于如何从无线数据接收器中通过RS232串口协议传输到PC供LabVIEW处理，这里要用到LabVIEW VISA库。本文涉及的串口通信节点调用路径为：函数面板→仪器I/O→串口→VISA配置串口。

VISA配置串口节点主要用于将串口初始化，使用哪一个多态实例将由连接至VISA资源名称输入端的VISA类决定。主要参数如下。

超时设置：串口与PC连接之后，串口具有通信读写功能，从发送命令直到超过200000ms，则认为这次通信失败，此次数据忽略不计；

数据比特：数据比特是串口通信每次输入数据的位数，默认值为8位；

波特率：波特率是串口数据传输的速率，在此设置为38400；

终止符：终止符通过调用终止读取操作。从串行设备读取终止符后读取操作终止，本例不用；

COM：VISA资源名称，在此是连接PC的COM1口；

奇偶位：奇偶是指每一帧数据所代表的奇偶校验位。此次数据传送设置1个奇偶校验位，默认值为无校验；

停止位：停止位是指定用于表示帧结束的停止位的数量。此处设计1个停止位；

紧随“VISA配置串口”节点之后是“VISA设置I/O缓冲区大小”节点，本节点设置缓冲区大小为256字节，每接收256字节就清空，“屏蔽（16）”端子设置为16，表面缓冲区为接收缓冲区。

14.5.2 数据传输

无线数据接收器发送的其接收到的无线温度传感器节点的数据为一帧数据，大小为16字节，13个传感器节点共13帧，字节数为16×13=208个。

串口将采集的数据以13帧208字节的格式发过来，程序可以利用一个for循环读取数据，for循环内放置一个“VISA读取”节点读取一个字节，并传给“读取文本”字符串显示控件，该字符串控件显示格式为“十六进制显示”，可显示每个传感器节点的原始数据，一行显示16字节，另外循环结束后输出读取的总字节数。

14.5.3　数据解码

原始数据一路传给第 5 片 G 代码“原始数据保存”，另一路传给一个计数总数为 16 的 for 循环进行解码处理，参考 14.4 节读取的字节信息的每个测点数据格式，每个测点 16 个字节，取出其第 2、3、4 字节共 3 个字节数据，其余均为无用数据，for 循环结束后输出全部有用原始数据给第 4 片 G 代码“电子表格数据保存”。

14.5.4　温度文本转换为数据

该片 G 代码有两个功能：一个是测点编号及温度数据组合；另一个是数据传输当前时间及 Excel 文件路径的生成，温度廓线图如图 14.6 所示。

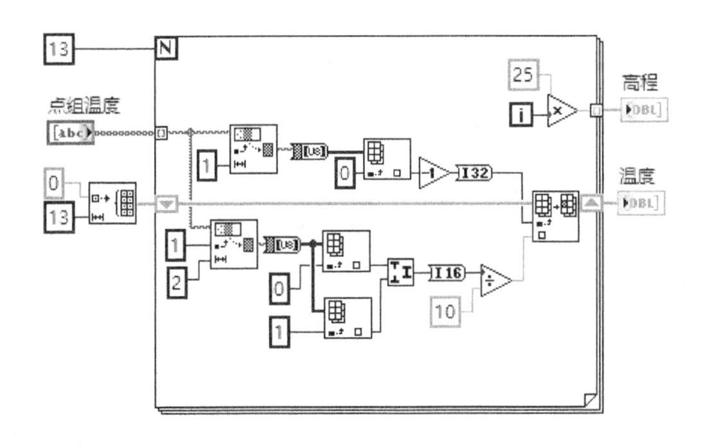

图 14.6　温度廓线图

1. 测点编号及温度数据组合

此功能将存储于 13 个元素、每个元素含 3 个单字节字符的字符串数组的温度取出。上半部分将温度点的编组号（温度传感器测点编号）取出，通过截取字符串节点截取第一个字节，其输出直接转换为数字，因测点设置编号是从 1 开始的，而数组索引的基数是从 0 开始的，所以要用减 1 节点；下半部分通过“截取字符串”节点截取每个测点有用数据（由 3 个字节组成）的最后两个字节，通过“索引数组节点”将高字节与低字节分开并通过“整数拼接”节点将高字节与低字节连接后转化为 16 位整数，除以 10 即温度值。通过“替换数组子集”节点将组数和温度以数组的形式输出。将该处理程序定义为子 VI，程序框图如图 14.6 所示，其图标为图 14.5 中部的▭。

2. 数据传输当前时间及 Excel 文件路径的生成

该片 G 代码位于第 4 片代码的下部。项目以两种数据存储格式保存数据，一种是 Excel 格式，一种是生数据（原始数据）格式，文件存储在同一目录下，根目录为 E:\MeterologicData\，当然该目录使用者可更改。以年、月、日加“温度数据文件”六个字作为文件本名，其加“.xls”扩展名形成文件全名，以读取的年、月、日加时、分、秒与该时段的温度值一起作为文件内容以 Excel 表格的形式写入。

14.5.5　原始数据保存

将 208 字节的原始数据连接一个回车换行符以 TXT 文本格式写入文本文件，该文件本名与 Excel 文件一致，但扩展名为“.txt”。“测点编号及温度数据组合”节点输出由“捆绑函数”节点转换为簇，由 X/Y 图显示温度廓线图。

14.5.6　程序框图总图工作流程

当按下开始采集按钮时，串口程序工作，初始化后，设置缓存区，接收缓存区的大小共有 256 个字节。读取缓存区里的数据，每次只读一个字节，每读完一个字节就从这 256 个字节中取出下一字节。最外的循环为 while 循环，其内左侧为 for 循环，当 WHILE 循环执行一次，则该 for 循环执行 208 次，读取全部测点 13 帧数据共 208 个字节。每次 for 循环先取出一个字节，然后经过一个连接字符串把 208 个字节都连接到一起拼成一个 208 个字节的字符串数组，然后进入条件结构真分支，通过一个连接字符串节点连接回车换行符，每 208 个字符换一行，直接写入文本；其下部经过截取字符串，把所需要的温度显示数据代表的字符串截取下来，每帧数据（代表一个温度测点）16 个字节从第 2 个字节开始，然后每个字符位置加 16 再提取下一个帧数据对应的字符串，总共提取 13 次，组成一个字符串数组（13 个元素，每个元素 3 个字节），然后通过“测点编号及温度数据组合”节点将字符串转化成一个测点温度浮点数和对应的高度的浮点数，再组合成温度、高度簇，以 XY 图实时显示当前 13 个测点的温度廓线图，温度数组及对应时间（×年×月×日×时×分×秒格式）写入温度电子表格，按停止结束循环，退出循环后关闭串口。

14.6　系统连接框图

系统组成示意图如图 14.7 所示。

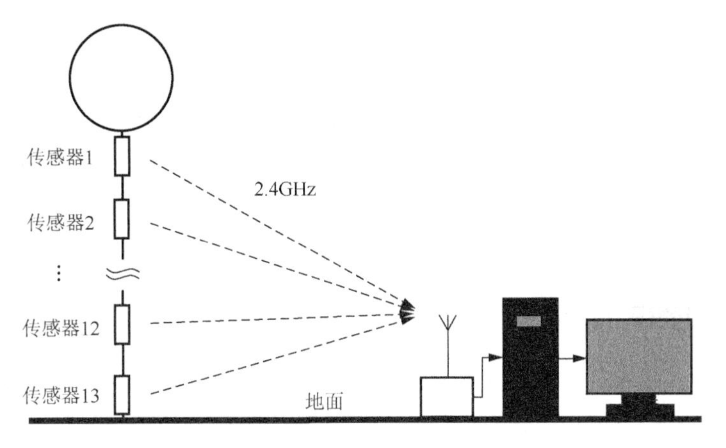

图 14.7　系统组成示意图

设备现场调试如图 14.8 所示。

图 14.8　设备现场调试

第 15 章　基于图像检测的单模光纤自动耦合系统

15.1　引　　言

15.1.1　项目的研究意义

激光雷达（lidar-light detection and ranging）作为一种主动遥感探测工具，近年来得到飞速发展。随着激光器技术、精细分光技术、光电检测技术和计算机控制技术的飞速发展，激光雷达在大气和气象参数的探测高度、空间分辨率、连续监测以及测量精度等方面所具有的独到优势，更是其他探测手段无法比拟的。在一般实际应用的激光雷达系统中，多采用多模光纤与望远镜进行耦合，由于多模光纤具有较大的口径（一般为几百 μm），因此，其与望远镜的耦合效率较高。但在全光纤激光雷达中，由于所用的分光系统主要由光纤器件（例如光纤 Bragg 光栅）来构成，因此，连接分光系统与望远镜之间的光纤就必须使用单模光纤。相比芯径仅有几 μm 的单模光纤而言，全光纤激光雷达系统的最大的光损失发生在望远镜与单模光纤的耦合处，因此，如何提高望远镜与单模光纤之间的耦合效率则成为一个需要重点解决的问题。只有当耦合进单模光纤的光与光纤传输模的模场相匹配时，即只有单模光纤的传输模场分布与耦合进入单模光纤的激光光场分布（幅度和相位）相同时，才可以获得最大的耦合效率（此时仍存在菲涅尔反射等形式的损耗）。

激光卫星通信因受卫星平台振动、轨道扰动、跟踪系统中跟踪探测器噪声以及接收机械噪声等因素的影响，也需考虑单模光纤自动耦合问题。自由空间激光高效耦合进单模光纤内，这是基于自差探测体制的卫星光通信系统的关键技术之一。在星间光通信中，随机角抖动和波前畸变将对单模光纤耦合产生影响，进而影响自差光通信系统的通信性能。同样当耦合进单模光纤的光与光纤传输模的模场相匹配时，亦即自由空间激光经光学天线聚焦后的光场半径与光纤输入模场半径重合时，才可以获得最大的耦合效率。

因此，光纤耦合问题通常出现在半导体激光器到光纤、光纤连接、定向耦合、相干激光雷达，自由空间的光通信中也存在单模光纤与激光束之间的耦合问题。对准直镜的结构参数及接收孔径半径对单模光纤在该孔径折算模场半径比值（a 参数）、艾里斑数量、激光光源腰斑位置等三个参数对耦合系统的影响等研究从理论及软件仿真角度得出了在获得最大耦合效率（约 70%）的前提下这些结构参数之间的经验公式，并得出准直镜主副镜之间可调整距离为 0.2～0.9mm。理论上在腰斑位置为无穷远及艾里斑数量为零时，耦合效率与 a 参数关系曲线是单峰的，取 1.121 左边的值都会对耦合效率产生很大影响，为零时耦合效率为零，但数值计算结果与其不同，而是缓慢减少并在接近零时趋于一个稳态值上。

15.1.2　项目指标

项目指标如下。

（1）单模光纤工作波长：600～780nm；

（2）单模光纤模场直径：3～6μm@632.8nm；

（3）激光源功率的稳定性，要求小于 3%（632.8nm）；

（4）显微物镜放大率：40 倍；

（5）三轴位移台粗调刻度：10μm；

（6）三轴位移台精调刻度：1μm；

（7）显微照相系统最高分辨率：1600×1200；

（8）显微照相系统频帧：8fps@1600×1200；

（9）三轴压电控制器分辨率：20nm（开环）、5nm（闭环）；

（10）三轴压电控制器绝对精度：1.0μm。

15.2　设计方案及可行性分析

15.2.1　理论可行性分析

图 15.1 是利用透镜将空间自由激光耦合到单模光纤的示意图。将空间自由激光单模光纤耦合系统的光学天线简化为一个透镜，f 为其焦距，单模光纤置于后焦平面处，W_0 为其口径。光纤耦合效率被定义为耦合进光纤的光功率与聚焦平面平均功率的比值。入射光在后焦面上形成艾利斑衍射图样，其实质为费涅耳衍射。由于接收孔径平面上的入射光场与光纤端面上的入射光场互为傅里叶变换关系，根据 Parseval 定理，在接收孔径上计算的耦合效率与在后焦平面上计算的耦合效率是一致的，而在平面上计算耦合效率更为简单，因此可以利用后向传播原理，将光纤的光场分布换算到接收孔径平面上进行计算。

可以得到在接收孔径平面 A 上计算的耦合效率公式如下[9]：

$$\eta = \frac{\left\langle \left| \int_A E_{\mathrm{i},A}(\vec{r}) E_{\mathrm{f},A}^{*}(\vec{r}) \mathrm{d}\vec{r} \right|^2 \right\rangle}{\left\langle \int_A \left| E_{\mathrm{i},A}(\vec{r}) \right|^2 \mathrm{d}\vec{r} \right\rangle} \tag{15.1}$$

式中，$E_{\mathrm{i},A}(\vec{r})$是接收孔径平面处的入射光场；$E_{\mathrm{f},A}(\vec{r})$是单模光纤的基模电场后向折算到接收孔径平面处的结果，积分遍及接收孔径平面，*为其共轭量；分子为耦合进光纤的平均光功率，分母为到达接收孔径面处的平均光功率。

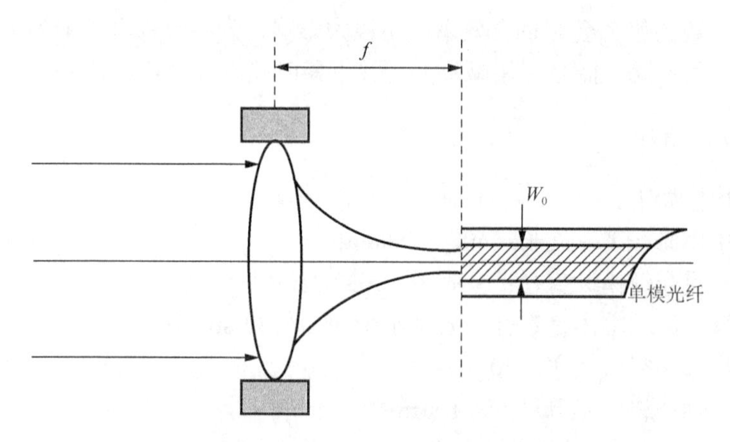

图 15.1　利用透镜将空间自由激光耦合到单模光纤的示意图

在理想平面波入射情形下，理论计算得到耦合效率的最大值为 81.45%，但是由于光纤纤芯直径非常小，光纤细小的位置偏差都会影响到其耦合效率。假定耦合光纤存在一个轴向偏移 Δz，空间光光纤耦合系统中光纤轴向偏移如图 15.2 所示，光波波前将会产生一个附加位相因子 $\exp[-\mathrm{j}\pi\Delta z/(\lambda f^2)]$，假定耦合光纤存在一个轴向偏移 Δr，空间光光纤耦合系统中光纤横向偏移如图 15.3 所示。

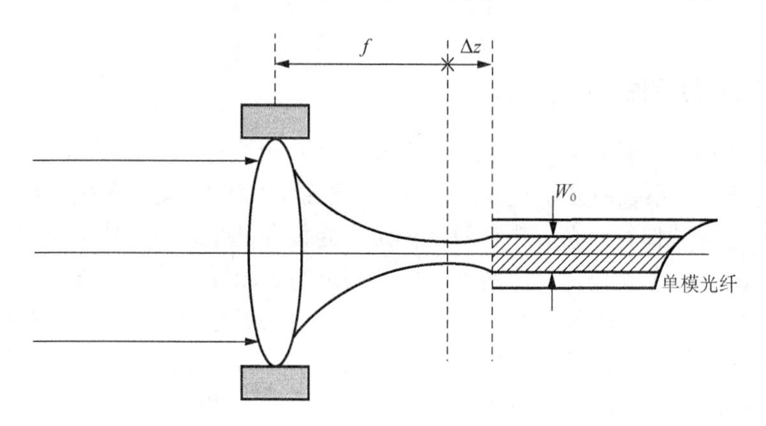

图 15.2　空间光光纤耦合系统中光纤轴向偏移

经过傅里叶变换，耦合效率表达式为[10]

$$\eta_{\Delta z}=8a^2\left|\frac{1}{R^2}\int_0^R \exp\left[-\frac{a^2r^2}{R^2}\left(1-\mathrm{j}\frac{\Delta z\cdot\lambda}{\pi\omega_0^2}\right)\right]r\mathrm{d}r\right| \tag{15.2}$$

式中，R 是接收孔径半径（m）；ω_0 是入射激光腰斑半径（m）；λ 是入射光波波长（m）；Δz 为轴向偏移（m）；$a=\pi R\omega_0/(\lambda f)$是耦合系数；$\eta_{\Delta z}$ 为耦合效率。在 $a\approx1.12$ 的情形下，考虑菲涅耳反射，耦合效率可以近似表示为[10]

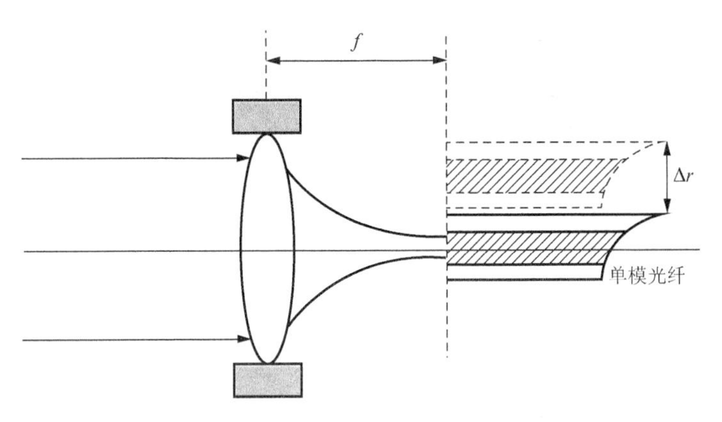

图 15.3　空间光光纤耦合系统中光纤横向偏移

$$\eta_{\Delta z}=0.8145\exp\left(-\frac{\lambda^2}{8\pi^2\omega_0^4}\cdot\Delta z^2\right) \tag{15.3}$$

图 15.4（a）显示了系统耦合效率与光纤轴向偏移的关系曲线，设波长 λ 取 632.8nm，并设单模光纤的半径取 2μm，带正三角形标志的曲线为理论计算显示结果，带圆圈标志的曲线为理论计算显示结果。软件仿真结果显示随着光纤偏移的增加，耦合效率单调减小，约 100μm 即 0.1mm 时，几近为零；理论计算结果显示趋势类似，总体上看更为平缓一些，中心位置即没有轴向偏移时的最大耦合效率为 93.12%，且约 100μm 时还有 5.02%的耦合效率；但从基于图像检测与处理的单模光纤自动耦合系统的初步研究发现工程实际情况并非这样，1～2mm 的轴向偏移还有约 10%的耦合效率，与软件仿真情况符合得稍好一点，这种情况还值得在设计好的平台上做进一步的实验研究[11,12]。

当耦合光纤发生横向偏移时（见图 15.3），光波波前也将产生一个附近位相因子：

$$\exp\left\{2\pi\left[x\cdot\Delta x/(\lambda f)+y\cdot\Delta y/(\lambda f)\right]\right\} \tag{15.4}$$

式中，x，y，Δx，Δy 分别为垂直光轴的两位置坐标及位置偏移，单位均为 m；λ 是入射光波波长（m）；f 是接收光学系统的焦距（m）。

假定光纤端面的横向偏移为 Δr，耦合效率表达式为[10]

$$\eta_{\Delta r}=8a^2\left|\frac{1}{R^2}\int_0^R\exp\left(-a^2\right)\cdot J_0\left(\frac{2r\Delta r}{\omega_0 R}\right)r\mathrm{d}r\right| \tag{15.5}$$

当 $a\approx1.12$ 时，耦合效率可以近似表示为[10]

$$\eta_{\Delta r}\approx0.8145\exp\left[-\left(\frac{\Delta r}{\omega_0}\right)^2\right] \tag{15.6}$$

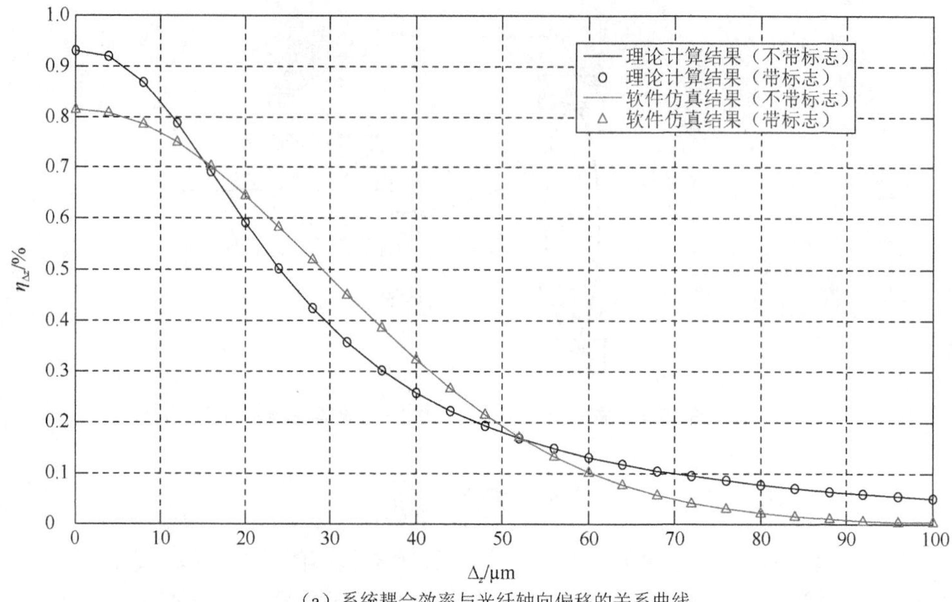

（a）系统耦合效率与光纤轴向偏移的关系曲线

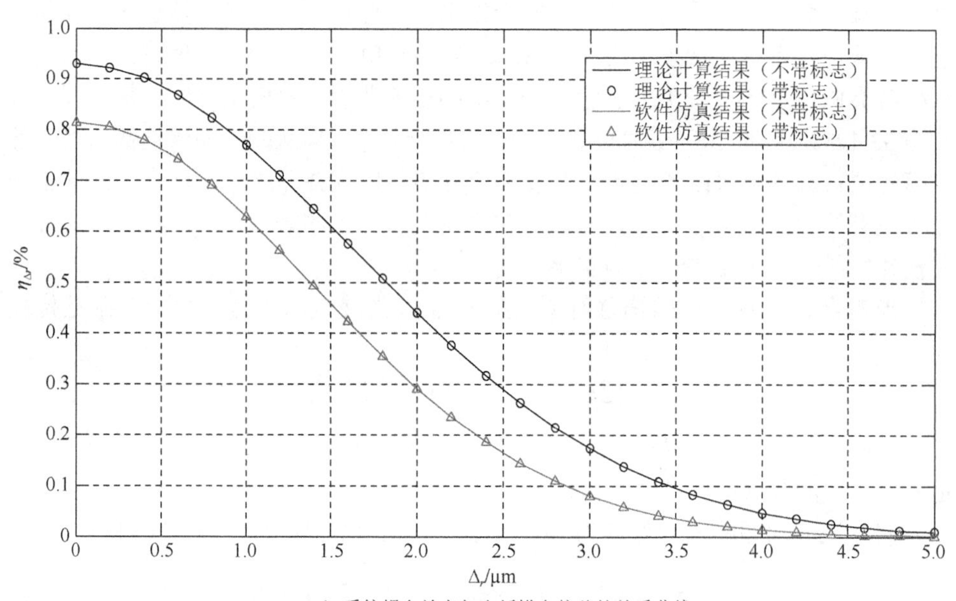

（b）系统耦合效率与光纤横向偏移的关系曲线

图 15.4 空间激光耦合到单模光纤时光纤有偏移的关系曲线

同图 15.4（a）类似，图 15.4（b）表示了理论与 OSLO 软件仿真两种情形下的系统耦合效率与光纤横向偏移的关系曲线。两种情形曲线变化趋势一致，随着光纤横向偏移的增加，系统耦合效率快速下降，横向偏移只有 2μm，耦合效率就减小到不足 30%（仿真）和 44%（理论）[11,12]。但从上述的项目研究工程实际中，却发现偏移能到 10μm（对应耦合效率约为 30%）。

如果单独由以上三种偏移中的某一种来产生耦合效率为 57.59%（即 3dB）的耦合损失，那么横向偏移 Δr=1.2μm，轴向偏移 Δz=25.5μm，端面旋转 $\Delta\varphi$=3.2°。这意味着在三种偏移中，横向偏移对系统耦合效率的影响更大些，在耦合效率实验研究中一般作为重点内容。

从上述情况来看，理论与实际有较大差异，这也为类似的实验装置的研制提供较好的指导，所以很有必要作出轴向与横向偏差与耦合效率的实验特性曲线以校准理论曲线。

15.2.2　实验可行性分析

1. 方案设计

本方案设计是基于自由空间激光单模光纤图像检测和处理的耦合效率自动测试控制系统原理，为简化设计，本设计使用激光器出光经显微镜聚焦来模拟空间激光经大口径望远镜聚焦过程。本项目基于图像检测和处理的单模光纤耦合效率自动测试控制系统的系统构成如图 15.5 所示。

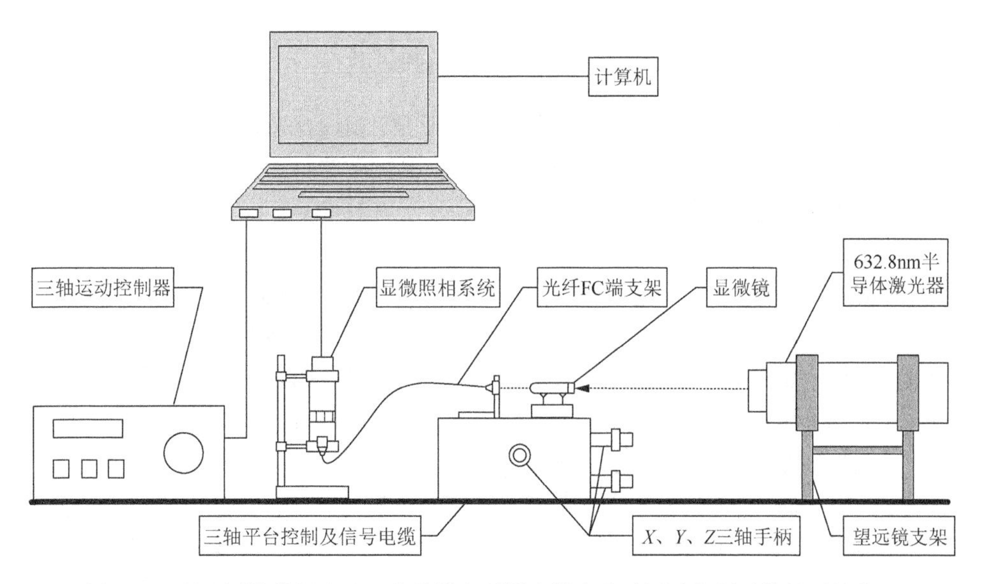

图 15.5　基于图像检测和处理的单模光纤耦合效率自动测试控制系统的系统构成

由 632.8nm 半导体激光器发出连续波激光，进入 40× 显微镜头耦合到单模光纤（SMF），由单模光纤直接送入显微照相系统由 CCD 接收，最后送入计算机系统（PC）进行分析处理。

光学系统在轴向的移动对耦合效率影响较小而忽略该轴，故只考虑横向两空间位置轴的双轴耦合，图 15.6 为三轴装置平台实物图，光轴（轴向）调至耦合效率最大处后不动。

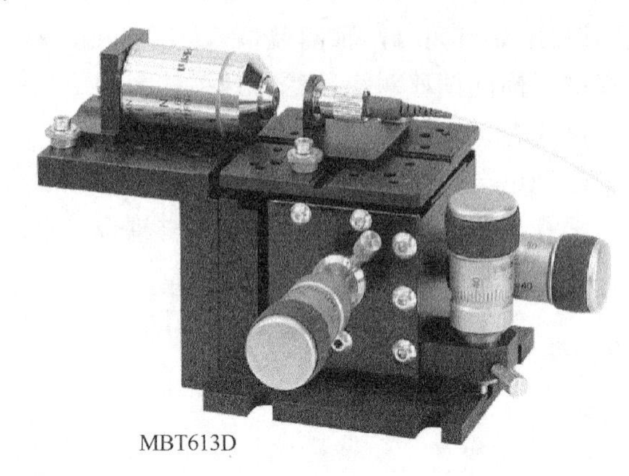

图 15.6　三轴装置平台实物图（带光纤耦合及显微镜）

在此系统中，最大的光损失发生在望远镜与单模光纤的耦合处，因此单模光纤与望远镜之间的耦合系统设计以及如何提高望远镜与单模光纤之间的耦合效率是一个需要重点解决的问题。

2. 基于图像检测与处理的光纤自动耦合系统

光纤耦合自动控制系统的核心部件为非机械扫描压电驱动的三轴装置平台与闭环控制器，三轴装置平台每个轴对应一个压电驱动器，直接耦合到平台底座上可消除串扰，运动平台适合固定光纤、波导、光电器件等，结合带有高速计算、低噪电子器件及 ActiveX®软件技术的闭环控制器可实现亚微米的控制。

实验时位置调整合适可保证在单模光纤入射端面上得到聚焦到不足 1μm 的超细光束耦合进单模光纤，经过单模光纤传输出射后，形成艾里斑，显微照相系统的作用是将该艾里斑像进行扩束放大，在相机焦平面附近得到合适的像，以充满到 CCD 像面的 70%以上为标准，参见图 15.7 中虚线圆即为处于像面中心的理想像，即耦合系统严格对准所成之像。

CCD 将接收到的光斑图像信号送入图像处理模块，图像处理模块对光斑图像进行滤波、分割、灰度值、图像质心计算与边缘检测，得到图像的强度、质心偏移数据及特征图像，强度转化为电控信号送入闭环控制器用于 *X* 位置轴（光轴）手动校正、质心偏移按照单极值圆形化追迹快速搜索控制算法，得到两个电信号对 *Y*、*Z* 两个位置轴（两横轴）进行控制，快速将接收光纤锁定于耦合效率极值位置，从而最终使耦合进单模光纤的光信号达到最强。

图 15.7 为显微照相机所成理想像及其移位后的像的示意图。三副小图中圆心

居于坐标原点 O 处的虚线圆为本耦合系统耦合效率最大时即三轴均没有偏移时的理想像。图 15.7（a）与图 15.7（b）分别给出仅有垂直和水平横轴偏移的理想像，图 15.7（c）给出水平垂直均有偏移的理想像，偏移量可直接从灰度图质心求得。因光轴偏移只对图像的灰度产生影响而对图像形状没有影响，所以未画出。

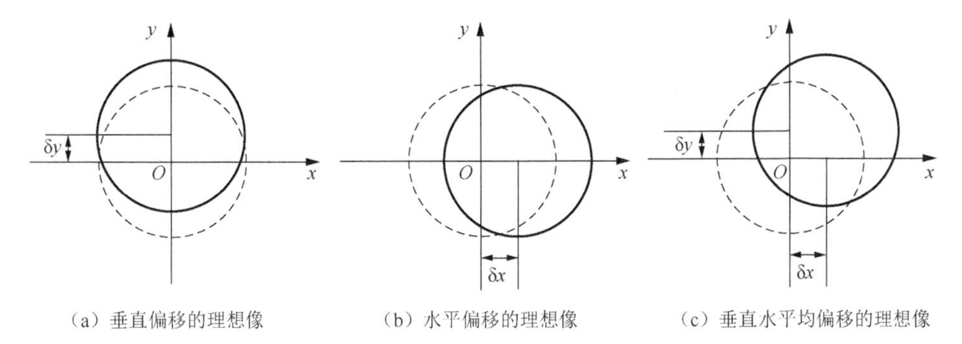

图 15.7　显微照相机所成理想像及其移位后的像

3. 软件解决方案

三轴调节的过程是一个最优控制过程，其控制目标是使得耦合进单模光纤中的光信号强度最大，等价于图像处理模块处理后所得到的图像像素灰度相加后值为最大。优化控制算法为单极值圆形化追迹快速搜索控制算法，其中图像处理子程序 Img 流程图如图 15.8 所示，主控制程序流程图如图 15.9 所示。

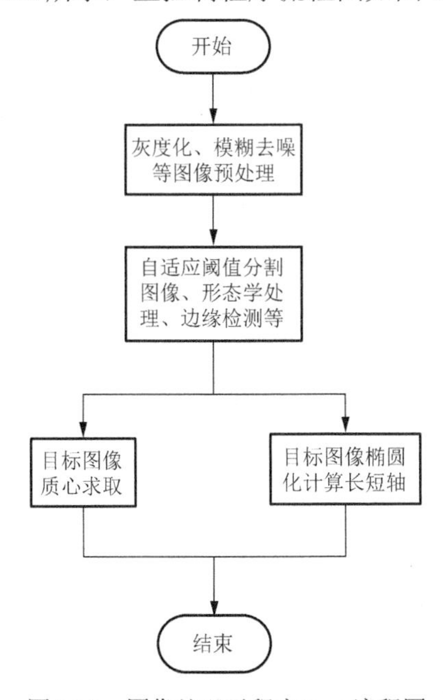

图 15.8　图像处理子程序 Img 流程图

图 15.9 的主控程序流程图分左右两部分，左侧通过单极值快速追踪算法实现耦合系统在轴向（光轴 X 轴）上的实时跟踪控制以达到最大接收光功率；右部则跟踪控制横向两个垂直轴（Y、Z 两轴）保证耦合系统没有横向偏移，所以三轴跟踪控制算法概以论之为单极值圆形化追迹快速搜索控制算法。

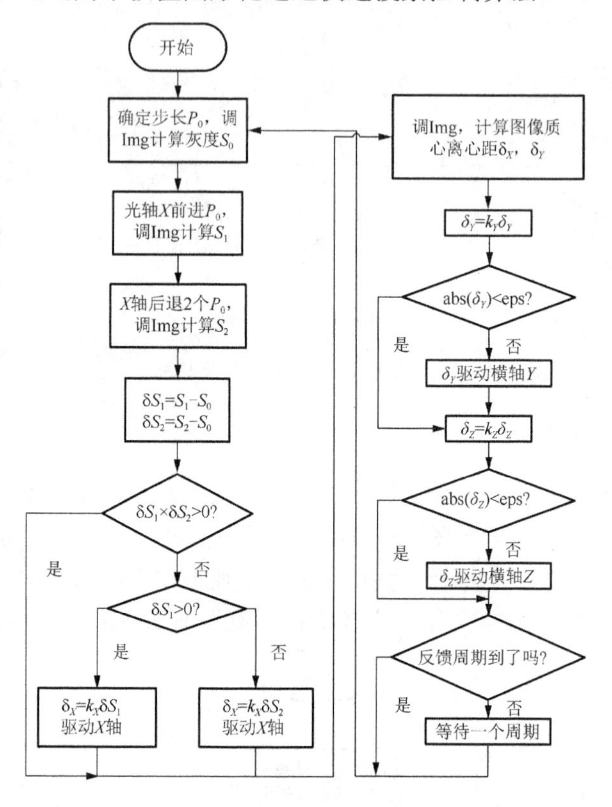

图 15.9　主控制程序流程图

该光学系统结构紧凑、简单易行、性能稳定，成本较低，为提高全光纤激光雷达的耦合效率提供了一种重要的解决方案，具有重要的科学研究和实际应用价值。

15.3　系统各模块简介

15.3.1　单模光纤及激光源

单模光纤采用美国索雷博公司产品，参数如下。

型号：P1-630A-FC-1；

工作波长：633～780nm；

截止波长：500～600nm；

模场直径：3.6～5.3μm@633nm；
包层直径：125μm；
涂层直径：245μm；
数值孔径：0.10～0.14。

激光源主要考虑功率的稳定性，要求小于 3%，采用杭州新势力光电技术有限公司的红光 632.8nm He-Ne 气体激光器，参数如下。

型号：HN2.0P；
波长：632.8nm；
功率：>2.0mW；
功率稳定度：±2.5%；
光斑直径：0.7mm；
发散角：<1.4mrad；
极化度：1000:1；
尺寸：ϕ44×290mm。

15.3.2　40$^{\times}$显微物镜

项目选用奥林巴斯平场半复消色差萤石物镜。由于它具有较大数值孔径(NA)和较高的放大倍率，故非常适合聚焦或准直激光。它能把光聚焦成一个衍射极限点，因此可将单色光或宽带光有效地耦合到波导或光纤中。物镜不仅适用于明场显微镜，而且在暗视野成像中也提供了出色的性能。它设计用作平场消色差透镜时，表明它们具有平坦的视场，且对可见光谱中的四个波长进行了像差校正，非常适合彩色显微照相。主要特性如下：

（1）无限远校正平场消色差设计；
（2）成像或聚焦激光的理想选择；
（3）RMS(0.800"-36)螺纹；
（4）设计用于套管透镜的焦距为 180mm；
（5）45.06 mm 齐焦距离。

相关参数如下。

型号：RMS40X-PF（奥林巴斯）；
放大率：40 倍；
数值孔径：0.75；
工作距离：0.51mm。

15.3.3　三轴 NanoMax 位移台

Thorlabs 的 NanoMax 位移台具有差分调节器，提供 4mm 的粗调行程和 300μm

的微调行程。粗调节器的游标刻度具有 10μm 分度，微调节器的游标刻度具有 1μm 分度。这种分辨率和行程范围使这些位移台非常适用于优化光纤对准或波导定位系统中的耦合效率。这种分度也使得系统内的绝对定位具有明确参考点。主要特点如下：

（1）预配置有 DRV3 差分测微计，以进行手动调节；

（2）可选具有内部闭环或开环压电元件的版本，或不带压电元件的版本；

（3）压电促动器提供 20μm 行程；

（4）模块化设计允许拆卸和更换驱动器；

（5）所有调节器都接到共同接地端，且安装在侧面；

（6）非常适用于专业光纤发射接收系统。

相关参数如下。

粗调行程：4mm；

粗调刻度：10μm；

精调行程：300μm；

精调刻度：1μm。

15.3.4 显微照相系统

项目采用微视工业相机 MV-200UC。

MV-USB II 高分辨率工业数字相机是高性能工业检测专用工业相机，具有高分辨率、高精度、高清晰度、色彩还原好、低噪声等特点。该系列数字相机采用了 USB 2.0 标准接口，可通过外部信号触发采集或连续采集，可应用于文字识别、显微图像、医学图像采集、证件制作、文档电子化、工业测量、工业检测、PCB 检测、半导体及元器件检测等机器人视觉领域。产品主要特点如下：

（1）USB 2.0 输出，无中继数据传输 5m，加中继可达 20m；

（2）计算机可以编程控制曝光时间、亮度、增益等参数；

（3）图像窗口无级缩放，带有外触发输入，带有闪光灯控制输出；

（4）采用计算机 USB 5V 供电或者外接 5V 电源，功耗小，连线方便；

（5）可进行大窗口采集小窗口预览或者小窗口采集大窗口预览；

（6）驱动支持：WDM、VFW、DirectX、OpenCV、LabVIEW 等。

主要性能参数如下。

最高分辨率：1600×1200；

像素尺寸：3.0μm×3.0μm；

光学尺寸：1/3"；

输出颜色：Bayer 彩色；

数据位数：彩色 RGB 各 10 选 8；

频帧：8fps@1600×1200；

清晰度：850 线；

曝光方式：行曝光；

曝光时间：100μs～2s。

15.3.5 150V USB 闭环三轴压电控制器 BPC103

三通道高功率（150V）台式压电控制器 BPC103 用于开环和闭环纳米定位控制。它们设计用来驱动所有 Thorlabs 出售的开环和闭环压电纳米定位促动器和平台。另外，灵活的软件设置使这些单元高度可配置。手动控制位于单元的前面，可以通过数字编码电位调节器来手动调整压电元件的位置。显示易于阅读，可以设置为显示施加的电压或者以 μm 为单位的位置信息。开环或闭环控制和压电归零也可以从前面板选择。

USB 连接提供方便的即插即用的电脑操作。高级自定义运动控制应用和序列还可以通过使用扩展的 ActiveX®编程环境获得。这些 ActiveX 控制可结合多种软件开发环境，包括 LabVIEW、C++和 Matlab。主要特性如下。

（1）可变的输出选择：75V、100V 或 150V；

（2）带高等控制算法的闭环 PID 定位；

（3）高分辨率定位控制适合非常精密的定位应用；

（4）高带宽（10kHz）压电定位；

（5）对 Thorlabs 的压电促动器的自动配置功能；

（6）直观的软件图形控制面板；

（7）丰富的 ActiveX®编程接口。

相关参数如下。

控制电压：0～75（100、150）V；

行程范围：20μm；

分辨率：20 nm（开环）、5nm（闭环）；

双向重复性：200nm（开环）、50nm（闭环）；

绝对精度：1.0μm。

15.4 程序分析

15.4.1 前面板

本系统前面板布局如图 15.10 所示[13]。

前面板左侧放置三轴压电控制器的 Y 通道及 Z 通道的控制显示子面板，两通道面板基本相同，中间放置的为激光斑点图像，右侧放置的为图像显示亮度及镜像控制的控件，Y、Z 两通道扫描控制状态，手动自动控制选择按钮等。前面板各控件属性列于表 15.1。

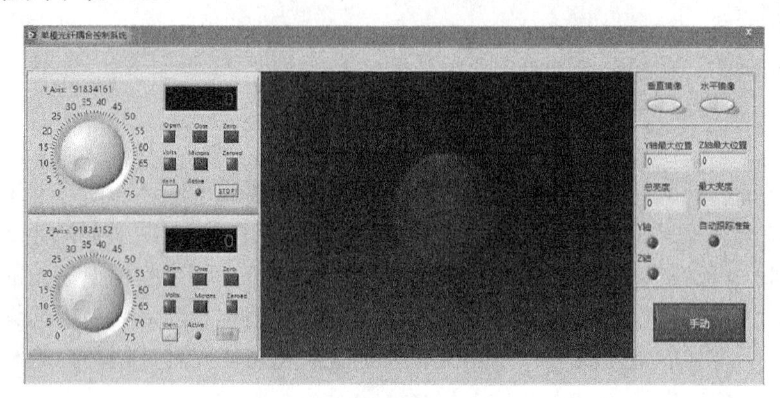

图 15.10 前面板布局

表 15.1 前面板各控件属性

项数	Y 通道				Z 通道			
	名称	标签	方位	作用	名称	标签	方位	作用
1	Output	Output	左上	电压或位置显示或输入	OutputY	OutputY	左下	电压或位置显示或输入
2	fPosition	fPosition	左上	位置显示	fPositionY	fPositionY	左下	位置显示
3	Open	Open	左上	开环状态	Open	OpenY	左下	开环状态
4	Close	Close	左上	闭环状态	Close	CloseY	左下	闭环状态
5	Zero	Zero	左上	置零输入	Zero	ZeroY	左下	置零输入
6	Zeroed	Zeroed	左上	置零时闪烁	Zeroed	ZeroedY	左下	置零时闪烁
7	Ident	Ident	左上	系统确认	Ident	Ident	左下	系统确认
8	Active	Active	左上	系统活动	Active	Active	左下	系统活动

项数	名称	标签	方位	作用
9	STOP	stop	左上	系统停止
10	扫描	scan	左下	扫描开始
11	ImageShot	ImageShot	ImageShot	光斑图像
12	垂直镜像	垂直镜像	右上	光斑垂直镜像
13	水平镜像	水平镜像	右上	光斑水平镜像
14	Y 轴最大位置	Y 轴最大位置	右中	最大亮度时 Y 轴位置
15	Z 轴最大位置	Z 轴最大位置	右中	最大亮度时 Z 轴位置
16	Y 轴	Y 轴	右中	扫描 Y 轴
17	Z 轴	Z 轴	右中	扫描 Z 轴
18	总亮度	总亮度	右中	光斑总亮度
19	最大亮度	最大亮度	右中	光斑最大亮度
20	自动跟踪准备	自动跟踪准备	右中	自动跟踪前准备状态
21	手动/自动	自动？	右下	手动、自动切换

15.4.2 系统初始化

图 15.11 为系统初始化程序[13]。

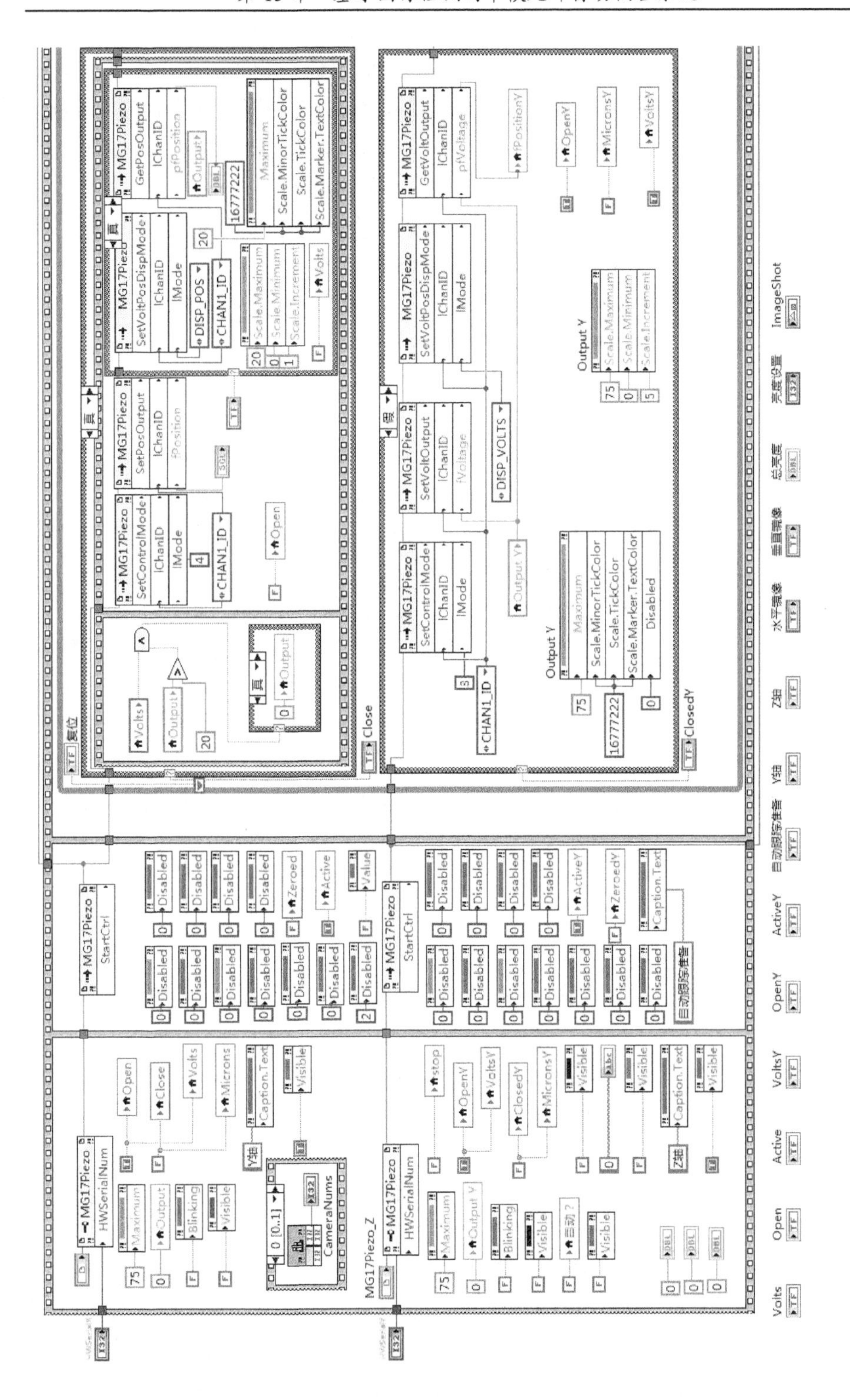

图 15.11　系统初始化程序

第一帧设置前面板各控件初始状态，如两通道都处于开环、电压输入，置零过程不闪烁，旋钮范围设置为电压范围 0～75V，CCD“亮度设置”控件不可见，“Y 轴最大位置”“Z 轴最大位置”“最大亮度”等数值显示控件为 0，三轴压电控制器 BPC103 对应 OCX 控件 MG17Piezo 的 Y、Z 通道获取硬件系列号以及工业数字相机 MV-200UC 的初始化：系统初始化 MV_SystemInit 及激活 CCD 实时图像采集到内存且显示图像 MV_EnableDrawDisplay。

第二帧设置各控件，除“扫描”按钮赋值为 2 处于禁用并变灰状态，其余都赋值为 0 处在正常状态，启动控件 MG17Piezo 的 Y、Z 通道。

15.4.3　YZ 两通道模式控制设置

图 15.11 右侧为 Y 通道（上）及 Z 通道（下）模式控制设置程序。

右侧上显示 Y 通道闭环时的设置情况，第一帧旋钮为电压显示且值大于 20 时将其置为 0，保证位置显示时不至于超过 20μm，第二帧将 Y 通道设置为平滑闭环（值为 4），并将旋钮的值赋给控制器，Microns（μm）为真时设置控制器的位置显示模式为 μm，并取得此时的位置，旋钮对应位移，范围为 0～20nm，为假时设置控制器的位置显示模式为电压，并取得此时的电压，旋钮对应电压，控制范围为 0～75V。

右侧下显示 Z 通道开环时的设置情况，将 Z 通道设置为平滑开环（值为 3），并将旋钮的值赋给控制器，开环时设置控制器的位置显示模式为电压，并取得此时的电压，旋钮对应电压，控制范围为 0~75V。Z 通道状态为开环电压控制，Microns 灯灭。

15.4.4　扫描控制程序

图 15.12 为扫描控制程序[13]。

扫描控制之前，YZ 两通道应保证控件与硬件设备建立“确认关系”，如图 5.12 左上所示。

扫描的逻辑控制位于程序框图的左下，整体分为两帧，第 0 帧实现刚按下“手动”按钮切换为自动工作时设备置 0 的工作，两通道自动扫描前的置 0 的设置如图 15.13 所示。

以 Y 通道为例（参看图 5.13 左上），Y 通道“置零”或切换“手动”按钮为真转为“自动”且“复位”为假时，该通道执行置零工作，旋钮应显示为位置，范围为 0～20μm，状态置为闭环位置控制且已置为零。左下为 Z 通道的设置，类似。右侧为系统进入“自动”后两通道的“Close”，“Open”，“Volts”，“Microns”及“Zero”等按钮不可操作。需注明的是“复位”按钮的作用为：“手动”控件切换时，保留手动控件之前的值，保证第一次进入自动时能将控制器置零。

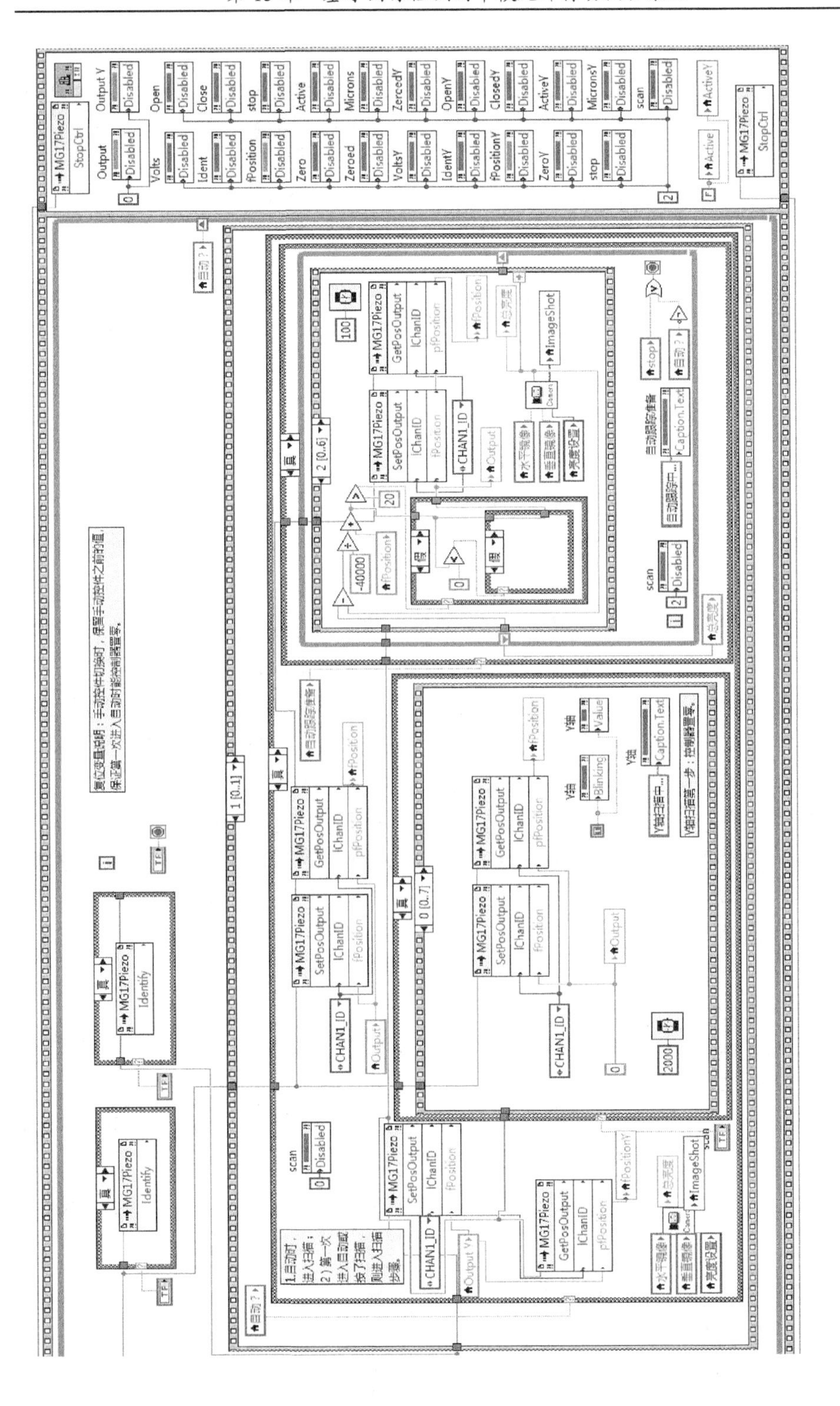

图 15.12　扫描控制程序

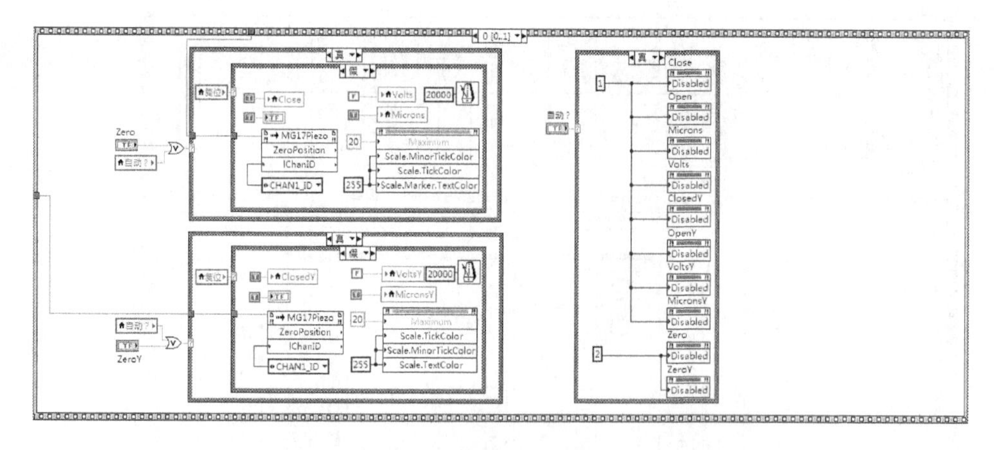

图 15.13　两通道自动扫描前的置 0 的设置

第 1 帧为扫描控制，当“手动”按钮（标签为“自动？”）为“假”时，系统为手动控制，只显示光纤光斑亮度。

当“手动”按钮为“真”时，系统进入自动控制状态，如图 15.12 所示，系统进入控制之前有一个通道设置工作，参看该图真分支中左侧条件结构的上侧（Y 通道）及左侧（Z 通道），Y 通道设置为设置位置输出及取得此时的位置，Z 通道同样，随后根据“扫描”按钮为真的条件而扫描，这里又包含 7 帧，0～3 帧为对 Y 轴的扫描，图 15.12 显示了其中的第 0 帧，进行 Y 轴扫描第一步控制器置零，且状态显示为“Y 轴”闪烁，标签文本为“Y 轴扫描中…”。

第 1 帧如图 15.14 所示，该帧执行一个 for 循环，步长为 0.8μm，共 20μm，该循环结构含有两小帧，第 0 帧如图 15.14（a）所示，该帧为控制器每一步置数之前读取光斑亮度并显示，第 1 小帧如图 15.14（b）所示，该帧为控制器扫描每一步设置 Y 通道位置输出并取位置显示，每一步可取得光斑亮度，取最大光斑亮度值并显示，并将最大位置的序号取出，从而得到“Y 轴最大位置”的值。

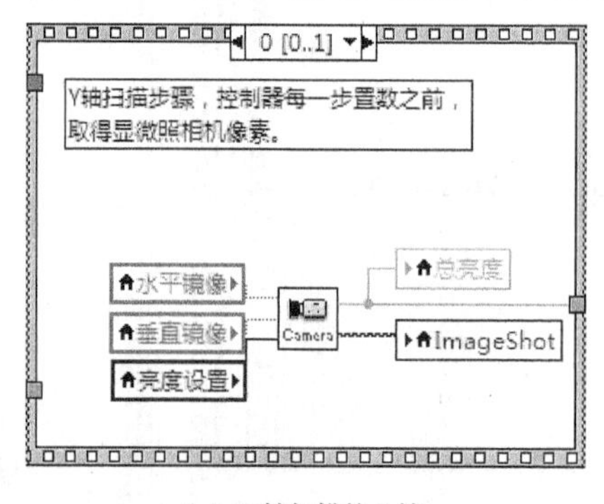

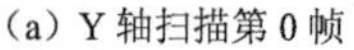
（a）Y 轴扫描第 0 帧

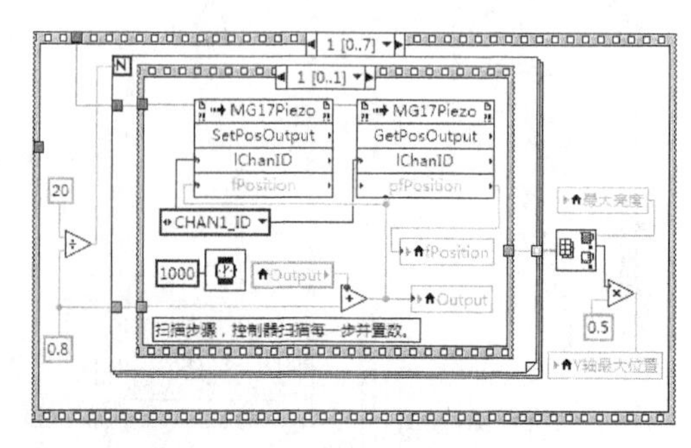

（b）Y 轴扫描第 1 帧

图 15.14　Y 轴扫描第 0、1 帧

Y 轴扫描第 2、3 帧分别如图 15.15 所示。Y 轴扫描第 2 帧，控制器扫描后将 Y 轴最大位置赋给控制器，使控制器位于这个光斑亮度最大的位置，第 3 帧取得此时光斑亮度，同时 Y 轴状态置为灯灭及不闪烁，且“Y 轴”标签文本设置为“Y 轴扫描完毕！”。

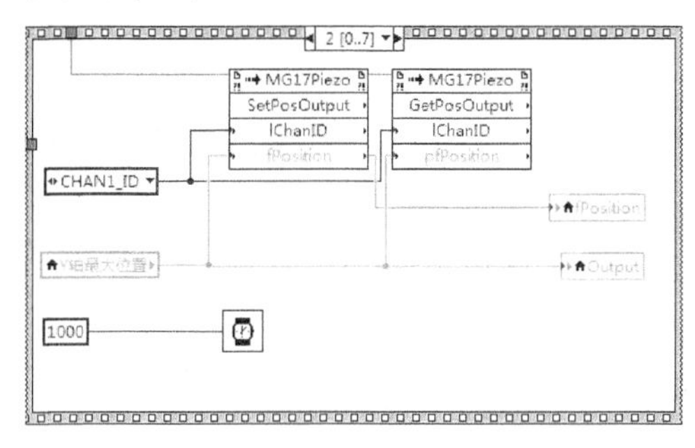

（a）Y 轴扫描第 2 帧

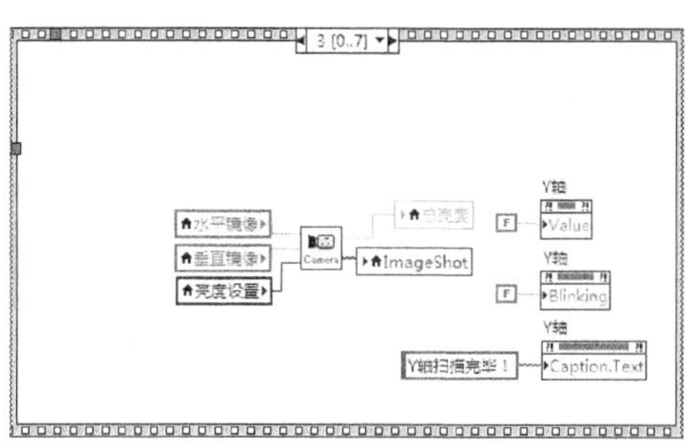

（b）Y 轴扫描第 3 帧

图 15.15　Y 轴扫描第 2、3 帧

4～7 帧为对 Z 轴的扫描，情况与上面类似，扫描之后，Y、Z 两通道的位置上光斑的亮度都最大，从而初步找到亮度最大的位置，同时在第 7 帧将“自动跟踪准备”的值置为真。

15.4.5　亮度最大自动跟踪程序

该程序根据“自动跟踪准备”的值来决定是否自动跟踪最大亮度位置。其值为假时，只是又一次取光斑亮度并显示；为真时，进入自动跟踪程序，真分支为一个 while 循环，其作用针对 YZ 两通道依据亮度最大条件进入比例控制环节。该分支同时设定“扫描”按钮为禁用且变灰，“自动跟踪准备”标签文本改成“自动跟踪中…”，循环退出条件为“STOP”或“自动？”为真。

while 循环共有 7 帧，第 0～2 帧共三帧为 Y 通道的自动跟踪，第 3～5 帧共三帧为 Z 通道的自动跟踪，第 6 帧为整个循环提供控制量：光斑亮度。两通道类似，以 Y 通道为类。

第 0 帧取得 Y 通道的位置。第 1 帧延时 250ms。第 2 帧为比例控制环节，该环节参看图 15.12 下部偏右侧的 while 循环第 2 帧。

该比例控制环节将上次的亮度与本次的亮度相减，除以-4000 后与当前位置相加后如超过 20 则设置为 20，不到 20 则以其值作为本次循环的反馈量送给通道设置位置输出属性的“fPosition”，然后得到位置，调用子 VI GetImageWinDatFromMV_sub 取得“总量度”：光斑亮度以备下次循环使用。

15.4.6 图像处理子 VI

图 15.16 为图像处理子 VI：GetImageWinDatFromMV_sub.vi。该子 VI 有三个输入参数："亮度设置"、"水平镜像" 及 "垂直镜像"，两个输出参数："IValue"（亮度）及 "ImageShot"（BMP 图像）。以下为该子 VI 调用的工业数字相机 MV-200UC 的动态链接库 MVUSBCAM.dll 的三个方法。

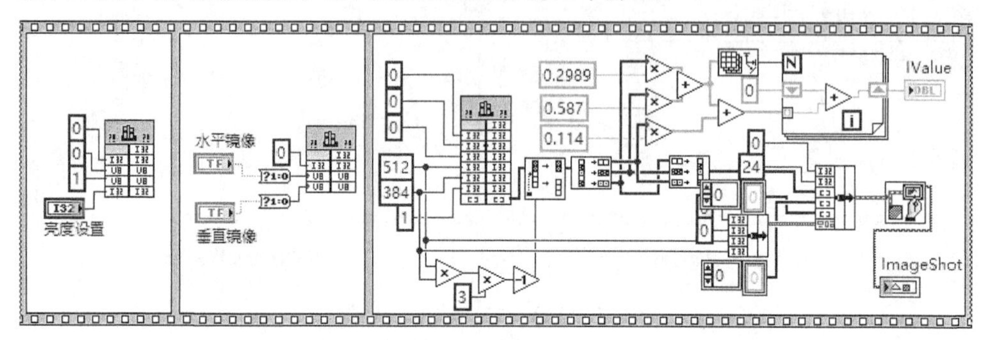

图 15.16 图像处理子 VI

1）MV_SetColorFeature

原型：int MV_SetColorFeature(int CurrentNumber，BOOL Mode, BYTEType, WORD Value);

说明：设置图像属性。

参数：CurrentNumber 为相机的编号（编号从 0 开始计数）; Mode 为 0，Type 为 1 时表示曝光值；Value 为曝光值。

2）MV _SetWindowDirection

原型: int MV_SetWindowDirection(int CurrentNumber, BOOL Horizontal Mirror, BOOL VerticalMirror);

说明：设置图像显示窗口方向。

参数：CurrentNumber，相机的编号（编号从 0 开始计数）; HorizontalMirror 为 True 时，图像为水平镜像，为 False 时，图像为原图; VerticalMirror 为 True 时，图像为垂直镜像，为 False 时，图像为原图。

3）MV_ReadDisplayWindowData

原型：int MV_ReadDisplayWindowData(int CurrentNumber，int Left，int Top，int Width，int Height，int Type，BYTE *lpBuf);

说明：读取窗口内图像数据，函数读取指定窗口内图像数据，存于 lpBuf 中。lpBuf 中第一行数据为图像窗口中最后一行数据，每个像素有 B、G、R 三个颜色值。

参数：CurrentNumber，相机的编号（编号从 0 开始计数）；Left 表示窗口左部坐标；Top 表示窗口顶点坐标；Width 表示窗口宽度；Height 表示窗口高度；Type 为 0 表示读取 BAYER 格式，为 1 表示读取 BGR 格式；lpBuf 存放图像数据缓冲区的指针，图像数据符合 BMP 数据区标准（即按 BGR 排列和垂直镜像放置，行字节被 4 整除）。

本例中参数设置的值分别为：输入参量 CurrentNumber 为 0，Left 为 0，Top 为 0，Width 为 512，Height 为 384，Type 为 1（即 BGR 格式），输出参量为 lpBuf。lpBuf 为数组，大小为 512×384×3，取出 B、G、R 等颜色分量，子 VI 程序框图的上部利用亮度公式 0.2989×B+0.587×G+0.114×R 求出总亮度，下部利用 R、G、B 的次序组合 BMP 图像，其中节点“绘制平化像素图”输入接线端“图像数据”是一个簇数据，构成如下。

图像类型：整型数据，本例设置为 0；

图像深度：指定图像的颜色深度，描述图像中每个像素所需的位数，整型数据，本例为 24；

图像：按光栅顺序描述图像中各像素的颜色，每个像素的颜色用三个字节描述，第一个字节代表红色值，第二个字节代表绿色值，第三个字节代表蓝色值，一维字节数组，本例由 lpBuf 转换而来；

掩码：每位描述了一个像素的掩码信息，第一个字节描述了前八个像素，第二个字节描述了下八个像素，依次类推，如该位为 0，则对应的像素显示为透明；如数组为空，则所有像素为不透明，字节数组，本例为空；

颜色：与图像中的值对应的 RGB 颜色值数组，LabVIEW 通过图像深度的值确定如何解析输入值，颜色中包含 32 位 RGB 值，最高字节为零，然后分别是红色、绿色、蓝色值，有效值为 0～255，本例为空；

矩形：包含绘图区域边界的坐标的簇，绘图区域的下边界和右边界不包含图像的像素，水平坐标向右递增，垂直坐标向下递增，左表示矩形水平坐标的左边界，整型数据，本例为 0；上表示矩形垂直坐标的顶部边界，整型数据，本例为 0；右表示矩形水平坐标的右边界，整型数据，本例为 512；下表示矩形垂直坐标的底部边界，整型数据，本例为 384。

15.4.7　程序结束处理程序

图 15.12 最右侧即第 3 帧为程序结束处理程序。

程序结束时各控件赋值为 2，处于禁用并变灰状态，同时 YZ 两通道同时调用 StopCtrl 方法停止控件，工业数字相机 MV-200UC 调用方法 MV_SystemFree：释放 CCD 设备资源占用，一般在系统结束时调用此函数。

15.5 系 统 总 图

图 15.17 为系统构成总图[13]。

图 15.17 系统构成总图

第 16 章　米散射激光雷达数据采集系统开发

16.1　引　　言

本项目基于 LabVIEW 软件平台，设计并研制了米散射激光雷达数据采集监测系统。首先，项目完成了微弱信号检测、数据采集系统的设计与实现，在研究米散射激光雷达数据反演方法的基础上，利用 Klett 法编制了气溶胶消光系数廓线以及 THI（time height intensity，时间高程强度）图反演程序；其次，项目在实时数据采集时同时保存的事后电子表格数据文件（xls）基础上事后读入实现数据大时段的强度图，并可将某时刻的消光系数廓线图展现出来；最后，项目对研制的米散射激光雷达系统进行了实验验证，并对银川上空大气气溶胶光学特性进行了连续观测，得到了银川上空气溶胶消光系数的时空演化。

通过上述项目实验所得的实验结果表明，该系统很好地实现了数据采集、反演、显示以及气溶胶的监测功能，对于该类激光雷达系统的研发具有一定的参考价值和工程借鉴意义。

16.2　项目主要研究内容

首先，对整个米散射激光雷达监测系统的结构原理以及工作原理进行研究，设计出米散射激光雷达的数据采集及监测系统，米散射激光雷达系统的监测系统结构图如图 16.1 所示。

在该系统中，激光器向大气发射一定频率的激光脉冲，大气中的气溶胶粒子及分子与激光发生相互作用，其产生的后向散射信号被激光雷达的望远镜接收，经多模光纤耦合进入光电倍增管中进行光电转换，转换后的微弱电流信号经电流放大器放大后经过同轴电缆送入数据采集卡中进行 AD 转换，转换后的数据通过 USB 数据线送至工控机中进行后续处理。

另外数据采集和控制软件可以实现对望远镜三维扫描系统 0°～90°俯仰角和 360°旋转角的控制，同时实现对激光器电源开关、脉冲能量、脉冲频率的控制，并完成回波信号的数据采集、消光系数计算、THI 显示，采集数据同时生成二进制及电子数据表格文件供事后处理，米散射激光雷达数据采集及方位控制系统的工作流程图如图 16.2 所示。

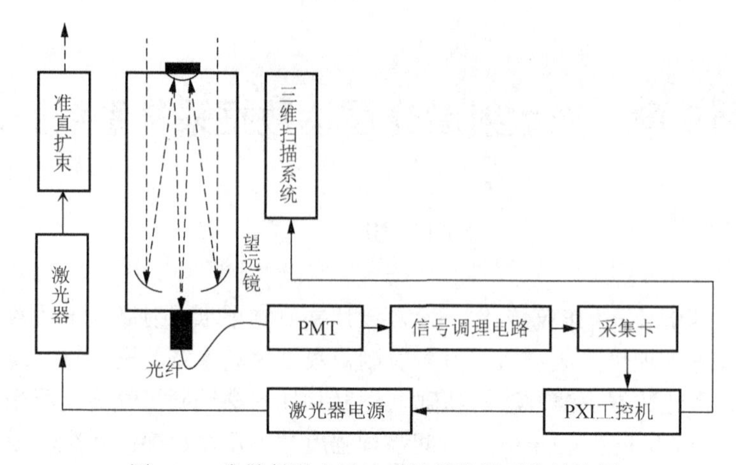

图 16.1　米散射激光雷达系统的监测系统结构图

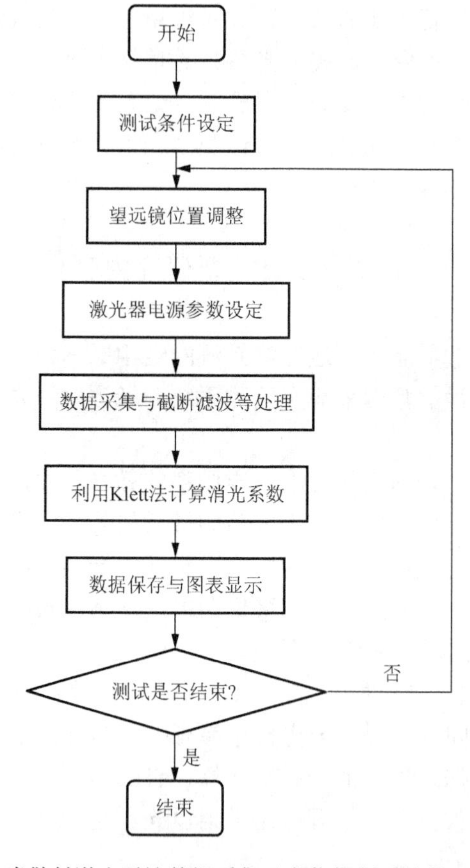

图 16.2　米散射激光雷达数据采集及方位控制系统的工作流程图

16.3　米散射激光雷达数据采集与反演

16.3.1　米散射激光雷达原理

大气激光雷达遥感的原理是激光雷达向大气层发出脉冲激光束，激光与大气中的气溶胶粒子和分子发生散射和吸收作用，由望远镜接收后向散射回波信号后，再进行分光和数据采集、显示等处理。

激光与大气分子发生的瑞利散射以及与气溶胶发生的米散射均属于弹性散射。其中，米散射是大气中直径与激光束波长相当的气溶胶粒子或者直径大于激光波长的气溶胶粒子发生作用而引起的一种散射，其散射截面积较大，后向回波信号较强。

米散射激光雷达是一种用于探测 30km 以下低空大气中的尘埃、云雾等气溶胶粒子的激光雷达。大气中的这种气溶胶粒子对激光的散射机制为米散射，故称为米散射激光雷达。

对于米散射激光雷达系统，其雷达方程如下：

$$P\left(r\right)=KP_0r^{-2}\beta\left(r\right)\exp\left[-2\int_0^r\sigma\left(r\right)\mathrm{d}r\right] \tag{16.1}$$

式中，$P(r)$为激光雷达系统接收到的高度为 r 处的回波信号功率（W）；K 为系统常数，包括发射、接收系统的光学损失，接收系统的有效接收面积等系统常数（$\mathrm{km}^3\cdot\mathrm{sr}$）；$\beta(r)$为后向散射系数($\mathrm{sr}^{-1}\cdot\mathrm{km}^{-1}$)，其由气溶胶和分子后向散射系数组成：

$$\beta(r)=\beta_{\mathrm{a}}(r)+\beta_{\mathrm{m}}(r) \tag{16.2}$$

式中，$\beta_{\mathrm{a}}(r)$和 $\beta_{\mathrm{m}}(r)$分别为气溶胶后向散射系数以及大气分子的后向散射系数，单位均为 $\mathrm{km}^3\cdot\mathrm{sr}$。对于气溶胶强度的变化可用 $r_{\mathrm{s}}=\beta_{\mathrm{a}}(r)/\beta_{\mathrm{m}}(r)$来描述；$\sigma(r)$为距离地面高度 r 处的消光系数（km^{-1}），其由气溶胶和分子消光系数组成：

$$\sigma(r)=\sigma_{\mathrm{a}}(r)+\sigma_{\mathrm{m}}(r) \tag{16.3}$$

式中，$\sigma_{\mathrm{a}}(r)$为气溶胶的消光系数（km^{-1}）；$\sigma_{\mathrm{m}}(r)$为大气分子的消光系数（km^{-1}）。通过反演激光雷达方程式（16.1），能够计算出大气气溶胶消光系数、后向散射系数等参数。

在式（16.1）的反演过程中，由于大气分子的后向散射系数 $\beta_{\mathrm{m}}(r)$和消光系数 $\sigma_{\mathrm{m}}(r)$可以由美国标准大气模型计算得到，因此，存在两个未知参数 $\sigma_{\mathrm{a}}(r)$和 $\beta_{\mathrm{a}}(r)$，一个方程无法求解两个未知数，因此需要对大气状态进行一些假设。Collis 斜率法、Klett 法和 Fernald 法是三种反演大气消光系数和后向散射系数比较常用的方法。

1）Collis 斜率法[14]

一种相对简单的反演激光雷达方程的方法，其使用条件比较苛刻，例如需要

有很强的后向散射，且大气中气溶胶需要均匀分布。令对数回波功率表示为

$$S(r)=\ln[r^2P(r)] \tag{16.4}$$

式中，$r^2P(r)$为探测高度 r 处的激光雷达距离平方校正信号，单位为 $km^2\cdot W$ 根据激光雷达方程，上式可以转换为

$$S-S_0=\ln\beta_a/\beta_{a0}-2\int_0^r\sigma_a dr' \tag{16.5}$$

式中，$S=S(r)$为高度 r 修正后的对数回波功率$[\ln(km^2\cdot W)]$；$S_0=S(r_0)$为高度 r_0 修正后的对数回波功率$[\ln(km^2\cdot W)]$；r_0 为参考高度（km）；β_a 为气溶胶的散射系数（$sr^{-1}\cdot m^{-1}$）；σ_a 为消光系数（km^{-1}）；$\beta_{a0}(r)=\beta_a(r_0)$为高度 r_0 处气溶胶的散射系数（$sr^{-1}\cdot km^{-1}$），上式的微分形式为

$$\frac{dS}{dr}=\frac{1}{\beta}\frac{d\beta}{dr}-2\sigma \tag{16.6}$$

已知比值 σ/β，便可以求解式（16.6）。当在气溶胶处于均匀状态时，气溶胶后向散射系数不再因为探测高度的变化而发生改变，因此，$d\beta/dr=0$ 时，式（16.6）可变为

$$\sigma=-\frac{1}{2}\frac{dS}{dr} \tag{16.7}$$

即气溶胶消光系数结果为激光雷达距离校正后的对数回波曲线斜率的一半，所以该方法称为斜率法。

2）Klett 反演算法[15]

首先，需要假设气溶胶消光系数 σ 与后向散射系数 β 之间的函数关系为

$$\beta=C\sigma^k \tag{16.8}$$

式中，C 为常数（$sr^{-1}\cdot km^{-1}$）；k 亦为常数，其值可由所探测的气溶胶性质以及激光雷达波长所决定，取值范围一般为[0.67, 1.0]，将式（16.8）代入式（16.6），有

$$\frac{dS}{dr}=\frac{k}{\sigma}\frac{d\sigma}{dr}-2\sigma \tag{16.9}$$

式（16.9）为一个非线性微分方程，如同 Bernoulli 或 Riccati 方程一样，可求解得

$$\sigma^{-1}=\exp\left(-\int_r\frac{1}{k}\frac{dS}{dr'}dr'\right)\cdot\left[C-2\int_r\frac{\exp}{k}\left(-\int_{r'}\frac{1}{k}\frac{dS}{dr''}dr''\right)dr'\right] \tag{16.10}$$

假设 k 为常数值，则方程的解可以简化为

$$\sigma(r)=\frac{\exp[(S-S_0)/k]}{\left\{\sigma_0^{-1}-\frac{2}{k}\int_{r_0}^r\exp[(S-S_0)/k]dr'\right\}} \tag{16.11}$$

式中，$S=S(r)$为高度 r 修正后的对数回波功率$[\ln(km^2\cdot W)]$；$S_0=S(r_0)$为高度 r_0 修正后的对数回波功率$[\ln(km^2\cdot W)]$；$\sigma_0=\sigma(r_0)$为高度 r_0 处的消光系数（km^{-1}）；r_0 为探

测区域的起始位置（km）；k 为常数值。

但是，式（16.11）在计算过程中发现，消光系数 $\sigma(r)$ 受 k 值及 σ_0 值的影响较大，得到的解非常不稳定，因此，一个较式（16.11）更为稳定的解为

$$\sigma(r)=\frac{\exp\left[\left(S-S_{\mathrm{m}}\right)/k\right]}{\left\{\sigma_{\mathrm{m}}^{-1}-\frac{2}{k}\int_{r}^{r_{\mathrm{m}}}\exp\left[\left(S-S_{\mathrm{m}}\right)/k\right]\mathrm{d}r'\right\}} \tag{16.12}$$

式中，$\sigma_{\mathrm{m}}=\sigma(r_{\mathrm{m}})$，$S_{\mathrm{m}}=S(r_{\mathrm{m}})$，$r_{\mathrm{m}}$ 为探测区域的最远距离。随着 r 由 r_{m} 逐渐减小，表达式的分子、分母都相应增加，因此，式（16.12）相对于式（16.11）稳定、精确。在实际计算中，常采用式（16.12）对大气回波信号进行气溶胶消光系数反演运算。

3）Fernald 反演算法[16]

在激光雷达方程中，Fernald 反演方法将大气分子和气溶胶分开考虑，故将式（16.1）激光雷达方程重新表示如下：

$$P(r)=\frac{KP_0}{r^2}\left[\beta_{\mathrm{m}}(r)+\beta_{\mathrm{a}}(r)\right]T_{\mathrm{m}}^2(r)T_{\mathrm{a}}^2(r) \tag{16.13}$$

式中，$T_{\mathrm{m}}^2(r)$ 为探测高度 r 处的大气分子透射率；$T_{\mathrm{a}}^2(r)$ 为气溶胶的透射率。$T_{\mathrm{m}}^2(r)$ 和 $T_{\mathrm{a}}^2(r)$ 可以分别表示为

$$T_{\mathrm{m}}^2(r)=\exp\left[-2\frac{8\pi}{3}\int_0^r\beta_{\mathrm{m}}(r)\mathrm{d}r\right] \tag{16.14}$$

$$T_{\mathrm{a}}^2(r)=\exp\left[-2S_1\int_0^r\beta_{\mathrm{a}}(r)\mathrm{d}r\right] \tag{16.15}$$

式中，$S_1=\sigma_{\mathrm{a}}(r)/\beta_{\mathrm{a}}(r)$，为激光雷达比，即气溶胶的消光后向散射比，其取值范围一般在 10sr～100sr 之间，对于背景期对流层和平流层气溶胶而言，其值可以设为 50sr。式（16.14）的 $8\pi/3$ 为大气分子的消光后向散射比。

将上式代入激光雷达方程，求解激光雷达方程，可以得到气溶胶消光系数为

$$\sigma_{\mathrm{a}}(r)=\frac{\dfrac{P(r)r^2T_{\mathrm{a}}(r)^{(3S_1/4\pi)-2}S_1}{KP_0}}{1-\dfrac{2S_1}{K}\displaystyle\int_0^r\frac{P(r)r^2}{P_0}T_{\mathrm{a}}(r)^{(3S_1/4\pi)-2}\mathrm{d}r}-S_1\beta_{\mathrm{m}}(r) \tag{16.16}$$

16.3.2 微弱信号检测系统的设计与实现

对于大气探测激光雷达，激光器发射到大气中的激光与大气中的气溶胶粒子以及大气分子相互作用。由激光雷达方程式（16.1）可以看出，随着探测距离的增大，激光雷达接收到的回波信号功率随距离平方而衰减，最终，望远镜接收到的后向散射光的强度非常微弱。因此，往往需要采用高性能的光电倍增管等器件对回波信号进行光电转换，从而得到电流信号。即便如此，转换后的电流信号仍然非常微弱，因此，需要采用电流放大电路对光电转换之后得到的电信号继续进

行放大处理，转换成电压信号，然后送入数据采集卡中进行 AD 转换。

本项目中，米散射激光雷达系统的微弱信号检测系统的设计分为两个主要部分，分别是微弱信号放大电路、累加平均器。

1. 回波信号放大电路

信号放大电路主要包括两部分，分别是光电倍增管分压电路和 I/V 转换放大电路。激光雷达的望远镜接收到非常微弱的回波光信号，光信号需要转换为电信号并进行放大，以方便用数据采集卡进行采集。由于回波光信号非常弱，在用光电倍增管对光信号进行转换时，需要通过几十伏到一百多伏的外部电压对其每一个倍增级进行倍增放大。因此，在光电倍增管工作时，需对光电倍增管施加-1100～-600V 的高压信号，从而得到比较理想的光电转换。当光信号到达光电倍增管时，光电倍增管可以对接收到的光子进行多次放大，本实验装置采用九级放大，其主要工作原理为到达光电阴极的电子受到光子的激发，电子又发生更多的碰撞而接着激发出更多电子，即所谓的二级激发。最后在光电倍增管形成阳极光电流，接着光电流经过光电倍增管的阳极引出。此时的信号相对采集卡而言仍然非常弱，所以需通过放大电路将电流信号进一步放大并转换成电压信号，以达到数据采集卡正常工作所需要的电压范围，I/V 信号放大电路如图 16.3 所示。

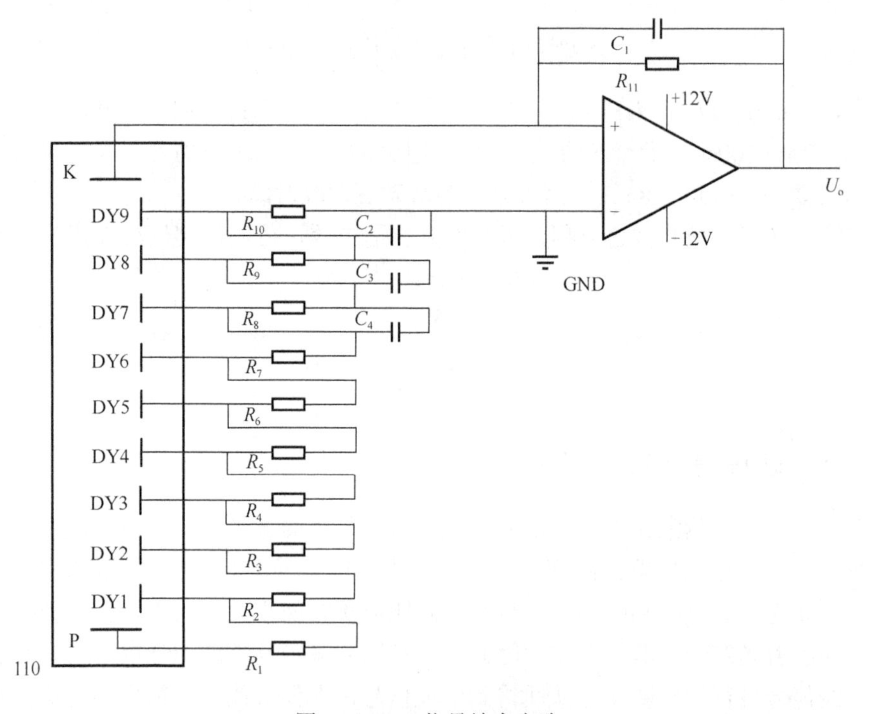

图 16.3 I/V 信号放大电路

光电倍增管的倍增极能够将通过的光电流放大，完成光信号与电流的转换，接着光电流从光电倍增管的阳极引出，通过 R_1 电阻产生电压。由于光电倍增管工作时，在光电倍增管两极之间（阴极 K 和阳极 P）加了非常高的电压，为了保证光电子通过光电倍增管时能够有效地收集起来，在光电倍增管的阴极、聚焦极、倍增极以及阳极之间进行电压分配。所以在光电倍增管阴极和阳极之间连接 10 个阻值均为 330kΩ 的电阻 R_1～R_{10}，使得阴极和阳极极间电压得到分配，即电阻链分压法。

此外，在电阻 R_2、R_3、R_4 两端所并联电容 C_2、C_3、C_4 的电容值均为 0.01μF，这是由于在光电倍增管中，齐纳二极管流过的光电流没有达到所要求的工作状态，那么就可能产生信号噪声，光电倍增管输出的信噪比将会受到影响，所以电容 C_2、C_3、C_4 是为了降低齐纳二极管所产生的噪声。

光电倍增管得到电流信号后，需要采用 I/V 信号放大电路将电流信号转化为电压信号并放大。本研究中，选用高速高输入阻抗运算放大器芯片 AD817 完成 I/V 转换：

$$U_0 = -iR_{11} \tag{16.17}$$

式中，i 为光电倍增管的输出电流。具体使用时，将倍增管输出电流信号输入到 AD817 芯片的引脚 2，其引脚 3 接地，引脚 4、7 分别接正、负 12V 电源，引脚 6 接输出转换后的电压信号，引脚 1、5、8 悬空。此外，在 R_{11} 两端并联 1～10pF 的电容 C_1，以实现对输入信号的滤波，从而减小输出信号振荡。为了减小输出信号的振荡程度和改变放大增益，防止近场信号引起运算放大器饱和，需要不断调整和改变 C_1 和 R_{11} 值，反复试验，从而选取出使回波信号放大和滤波效果最好的一组 C_1 和 R_{11} 值。

2. 信号累加平均器

对于大气探测激光雷达系统而言，由于单个激光脉冲的回波信号非常微弱，为了增加激光雷达的信噪比，在实际探测中，激光器往往需要向大气中先后发射成百上千甚至上万个激光脉冲，并对每一个脉冲的回波信号进行采集，然后将所有采集到的回波信号进行累加平均后，得到一组最终的回波信号作为原始信号进行后续处理。

因此，本系统的数据采集卡必须具有累加平均功能。当第一个激光脉冲发出后，数据采集卡自触发，采集到第一个回波信号，并将该数据存在内存中。随后，激光器发出第二个激光脉冲，触发数据采集卡，采集到第二个回波信号，计算机将第一个和第二个数据进行平均，得到一个平均值；紧接着数据采集卡采集到第三个回波信号，计算机将上一次得到的平均值再与第三个数据进行求和平均，又得到一个新的平均值。以此类推，数据采集卡反复触发、采样、平均，直到最后一个脉冲发射完毕，计算机便得到了一个与探测高度有关的回波信号，该信号将具有很好的信噪比。

3. 数据采集系统设计与实现

本系统中，光电倍增管、信号调理电路、数据采集卡组成米散射激光雷达的数据采集系统以及PZI工控机，数据采集系统结构框图如图16.4所示。望远镜将接收到的回波信号耦合进多模光纤中，经过光纤传输送入光电倍增管，作为现场的输入信号，信号调理电路对光电倍增管的输出电流信号进行放大，转换成电压信号，随后通过同轴电缆送入数据采集卡中进行AD转换。

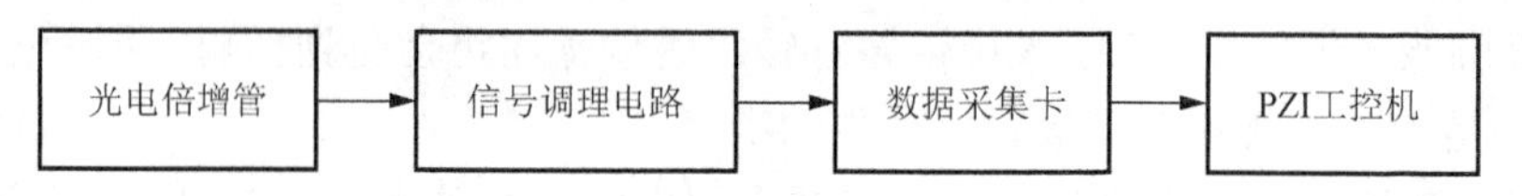

图16.4　数据采集系统结构框图

在激光雷达系统中，对数据采集系统有较高的要求，包括具有高性能以及高可靠性，还应该为用户提供相关方便使用的驱动程序、易于操作的程序接口以及能够在实际应用中为用户提供稳定性及可靠性。

由于激光雷达属于微弱信号的采集，为了实现对回波信号的高性能采集，本系统选用了北京星烁华创科技有限公司生产的一款型号为FCFR-USB 9812的数据采集卡，FCFR-USB 9812数据采集卡外观图如图16.5所示。

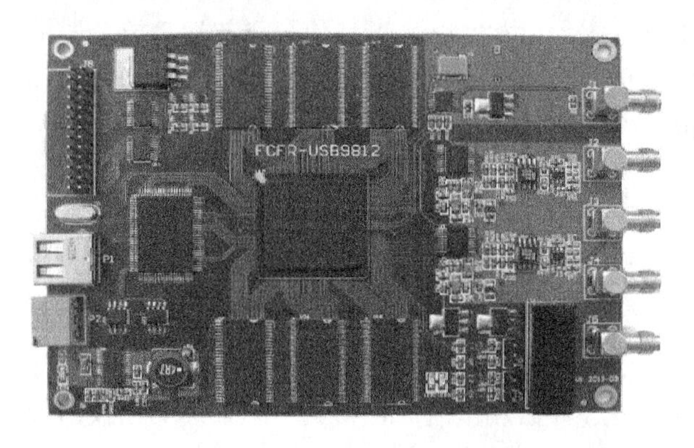

图16.5　FCFR-USB 9812数据采集卡外观图

USB 9812采集卡采用USB 2.0接口与PC传输数据，其AD位数可以分为三种不同的挡位，分别为8bit、12bit及14bit，且每个通道的采样率均为100MS/s。USB 9812数据采集卡对数据具有高速累加功能，具有很好的数据处理功能，数据采集卡最大的累加长度可以达到1M，能够达到最大的累加次数为65536次。该卡被广泛应用于分析仪器、雷达信号采集等场合。因此，本系统使用USB 9812

数据采集卡完全能够达到系统对回波信号采集的使用要求。

在对该数据采集卡进行编程时，可利用随卡附带的 USB 9812.DLL 提供的读写函数，实现对该卡的采集和控制。采集卡程序流程图如图 16.6 所示。

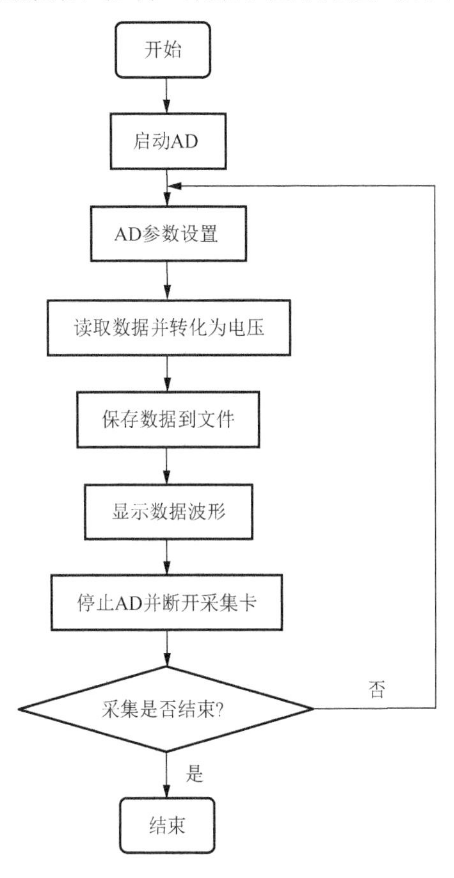

图 16.6　数据采集卡程序流程图

在程序中，首先利用 InitAD 函数对采集卡进行初始化工作，并启动数据采集；其次，利用 ReadAD 函数读取所采集的数据；最后，利用 StopAD 函数结束采集工作。

本项目采用美国国家仪器公司的 LabVIEW 进行软件开发。LabVIEW 软件使用简单、快捷，对程序开发周期短，程序便于修改和维护。其编程环境主要由前面板和程序框图两部分组成。前面板又称为仪器面板，为用户提供和程序交互的接口，方便操作。信号至采集卡的连接使用同轴电缆，将电流放大电路的输出送至数据采集卡 CH1 通道。数据采集卡采用自触发方式。数据采集卡通过 USB 数据线将采集到的数据送至 NI PXI 工控机中，在数据采集的过程中，激光雷达每次工作时间设置为 10s，激光脉冲频率设置为 10Hz，所以数据采集卡每次能够持续采集 100 组（即 TrigCnt=100）回波信号廓线。

基于 LabVIEW 开发平台依据激光雷达数据采集工作流程编写了数据采集的程序代码，图 16.7 给出了数据采集系统程序框图，该框图由一个平铺式顺序结构组成，该结构第一帧完成采集卡的连接及部分初始化参数设置工作。采集卡的连接通过调用 USB 9812_Link.vi 子 VI 完成，其输入参数为设备号 ADNO，取值 0～31，输出参数为设备句柄 HDL，-1（0xFFFFFFFF）时无效；该帧下部给出部分初始化参数，参数设置完成，波形图清空，运行信息清空，TrigLen=256，TrigCnt= 100。

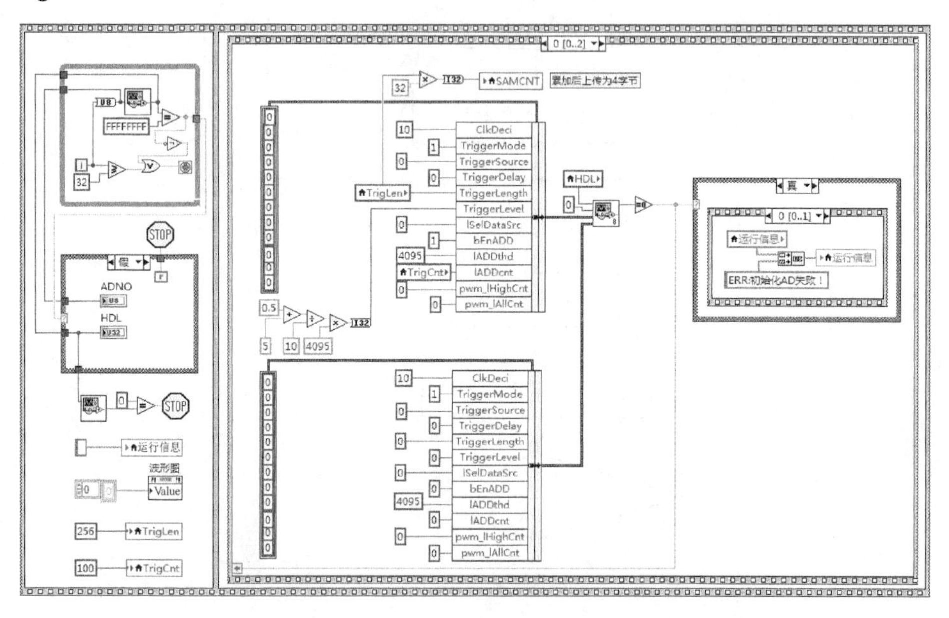

图 16.7　数据采集系统程序框图

平铺式顺序结构第二帧由一个层叠式结构组成，该层叠式结构共 3 帧，第一帧启动采集卡 USB 9812。启动工作通过调用 USB 9812_InitAD.vi 子 VI 完成，该子 VI 主要设置采集卡两通道的参数设置，比较重要的参数有 ClkDeci=10，分频因子，采样率为 10M；TriggerMode=1，后触发；TriggerSource=0，外正沿触发；TrigLength=256，触发长度；TriggerLevel，触发电平设置，采样 12 位 DA，取值 0～4095，0 对应触发电平-5V，4095 对应触发电平 5V，本例取为 0.5V；lSelDataSrc=0，数据源选择，0 为 AD 数据，1 为计数器数据；bEnADD=1，累加使能；lADDcnt=100，累加次数。当 USB 9812_InitAD.vi 函数节点返回 0 时，数据卡启动 AD 成功，数据采集卡开始工作。

AD 启动成功后，进入第二帧的上面部分程序，该程序分为两帧，第一帧延时 6ms 后调用“USB9812_GetFifoFlag.vi”子 VI 判断数据是否溢出，其由标志字节的 bit4 位给出，如溢出则运行状态输出“ERR：FIFO 溢出”，强行退出程序，正常则进入第二帧，读取数据，采集卡数据溢出情况的处理如图 16.8 所示。

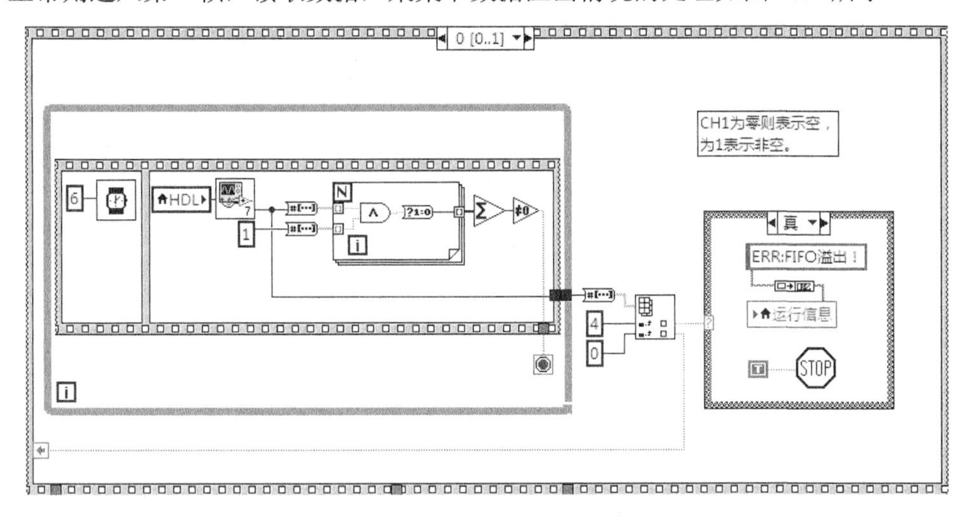

图 16.8　采集卡数据溢出情况的处理

第二帧中，利用“USB 9812_ReadAD.vi”子 VI 读取采集后的数据。SAMCNT 为采集的数据总字节数，其值由采集点数 Triglen 乘以 16 得到（4 字节共 32 位）。当 USB 9812_ReadAD.vi 子 VI 返回 0，表示读取数据采集卡 CH1 通道失败，真分支显示状态“ERR：读取 CH1 失败！”，程序退出；反之，假分支则显示“读取 CH1 OK”，读取 AD 数据如图 16.9 所示。

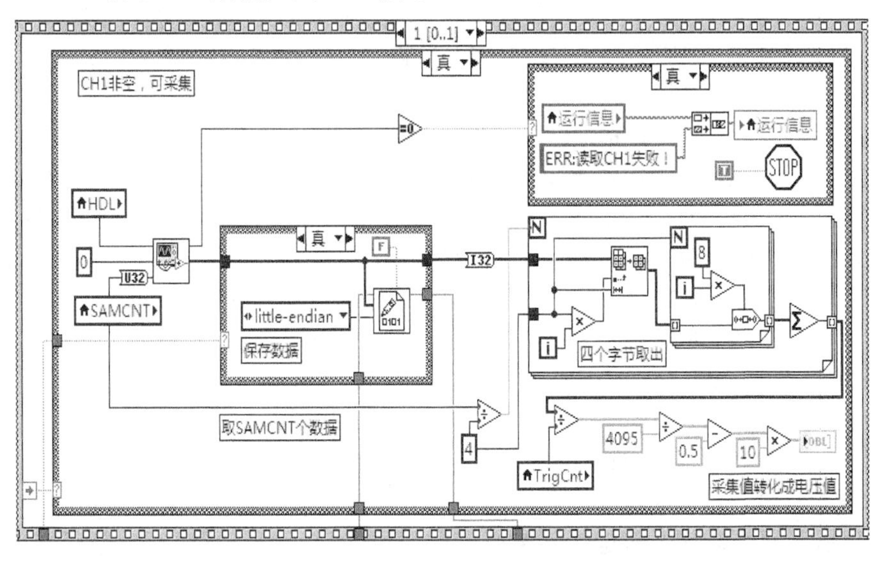

图 16.9　读取 AD 数据

对应前述层叠式结构的下部的G代码为保存数据文件，将当前文件路径（含自身文件名）剔掉文件名后和新的数据文件（含通道、时间及文件扩展名.bin）连接后，“String To Path”节点实现字符串至路径的转换，“Build Path”节点创建新路径。“Create File”节点的文件操作端子定义为“replace or create”，意即打开一个已存在的文件，若文件不存在，则自动创建新文件。创建后引用句柄上传至图16.9中部的保存数据的真分支由“Write to Binary File”节点实现二进制文件的写入，随后关闭，创建文件夹保存数据的程序框图如图16.10所示。

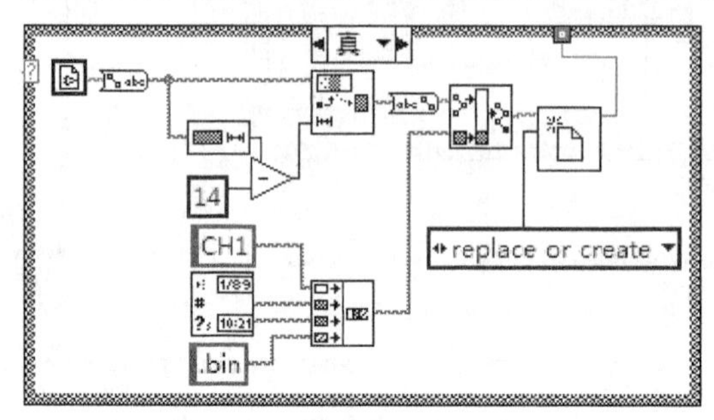

图16.10　创建文件夹保存数据的程序框图

当然，也可将数据保存为电子表格文件（xls）。为与泰克示波器保存的电子表格数据文件的内容格式兼容（考虑兼容在于事后数据反演程序可同时读取本项目采集的数据及泰克示波器读取的电子表格数据文件，泰克示波器有时直接用于采集数据），项目程序可以在文件头部的18行写入与泰克类似的文件信息，如采集时间、采集速率等，其余内容为两列，第一列为相对时间，第二列为激光雷达回波数据（累加平均后的数据），即波形数据，其框图略。

每次数据采集卡采集SAMCNT个字节，其值由参数TrigLen（触发长度）乘以32得到，由于一个TrigLen对应8个采样点，又由于一个采样点为4个字节。激光雷达工作频率为10Hz，理论测量高程为$3\times10^{8}\times0.1/2=1.5\times10^{7}$m=15000km，但由于气溶胶及空气分子的吸收及反射其高程一般只能达到15km。AD采样率为10M，高程分辨率为15m，从而只需要采集1024个点即可。本项目TrigLen=256，采样点数为256×8=2048个，超过1024个的要求，又TrigCnt=100，AD接收100个回波信号，用时共100×0.1=10s，因此，在程序中设定每次采集100个回波信号累加后除以100作平均处理，得到一个累加后完整的回波信号。在激光雷达数据处理中，采集值转化为电压值时，电压的取值范围设定为-5～+5V；首先对采集到SAMCNT个字节的数据按4个字节一组构成数组，数组的个数为2048（SAMCNT/4），即采样点数，这4个字节对应一个采样点的数据，在外for循环里通过数组子集对字节数据（共SAMCNT个字节）按4字节取出，然后在内for循环（循环4次）里进行逻辑移位，分别移动一个第0，1，2，3字节，移动位数分别为 0，8，16，24，最后内 for 循环输出移位后 4 个有符号 32 位整型数据，并在外 for 循环内相加得到一个采样点的累加数据，外 for 循环输出除以总的回波个数 TrigCnt 得到单个平均的回波数据，之后程序对采集的数值除以 4095，减去 0.5 再乘以 10，从而转化为相应的浮点形式的采样点数据，并送波形图控件上显示，波形图显示范围设置如图 16.9 右下侧部分所示。在 LabVIEW 前面板的波形图中，纵坐标为电压，坐标值范围为-5～5V，横坐标为每个回波采集的点数，坐标值范围 TrigLen 为 255，一个点对应 15m，总探测距离可达 256×15= 3840m，如图 16.11 所示，之所以显示 3.84km 的数据，是由于 3.84km 后回波数据很小，显示意义不大，虽然处理数据可到 1024×15=15360m=15.36km。

提示：本项目采集 2048 个数据，处理 1024 个数据，显示 256 个数据，对应的高程分别为 3.84km、15.36km，30.72km。

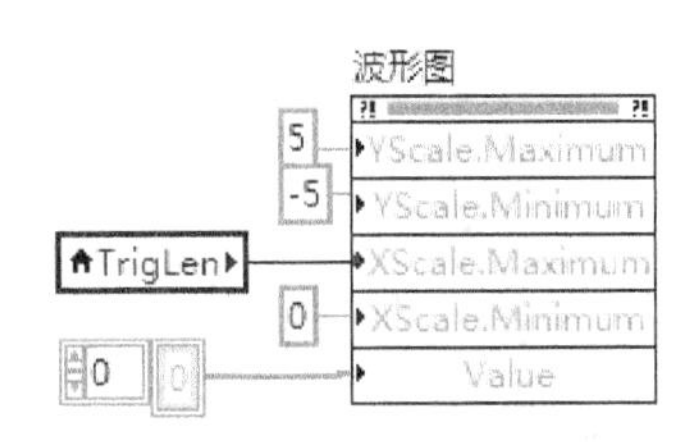

图 16.11　波形图显示范围设置

以上启动数据采集卡、读取 AD 数据、保存、转化数据以及显示采集结果等过程完成之后，进入层叠式顺序结构的第三帧，该帧由一个 2 帧的层叠式顺序结构构成，分别完成结束 AD 及断开 AD 连接的工作。在第 1 帧利用“USB 9812_StopAD.vi”子 VI 停止 AD 采集，当“USB 9812_StopAD.vi”子 VI 返回值非 0 时，运行信息显示“OK：结束 AD 成功！”的运行信息，否则显示“ERR：关闭板卡失败！”，采集卡停止采集信息显示如图 16.12 所示。

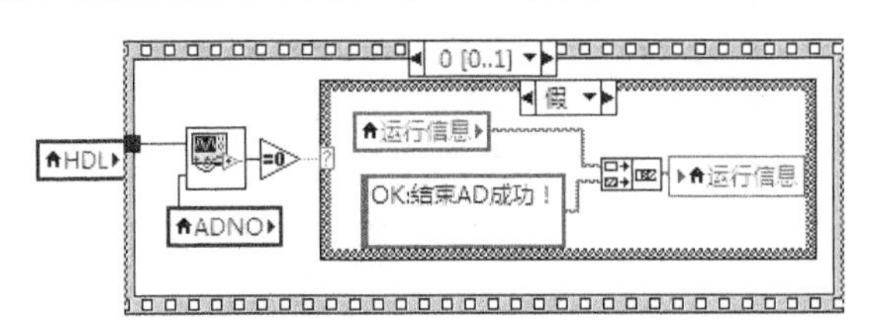

图 16.12　停止采集信息显示

在第二帧，利用“USB 9812_UnLink.vi”函数节点断开数据采集卡的连接。当“USB 9812_UnLink.vi”返回值等于 0 时，运行信息框显示“OK：关闭板卡成功！”，表明数据采集卡已断开连接，否则显示“ERR：关闭板卡失败！”，断开采集卡连接信息显示如图 16.13 所示。

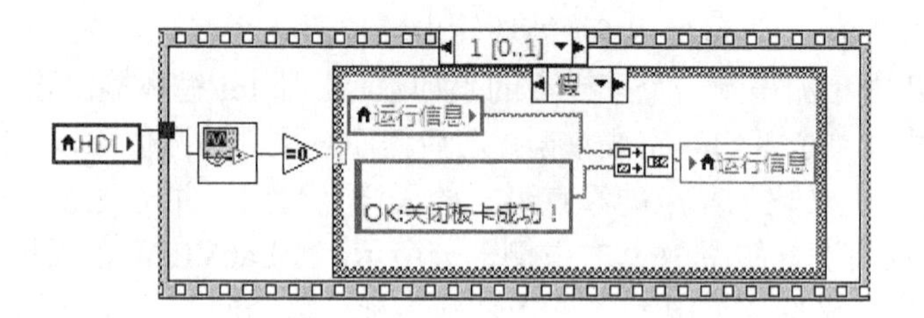

图 16.13　断开采集卡连接信息显示

4. 实时消光系数反演主程序

图 16.14 所示为消光系数反演流程图，该程序主要应用 Klett 法实现气溶胶消光系数的计算并实时监测。

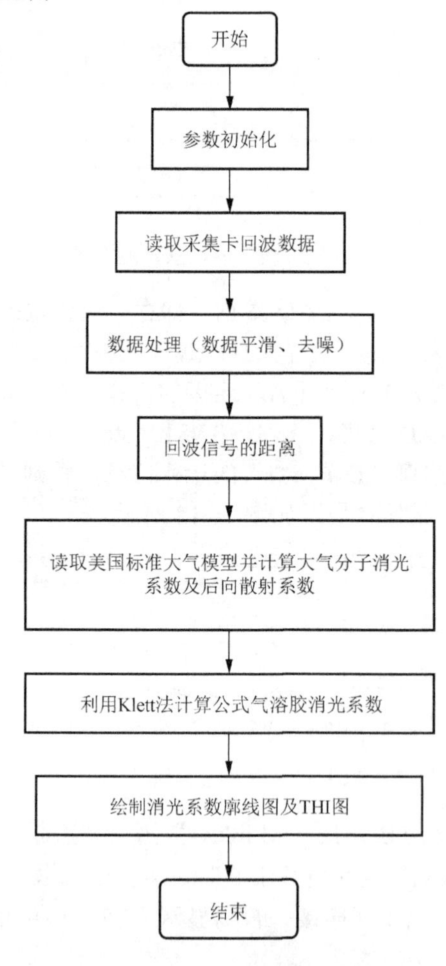

图 16.14　消光系数反演流程图

在消光系数计算主程序中需要输入初始参数，包括激光雷达工作起始值 startp、工作结束值 endp、参考高度 R、参考值 P_1、激光波长 lamda 以及激光发射角 theta 等，消光系数计算主程序如图 16.15 所示。

消光系数计算主程序 for 循环结构内调用子 VI，消光系数计算子 VI 如图 16.16 所示，主要利用美国标准大气模型计算大气分子消光后向散射系数 sigma_m 及气溶胶的消光后向散射系数 sigma_a，计算公式为式（16.18）。

$$\beta_{\mathrm{m}}\left(\lambda,r\right)=1.54\times10^{-6}\times\left(\frac{5.32\times10^{-7}}{\lambda}\right)^{4}\times\exp\left(-\frac{r\cos\left(r\right)}{7000}\right) \qquad (16.18)$$

由于大气分子的消光后向散射比为 8π/3，因此，将该值与大气分子后向散射系数 $\beta_{\mathrm{m}}(r)$相乘，便可以得到大气分子的消光系数 $\sigma_{\mathrm{m}}(r)$。

根据大气分子消光系数 $\sigma_{\mathrm{m}}(r)$、参考高度 R 处的气溶胶消光系数 $\sigma_{\mathrm{a}}(R)$，就可计算得到气溶胶消光系数 $\sigma_{\mathrm{a}}(r)$。如果将消光系数 $\sigma_{\mathrm{a}}(r)$除以激光雷达比 S_1=50，就可以得到气溶胶后向散射系数 $\beta_{\mathrm{a}}(r)$，即 $\beta_{\mathrm{a}}(r)=\sigma_{\mathrm{a}}(r)/S_1$。

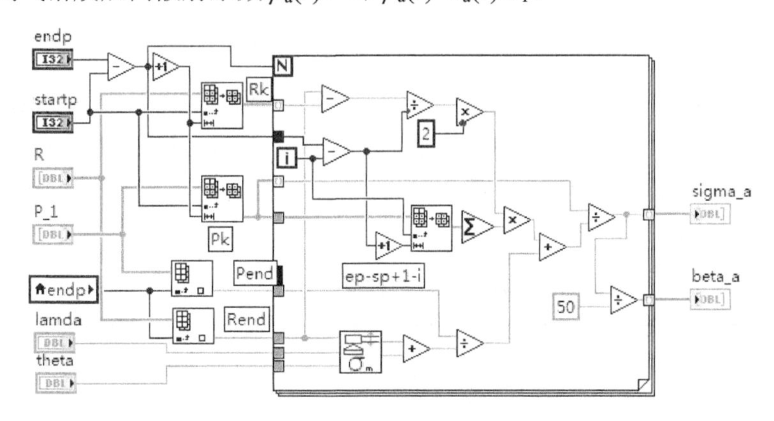

图 16.15　消光系数计算主程序

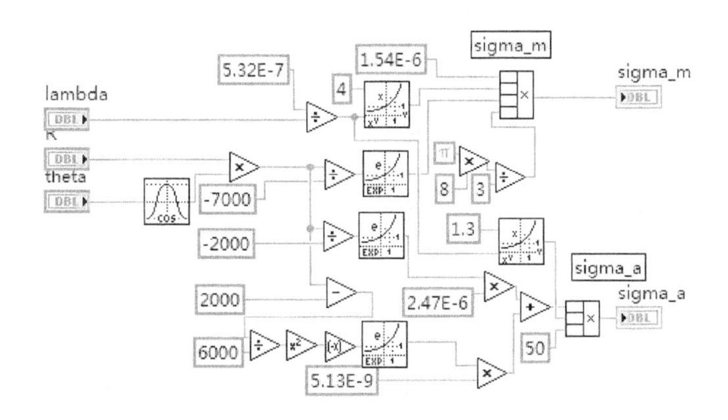

图 16.16　消光系数计算子 VI

最后用气溶胶消光系数计算节点输出消光系数，其曲线由 XY 图绘出，用 XY 图对应标尺的最大最小值乘以 1.1 以便看出全图，消光系数绘制程序框图如图 16.17 所示。

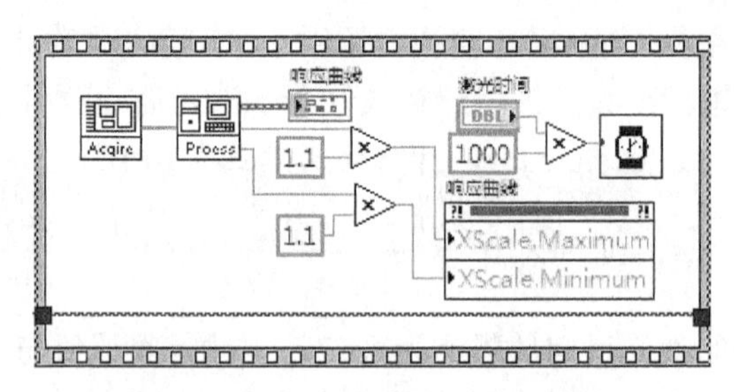

图 16.17　消光系数绘制程序框图

16.4　米散射激光雷达电源及空间扫描控制

16.4.1　激光器电源控制

本项目选用北京镭宝光电技术有限公司生产的“Dawa-300”型激光器，该激光器是一款灯泵浦电光调 Q 纳秒 Nd:YAG 激光器，具有体积小、结构紧凑、坚固耐用、工程化程度高的特点，适用于工业、科研等多种应用。Dawa-300 型激光器基本参数（532nm）见表 16.1。

表 16.1　Dawa-300 型激光器基本参数（532nm）

项数	指标名称	单位	指标参数
1	发射频率	Hz	1、5、10
2	脉冲能量	mJ	300
3	能量稳定度	—	2%
4	脉冲宽度	ns	≤6
5	发散角	Mrad	1
6	光斑直径	mm	7
7	瞄准稳定性	μrad	≤1
8	抖动(RMS)	ns	≤50
9	近场空间模式剖面	—	70%
10	远场空间模式剖面	—	90%

对于激光雷达的现场控制，由于距离较近，直接利用 RS232 串口线与实验现场工控机连接，在连接的过程中只需发送线、接收线和信号地线即可以实现工控机与激光雷达之间的双工异步串行通信。在该 RS232 通信中，波特率为 9600，奇偶校验为无，数据位为 8 位，停止位为 1 位。工控机对激光器电源进行控制的通信指令如下：

（1）addr,11,00,00,00,00,CC,33,C3,3C（联机下传）；
（2）addr,01,11,00,11,00,00,CC,33,C3,3C（联机断开下传）；
（3）addr,22,V1H,V1L,00,00,CC,33,C3,3C（电压比上传）；
（4）addr,44,00,freqQ,00,00,CC,33,C3,3C（频率下传）；
（5）addr,55,00,55,00,00,CC,33,C3,3C（开预燃下传）；
（6）addr,55,00,00,00,00,CC,33,C3,3C（关预燃下传）；
（7）addr,66,00,66,00,00,CC,33,C3,3C（开工作下传）；
（8）addr,66,00,00,00,00,CC,33,C3,3C（停工作下传）；
（9）addr,77,00,77,00,00,CC,33,C3,3C（外时统开下传）；
（10）addr,77,00,00,00,00,CC,33,C3,3C（内时统开下传）。

本项目中激光器电源控制流程图如图 16.18 所示。

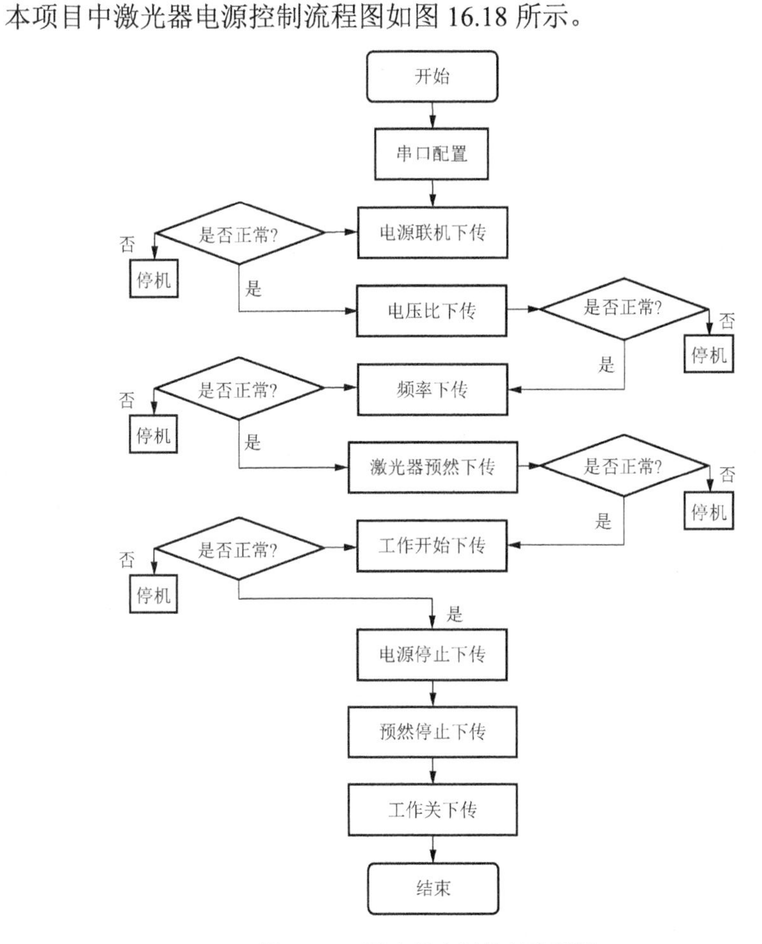

图 16.18　激光器电源控制流程图

利用 LabVIEW 编制的激光器电源控制程序框图如图 16.19 所示。

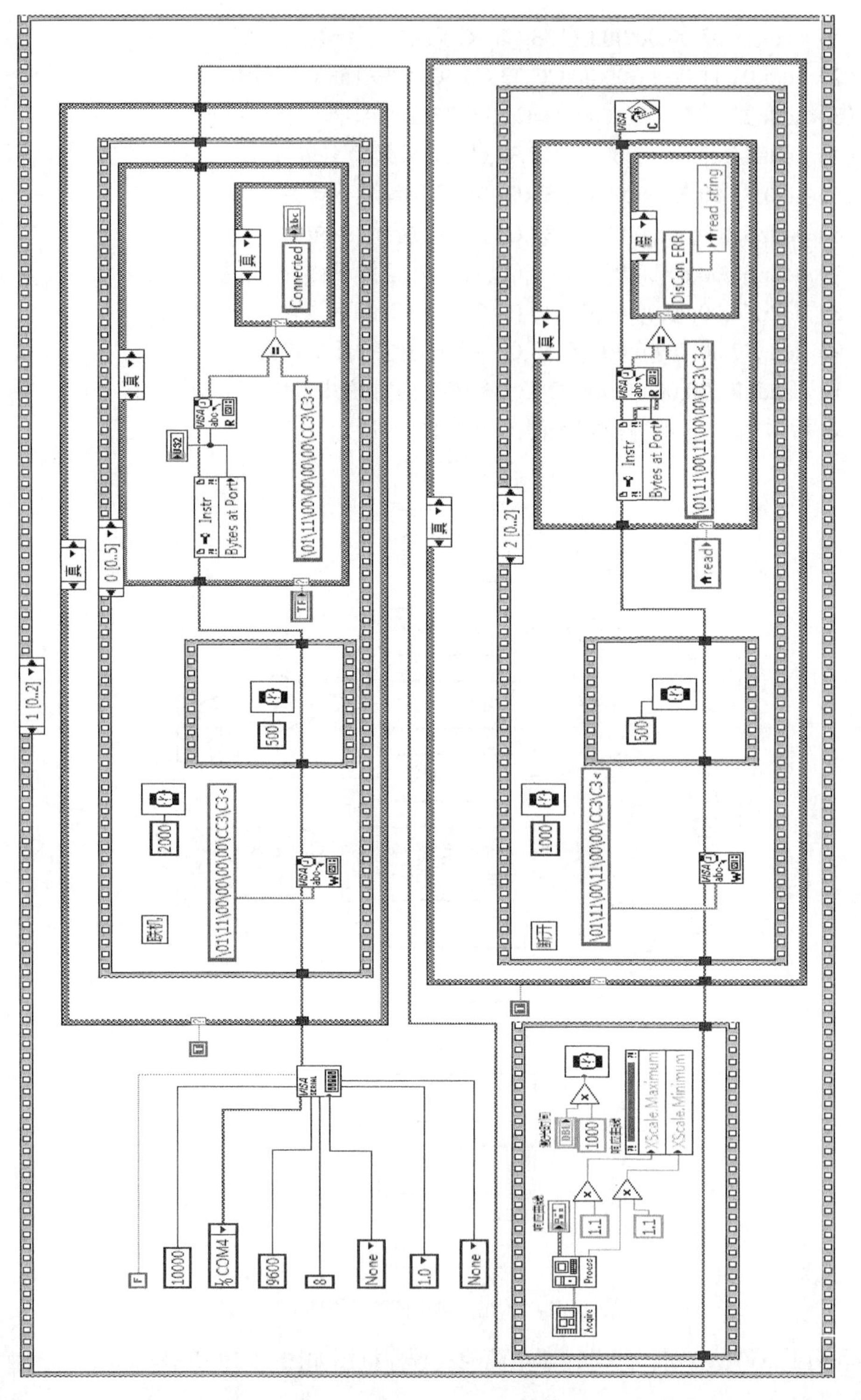

图 16.19 激光器电源控制程序框图

连接过程中，选择工控机上的 COM4 串口与激光雷达连接，连接时间设定为 10s。在 LabVIEW 程序中，用“VISA Configure Serial Port”节点指定串口按设置参数初始化，启用终止符设置为 F，连接超时设置为 10s，即程序从开始运行到连接超过 10s，程序停止连接。VISA 资源名称选用串口 COM4，波特率为 9600，数据位为 8，奇偶输入 None，停止位为 1 位，控制流 None，激光雷达配置串口设置如图 16.20 所示。

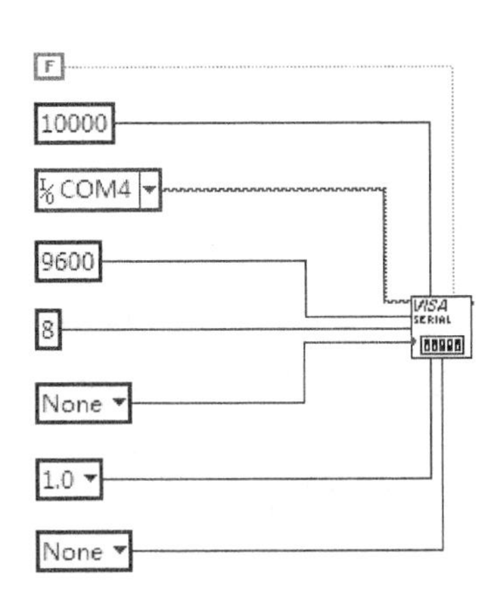

图 16.20　激光雷达配置串口设置

随后，“VISA Write”节点写入激光器各工作指令，控制命令连接。在程序中，上部分层叠式顺序结构中“VISA Write”节点将激光雷达各控制参数设置指令写入缓冲区，设置参数指令一共 9 组，这 9 组指令代码是根据实验需要选用的；指令代码包括（\01\11\00\00\00\00\CC3\C3<）联机下传、（\01\01\FA\00\00\CC3\）电压下传、（\01D\00\n\00\00\CC3\C3<）频率下传、（\01w\00\00\00\00\CC3\C3<）内燃下传、（\01U\00U\00\00\CC3\C3<）开预燃下传、（\01f\00f\00\00\CC3\C3<）开工作下传、（\01f\00\00\00\00\CC3\C3<）停工作下传、（\01U\00\00\00\00\CC3\C3<）停预燃下传、（\01\11\00\00\00\00\CC3\C3<）停机下传，这些代码在 LabVIEW 程序中使用‘\’代码显示格式。

层叠式顺序结构第一帧，“VISA Write”节点写入指令代码“联机下传”后程序等待 2s，该节点输入缓冲区端口连接控制代码（\01\11\00\00\00\00\CC3\C3<），延时 0.5s，确保联机指令传入，之后“VISA Read”节点读取指令代码（\01\11\00\00\00\00\CC3\C3<），利用“Equal？”节点判断“VISA Read”节点读取的指令代码（\01\11\00\00\00\00\CC3\C3<）与“VISA Write”节点写入指令代码（\01\11\00\00\00\00\CC3\C3<）是否一致，一致时，条件结构读取字节为真，联机指令代码已下传，表明控制程序与激光器电源连接成功，可以对激光器电源进行各类控制，右下角条件结构为“真”时，显示工作状态为“联机错误”，否则显示工作状态为“联机

成功”，激光器联机控制程序框图如图 16.21 所示。其余各帧与此类似，分别完成电压下传（第二帧）、频率下传（第三帧）、内燃下传（第四帧）、开预燃下传（第五帧）、开工作下传（第六帧）等工作。

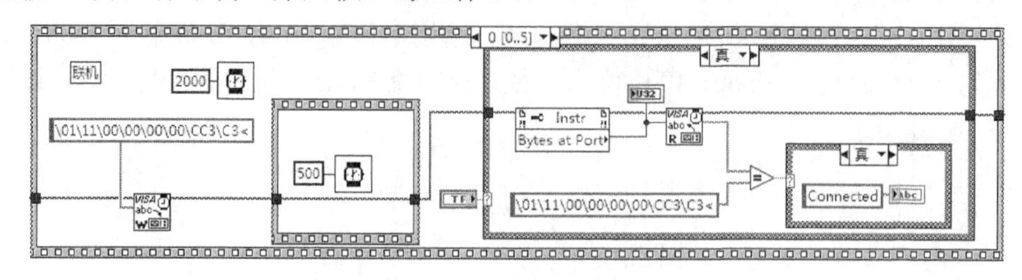

图 16.21　激光器联机控制程序框图

实验过程中，由于激光电源电压值和激光脉冲频率值每次开机都会回到初始时状态，电压为总能量的 70%，脉冲频率为 1Hz。所以根据实验实际需要，在程序中电源电压设定为总能量的 60%，激光雷达脉冲频率设定为 10Hz，每次开启电源时，激光器电压值都为总能量的 60%，脉冲频率为 10Hz。

当上述指令代码下传都完成之后，激光雷达开始工作，激光器发射频率为 10Hz 的脉冲，望远镜接收大气中反射的回波信号，经过光电转换、AD 转换以及运放电路的放大。

数据采集与处理完成后，激光雷达停止工作。第一帧，利用“VISA Write”节点写入指令代码（\01f\00\00\00\00\CC3\C3<），程序等待 0.5s 以完成指令代码传输完毕，“VISA Read”节点读取指令代码（\01f\00\00\00\00\CC3\C3<），并判断“VISA Read”节点读取的指令代码（\01f\00\00\00\00\CC3\C3<）与“VISA Write”节点写入指令代码（\01f\00\00\00\00\CC3\C3<）是否一致，一致时，表明“工作关下传”代码指令已执行，激光电源停止工作，电源工作关下传控制如图 16.22 所示。其余两帧与此类似，分别完成停预燃下传（第二帧）、停机下传（第三帧）等工作。

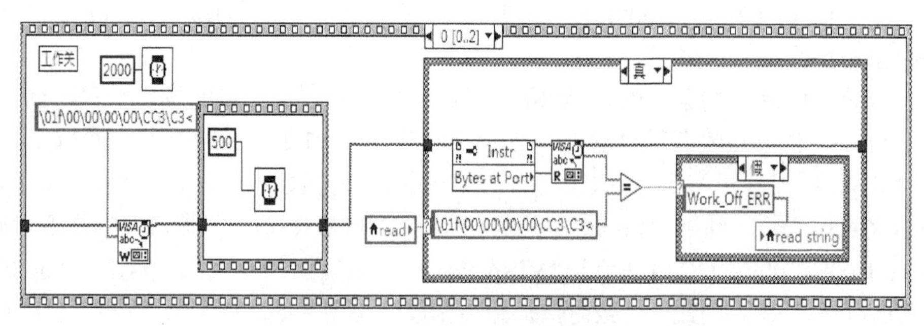

图 16.22　电源工作关下传控制

16.4.2　望远镜三维扫描系统的控制

本项目激光雷达三维扫描系统采用美国 Meade（米德）公司生产的 LX200-ACF-16"天文望远镜，这是一款通过主镜与修正镜达到无像差的折返射式天文望远镜，包括 GPS 定位、主镜锁、无影像抖动微型聚焦器、超大口径的主镜、智能驱动、智能镜座、Autostar II（可串口控制）等，其主要参数为：物镜口径 400mm、焦比 f/10、超高透光膜（UHTC）、光学镀膜、矫正镜 MgF2 镀膜（两侧）、主镜与副镜标准铝膜。LX200-ACF-16"天文望远镜参数见表 16.2。

表 16.2　LX200-ACF-16"天文望远镜参数

光学设计	实际口径	焦距	焦比	最大有效倍率	架台	寻星镜
无高级慧差	406.4mm (16")	4064mm	f/10	950×	重型叉式支架	8×50mm
指向精度	控制器	主副镜材质	修正镜	净重	镀膜	
1 弧分	Autostar II 手控制器	Pyrex 玻璃	水白玻璃	144.2kg	超高透光镀膜	

工控机与激光雷达三维扫描系统之间也通过 RS232 串口进行连接，在激光雷达数据采集之前，需要通过工控机对激光雷达的三维扫描系统的方位角度和俯仰角度进行调整，以指向目标区域。对激光雷达望远镜三维扫描系统进行控制的部分指令如下：

:Me#　Move Telescope East at current slew rate（望远镜向东方向转动，即顺时针转动）

:Mn#　Move Telescope North at current slew rate（望远镜向北方向转动，即向上转动）

:Ms#　Move Telescope South at current slew rate（望远镜向南方向转动，即向下转动）

:Mw#　Move Telescope West at current slew rate（望远镜向西方向转动，即逆时针转动）

:Qe#　Halt eastward Slews（停止向东方向转动，即顺时针转动）

:Qn#　Halt northward Slews（停止向北方向转动，即向上转动）

:Qs#　Halt southward Slews（停止向南方向转动，即向下转动）

:Qw#　Halt westward Slews（停止向西方向转动，即逆时针转动）

三维扫描系统控制系统流程图如图 16.23 所示。

图 16.24 所示为米散射激光雷达三维扫描控制系统的控制界面，界面显示望远镜四个方向控制按钮 East、South、West、North 以及激光器工作控制按钮。其中，East、West 按钮控制激光雷达左右转动的方位角，South、North 按钮控制激光雷达上下转动的俯仰角。

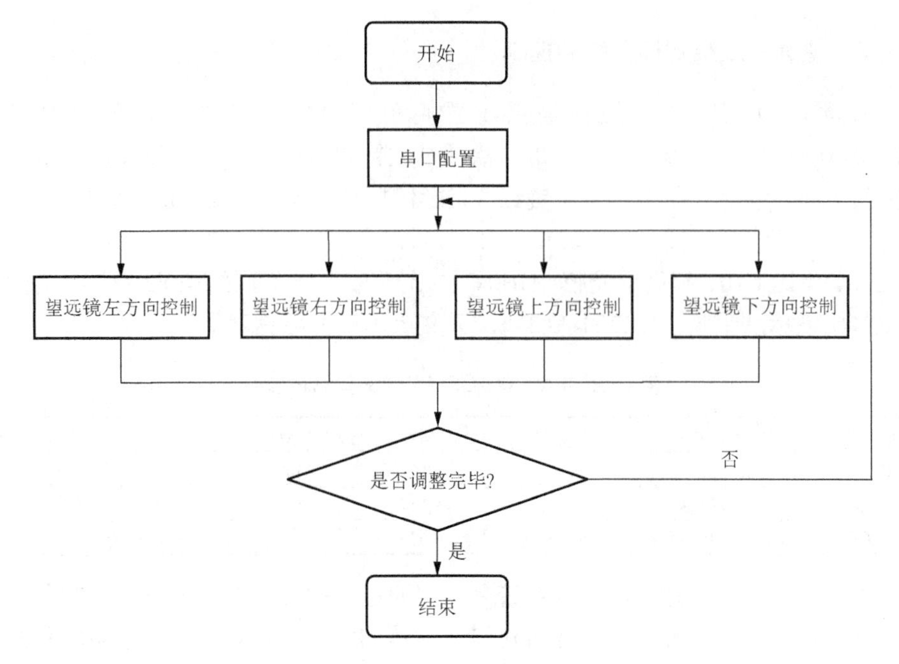

图 16.23　三维扫描系统控制系统流程图

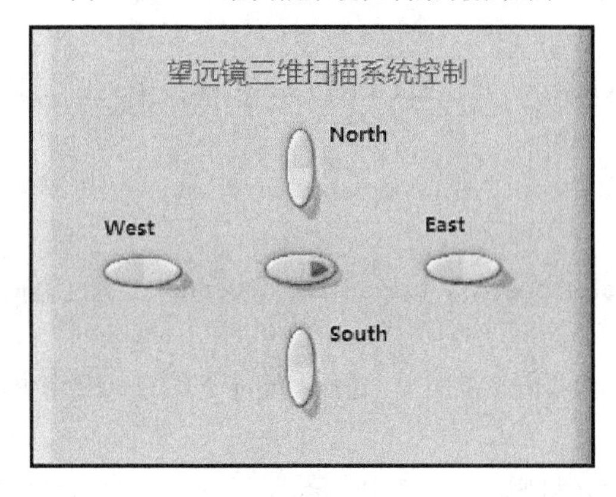

图 16.24　米散射激光雷达三维扫描控制系统的控制界面

调整好激光雷达望远镜台架位置后，点击控制界面中间的开关按钮，激光雷达电源开启，完成电压值设定，脉冲频率值设定，激光器开始发射激光，望远镜接收回波信号，数据采集卡对光电转换后的信号自动进行数据采集，最终，通过 Klett 法反演消光系数并显示。

图 16.25 给出米散射激光雷达望远镜控制程序框图。通过“VISA Configure Serial Port”节点可以初始化串口并且设置参数，根据具体情况初始化，波特率 9600，奇偶校验无，数据位 8，停止位 1。选用工控机上 COM1 串口与激光雷达望远镜三维扫描系统串口连接，实现工控机与激光雷达望远镜通信。在 While 循

环中，有 8 种状态的事件结构，8 种控制状态指令通过“VISA Write”节点写入，通过“North 鼠标按下”“East 鼠标按下”“South 鼠标按下”“West 鼠标按下”“North 鼠标释放”“East 鼠标释放”“South 鼠标释放”“West 鼠标释放”控制，引入属性节点和“VISA Read”节点，通过“VISA Read”节点读入而“VISA Write”节点写入对望远镜控制所需要的 8 种控制状态指令。

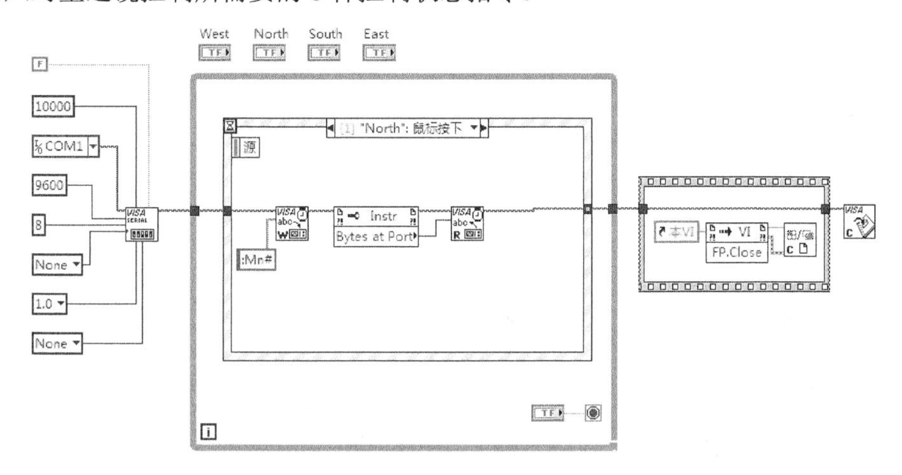

图 16.25　米散射激光雷达望远镜控制程序框图

当需要对激光雷达望远镜的角度进行调整时，运行该程序，在“"South": 鼠标按下”事件分支中“VISA Write”节点写入 Mn#指令，单击 North 按钮后运行该事件分支，望远镜朝着向北（或上）的方向转动，调整望远镜的俯仰角，望远镜向北（上）转动如图 16.26 所示。

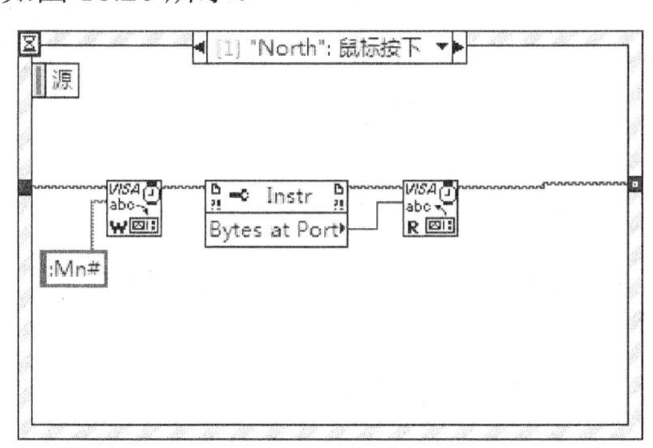

图 16.26　望远镜向北（上）转动

当望远镜调整至合适角度，在调整望远镜向北方向（向上）转动的过程中需要停止时，控制程序中利用“VISA Write”节点写入 Qn#指令，按住按钮“North”上旋，如释放鼠标左键，望远镜转动立刻停止，望远镜向北（上）转动停止如图 16.27 所示。

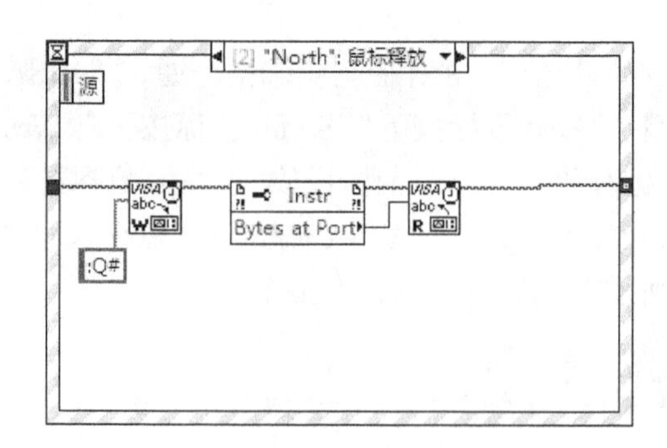

图 16.27 望远镜向北（上）转动停止

其余各事件分支分别完成与上述两分支类似的工作。“"South"：鼠标按下”与“"South"：鼠标释放”两分支完成望远镜朝南（或下）的转动与停止，“"East"：鼠标按下”与“"East"：鼠标释放”两分支完成望远镜朝东（或顺时针）的转动与停止，“"West"：鼠标按下”与“"West"：鼠标释放”两分支完成望远镜朝西（或逆时针）的转动与停止。

望远镜角度调整好之后，应用“Invoke Node”调用节点关闭前面板，“Close Reference”节点关闭打开的 VI 服务器引用的对象；最后，选用 LabVIEW 软件中的“VISA Close”节点结束整个程序的运行，米散射激光雷达望远镜控制程序关闭如图 16.28 所示。

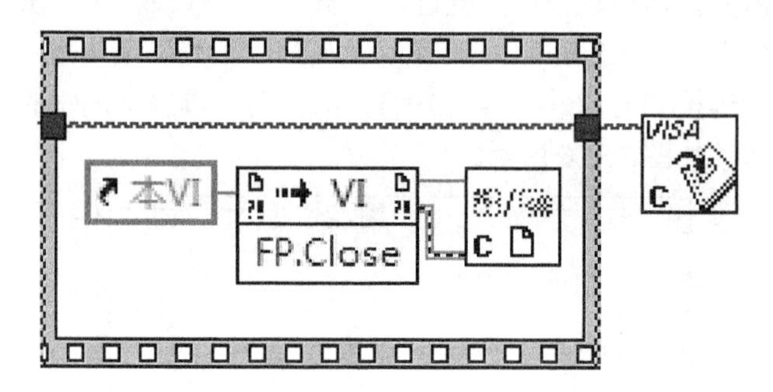

图 16.28 米散射激光雷达望远镜控制程序关闭

16.5 事后数据反演程序设计

事后数据反演程序单元用于将实时程序保存的每时刻采集数据文本文件（xls 或 csv 电子表格数据）读出并处理显示，主要包括数据文件读取、预处理与大气消光系数反演过程三部分。从前面已经知道气溶胶的消光系数与气溶胶光学厚度、后向散射系数以及空气能见度有直接关系，本项目将应用 LabVIEW 把这些关系图像化呈现出来，利用强度图可以直观地反映出大气中气溶胶的消光系数随大气高度的变化而变化的特性分布。大气回波信号在一段时间内的动态变化可以通过 LabVIEW 强度图得到较好的呈现，改变强度图 X 坐标即扫描时间点可方便地呈现出某时间点的气溶胶的浓度变化、卷云厚度和边界层高度的时空变化等信息。大气消光系数反演程序设计思路流程如图 16.29 所示。

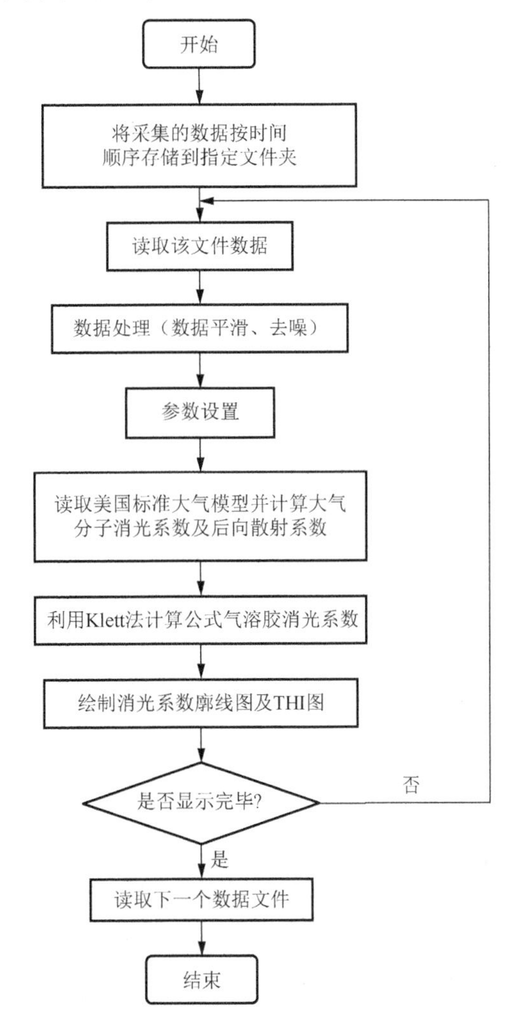

图 16.29　大气消光系数反演程序设计思路流程

本系统实现的三部分功能分别是事后数据文件读取、预处理及大气消光系数强度图显示。

16.5.1　事后数据文件读取的功能

读取之前应保证将数据采集卡上采集到的原始数据（或由泰克示波器采集存

储）存入数据文件夹 DataFile 之下，数据格式为 CSV，该文件夹与调用主 VI 在一个文件夹下。

层叠顺序结构的第 1 帧调用事后数据文件，事后数据读取如图 16.30 所示。图 16.31 为事后数据读取子 VI，左侧读取文件夹 DataFile 下所有事后数据文件，for 循环结构上侧生成数据文件生成时间，下侧读出数据时间序列及强度，其中 18 为电子表格的头部非数据信息，应剔除掉。

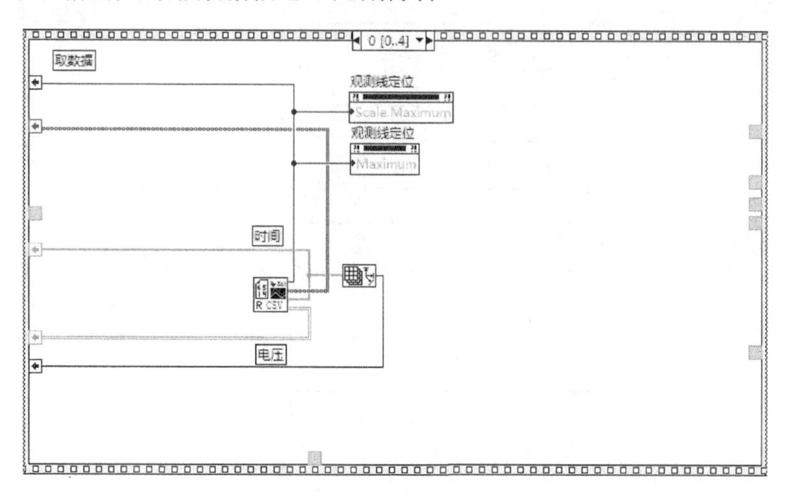

图 16.30　事后数据读取

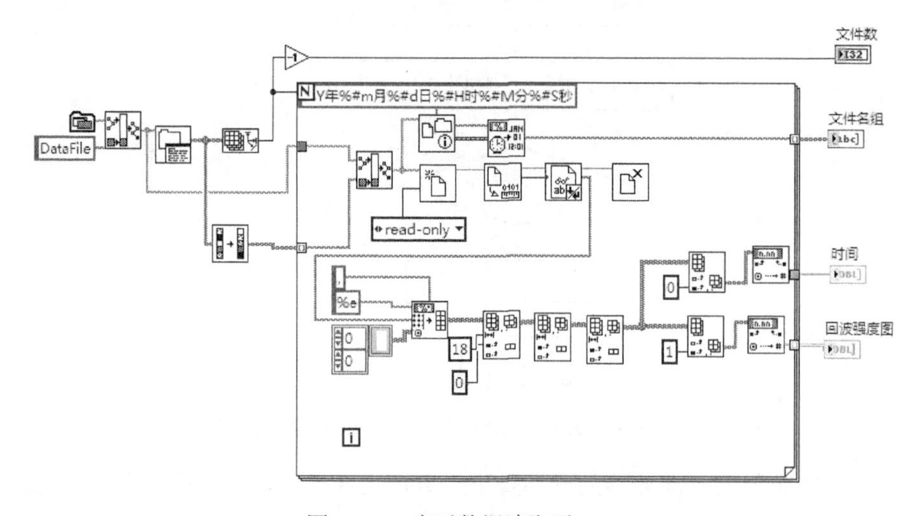

图 16.31　事后数据读取子 VI

16.5.2　事后数据预处理

图 16.32 为数据预处理程序之事后数据时间序列转成高程示意图，为层叠式

顺序结构第 2 帧，实现事后数据的时间序列转化成高程或后向反射粒子到激光器的距离。

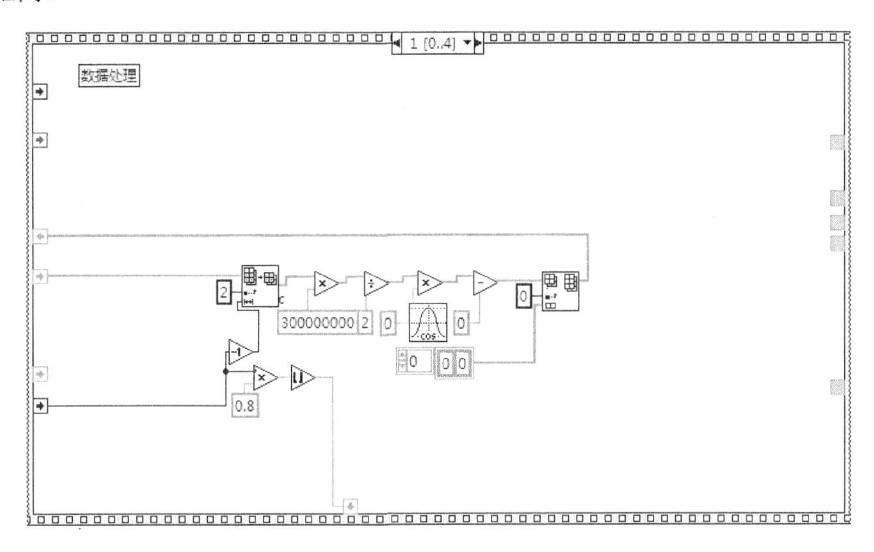

图 16.32　数据预处理程序之事后数据时间序列转成高程

一般来说，空间回波信号是带有噪声的信号。在对信号处理前非常有必要对信号进行去噪和平滑这个预处理步骤，其程序框图如图 16.33 所示。目前人们对信号噪声的产生原因及相应的噪声模型已经做了大量的研究，发现绝大多数常见的信号噪声都可用均值为零并且方差不同的高斯白噪声作为模型后进行傅里叶变换降低噪声干扰。信号去噪的方法一般可以分为空间域滤波法与频域滤波法。空间域滤波法主要有平均滤波、中值滤波、双边滤波等，本程序采用的是平均滤波法，即对待处理的信号给定一个模板，该模板包括周围的临近信号将模板中的全体信号的均值来替代原来的信号值的方法。为了使其信号不那么模糊，通常采用加权平均的方式来构造滤波器。信号经过去噪后会变得模糊，所以还需要再经过平滑处理。频域滤波法通常有低通以及高通滤波器，信号平滑实质是对信号作低通滤波。但是，在实际中，信号和噪声往往是重叠的，因为信号的某些频率成分也分布在高频区域，而噪声均匀分布在整个频带上，如高斯白噪声，所以在信号平滑之前，要判断信号是否为边界上的点，如果不是则进行平滑处理。频域法的最大问题就是如何在降低信号噪声和保留真实信号之间达到平衡。

项目去噪和数据平滑过程是：首先数据采集卡将触发前的数据作为背景噪声，将背景噪声取平均值；其次，将触发后的回波信号减去背景噪声平均值作为本项目的平滑及去噪过程后的数据，依照时间顺序将采集的回波信号输入，根据采集卡的触发时刻将数据分为触发前和触发后；最后，触发前的数据作为背景噪声，将其背景噪声依次取平均值，而将触发后的数据从第一个开始，前后各取若干个（如可取 20、40 等）数据求和再取平均值，将该平均值作为第一个点数据，用前后移动的方式使第一个点数据减去背景噪声，这样就得到处理后的回波信号，以此类推，依法计算出下一个，直至最后一个数据。

图 16.33 是数据预处理程序之事后数据强度序列滤波示意图，为层叠式顺序结构第 3 帧，实现平滑滤波，外 for 循环下侧取触发前数据的平均以去掉背景噪声，其中 5000 为数据个数，内 for 循环实现逐个平滑滤波，平滑数为 41 个，数据总长度为 10000 个。

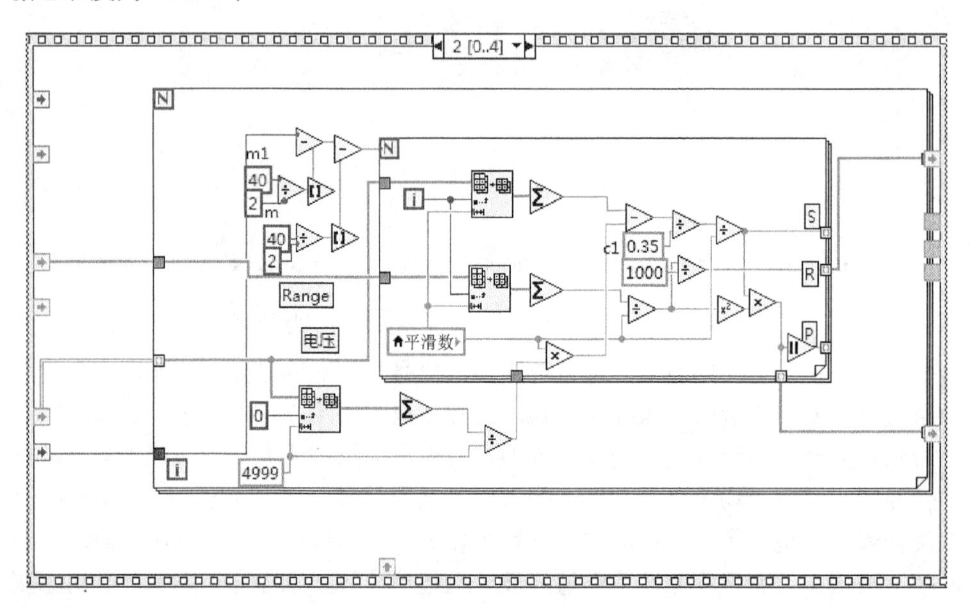

图 16.33　数据预处理程序之事后数据强度序列滤波

16.5.3　数据的 Klett 反演

事后数据的 Klett 反演由第 4 帧实现，Klett 反演程序之主调程序如图 16.34 所示，该帧主要调用消光系数计算主程序，参见图 16.15。

事后数据反演算法子 VI 左下侧要调用美国大气标准参数子 VI 作为反演基准，在这里假设大气气溶胶分布稳定且均匀，气溶胶的消光系数参考 1976 年美国标准大气模型［见式（16.19）和式（16.20）］：

$$\beta_{\mathrm{m}}(\lambda,z)=1.54\times10^{-6}\times\left(\frac{5.32\times10^{-7}}{\lambda}\right)^{4}\exp\left(-\frac{z}{7}\right) \tag{16.19}$$

$$\alpha_{\mathrm{m}}(\lambda,z)=\frac{8\pi}{3}\times\beta_{\mathrm{m}}(\lambda,z) \tag{16.20}$$

式中，$\alpha_{\mathrm{m}}(\lambda,z)$、$\beta_{\mathrm{m}}(\lambda,z)$分别为气溶胶的消光系数和散射系数随高度 z 的值，假设高度可选取高层洁净大气所在的高度。美国 1976 年大气标准参数子 VI 见图 16.16，其中初始参数设置 theta(θ)=0rad，lambda(λ)=5.32×10^{-7}m。

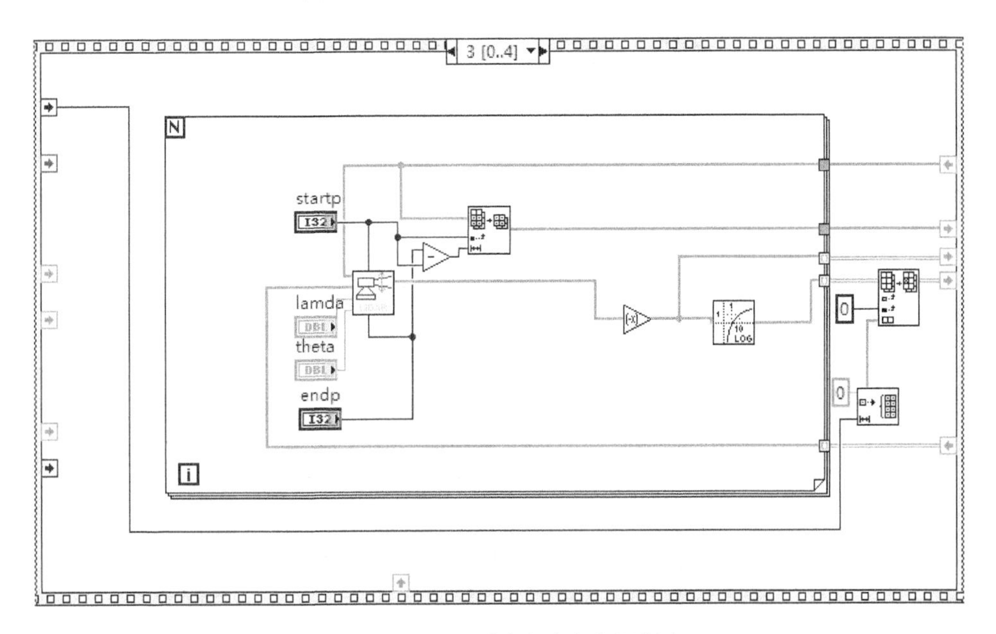

图 16.34　Klett 反演程序之主调程序

16.5.4　反演数据的显示

反演消光系数强度图的显示如图 16.35 所示，由主调程序第 5 帧实现，在该帧有三个事件结构，分别是“强度图”鼠标按下，显示某一时间点的消光系数曲线，“导入色码表”值改变，以便多色彩显示强度图及“观测线定位”值改变，通过改变水平指针滑动块定位数据文件。程序框图的左下侧导入相应色码表。

事后数据反演激光雷达回波消光系数操作面板如图 16.36 所示，左侧图形显示部分的功能是将计算后的消光系数以图形的方式生动地呈现在强度图中，右侧显示气溶胶消光系数随测量高度或时间变化的坐标图，即 THI 图，每一组数据对应一条线，用户可以使用鼠标拉动强度图的光标线或下侧的水平指针滑动杆显示出气溶胶某个时刻所对应的消光系数值，最终所有组数据的线可以连贯成曲线图，曲线右上角显示数据文件生成的时间。这种设计不仅方便用户直观地看到整体气溶胶浓度在某个时间段的变化过程，还可以看到每个时刻的具体值，同时操作起来非常简便。

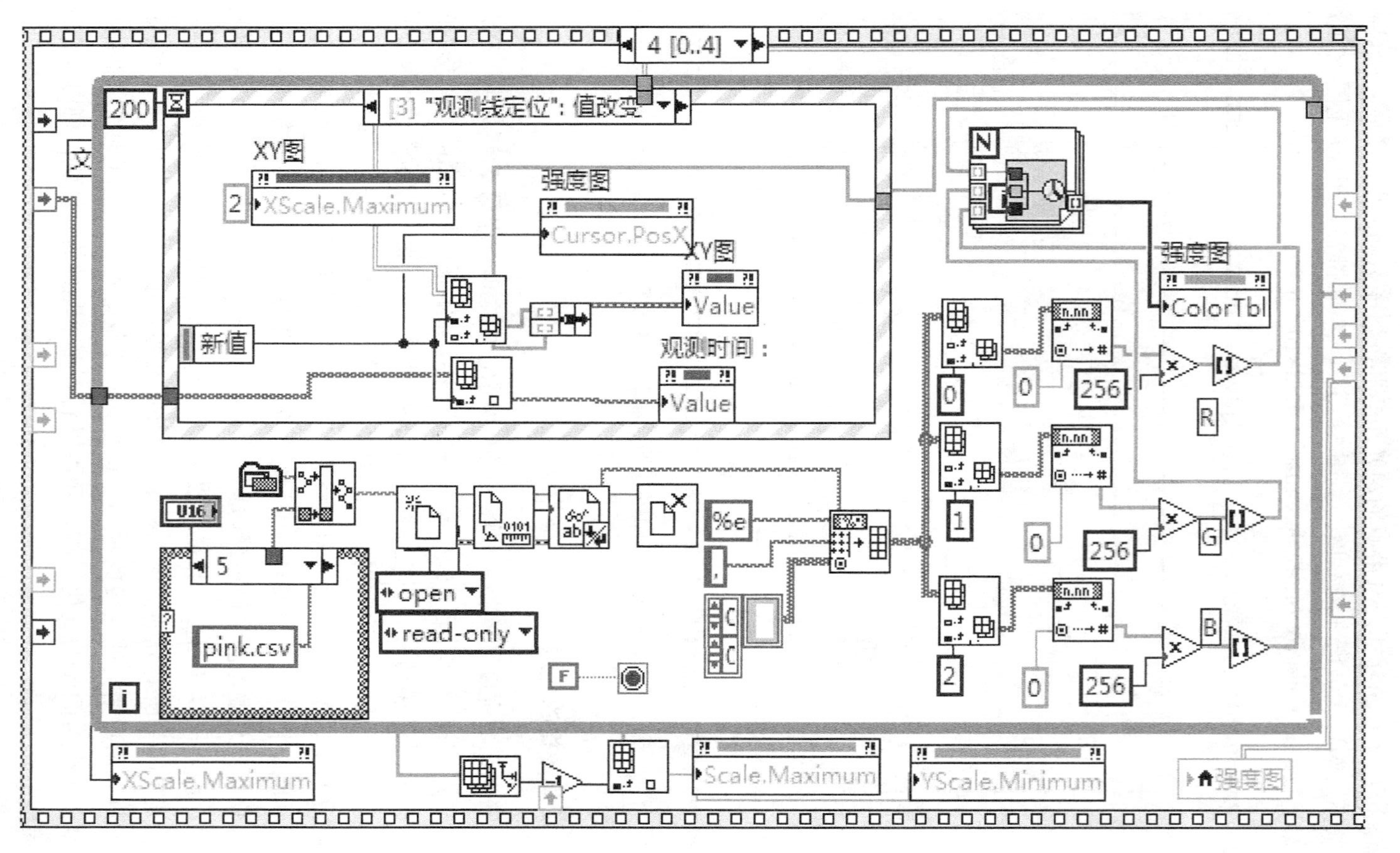

图 16.35　反演消光系数强度图的显示

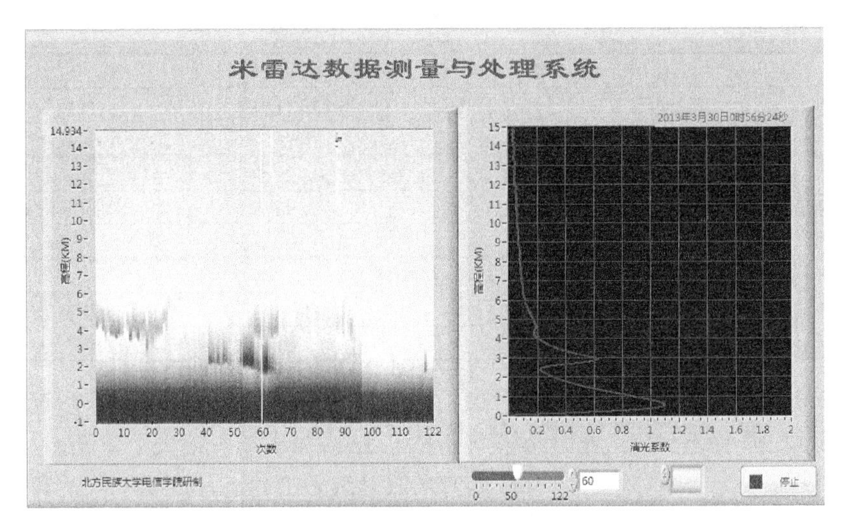

图 16.36　事后数据反演激光雷达回波消光系数操作面板

16.6　系统样机及操作面板

16.6.1　米散射激光雷达系统实验样机

本项目研制的米散射激光雷达系统样机实物如图 16.37 所示。表 16.3 为小型米散射激光雷达系统参数。目前，该系统进行了外场观测实验，观测结果表明仪器运行正常。

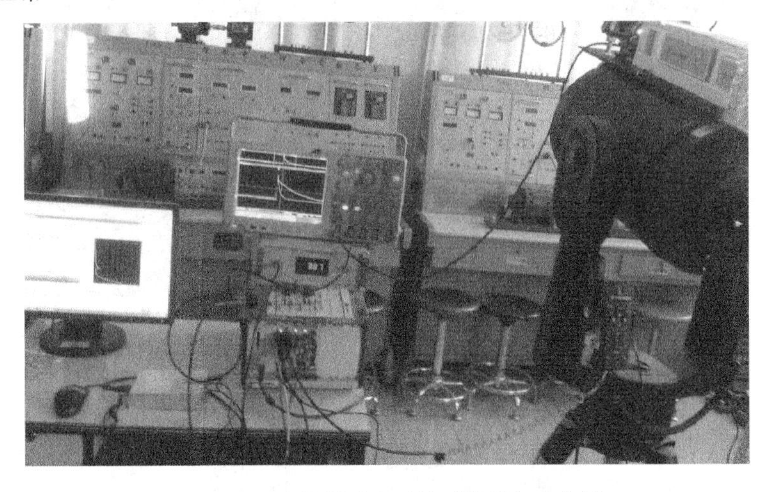

图 16.37　米散射激光雷达系统样机实物图

表 16.3 小型米散射激光雷达系统参数

发射系统：Dawa-300 激光器				
波长	脉冲能量	脉冲宽度	脉冲重复频率	发散角
532nm	300mJ	6ns	10Hz	1mrad
接收系统：LX200-ACF-16"望远镜				
俯仰角	方位角	口径	视场	滤波器带宽
0～90°	0～360°	400mm	0.2～0.8mrad	1nm
总体系统：米散射激光雷达				
采样率	精度	距离分辨率	测量范围	探测器
50MHz	12 位 A/D	3m	200～15000m	PMT（滨松电子）

在该系统样机中，激光器紧固在望远镜上，随望远镜的三维扫描系统一起转动。三维扫描系统及激光器电源箱通过 RS-232 线与现场工控机串口连接。

本研究中，实验样机可以有效地对米散射激光雷达进行控制，包括利用控制界面对激光雷达三维扫描系统的方位角度和俯仰角度进行调整，对激光器电源开关、脉冲能量、脉冲频率等参数进行设定，启动激光雷达工作，以及通过触发数据采集卡对回波信号进行连续采集、反演和显示等。图 16.38 所示为米散射激光雷达数据采集与处理系统界面。

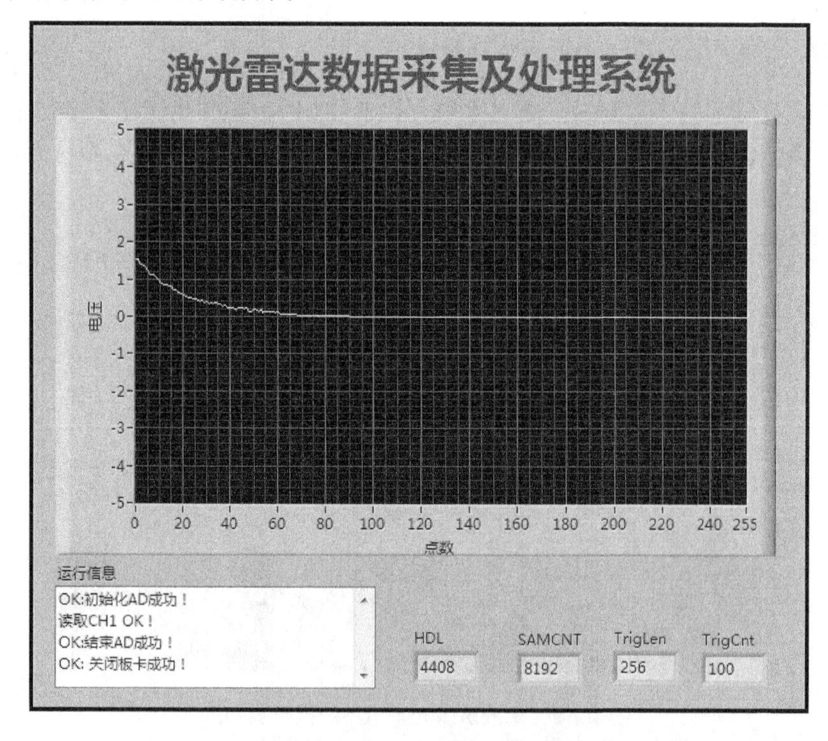

图 16.38 米散射激光雷达数据采集与处理系统界面

在本次测量该界面的波形图中，纵坐标表示电压值，横坐标表示激光雷达对波形的采集点数，其对应探测高度，一个点对应 30m，因此，总探测距离可达 256×30=7680m。设计步骤为：首先，运行程序，图中左下角会展现数据采集的运行信息，包括数据采集卡初始化 AD 转换成功，CH1 通道触发成功，然后结束 AD 转换并关闭板卡；在数据采集完之后，紧接着对数据进行分析转换，雷达接收的回波信号由光信号转化为电信号在波形图上显示出来。图中右下角 SAMCNT 表示数据采集卡采集的回波信号数据的总个数，TrigLen 表示对每一个回波信号采集的点数，在对回波信号采集的过程中并不是采集整个波形，而是在波形上取一定数量的点来代替整个波形。TrigCnt 表示对回波信号采集的波形重复数量，在运算过程中需要对波形总个数求和平均，减小误差。

由图中电压曲线可知，对回波信号采集的距离在 0～40km 之间时，距离越近，电压信号越强，这是由于近场回波信号离地面较近，回波信号强度较大，随着探测距离的增加，回波信号迅速衰减。数据采集对回波信号的采集是由近到远，在波形上逐个取点。图中电压值越高，表明大气中气溶胶颗粒浓度越高，随着对回波信号采集点数逐渐增加，电压值随之逐渐降低，这表明，随着探测高度的增加，回波信号逐渐减弱，同时表明大气中气溶胶浓度逐渐降低。将激光雷达接收的回波信号转化为电压信号，是为了在后续的数据处理中利用 Klett 法实现气溶胶的消光系数的反演。

16.6.2 米散射激光雷达探测实验结果分析

数据采集完成之后，基于 LabVIEW 软件，可以利用 Klett 法实现气溶胶的消光系数的反演，并绘制反映气溶胶消光系数的时空变化特性 THI 图。图 16.39 所示为米散射激光雷达于 2013 年 3 月 29 日 20:00 至次日凌晨 6:00 连续观测的银川上空气溶胶消光系数演化趋势反演显示结果的一个样例。

图中左侧为激光雷达信号回波的事后 THI 图，能够对气溶胶消光系数的时空演化进行很形象的展示，纵坐标为探测高度，横坐标为时间。通过点击 THI 图或右侧下面的滑动块可以定位某一时刻的消光系数廓线，从而了解不同时刻和不同高度的气溶胶浓度分布，色码表颜色的深浅表示大气中气溶胶浓度的高低。例如，点击 THI 图中的感兴趣区域，便在右图中显示出该时刻的消光系数廓线。从右图可以看出，该时刻为 2013 年 3 月 29 日 22:00，在高度从 0.5～3km 之间，气溶胶浓度逐渐减小；但在高度 5～6km，可以清楚地观测到一个云层，其厚度接近 1km；当高度在 7km 以上时，消光系数值已经很小，THI 图中的颜色逐渐变浅，这表明在 7km 以上，大气已经非常干净，气溶胶颗粒非常稀少。

因此，通过消光系数计算界面，可以清楚地了解整个测量过程中气溶胶浓度演化趋势，并可以很明显地看出一个时刻不同高度大气所含气溶胶颗粒的浓度大小。

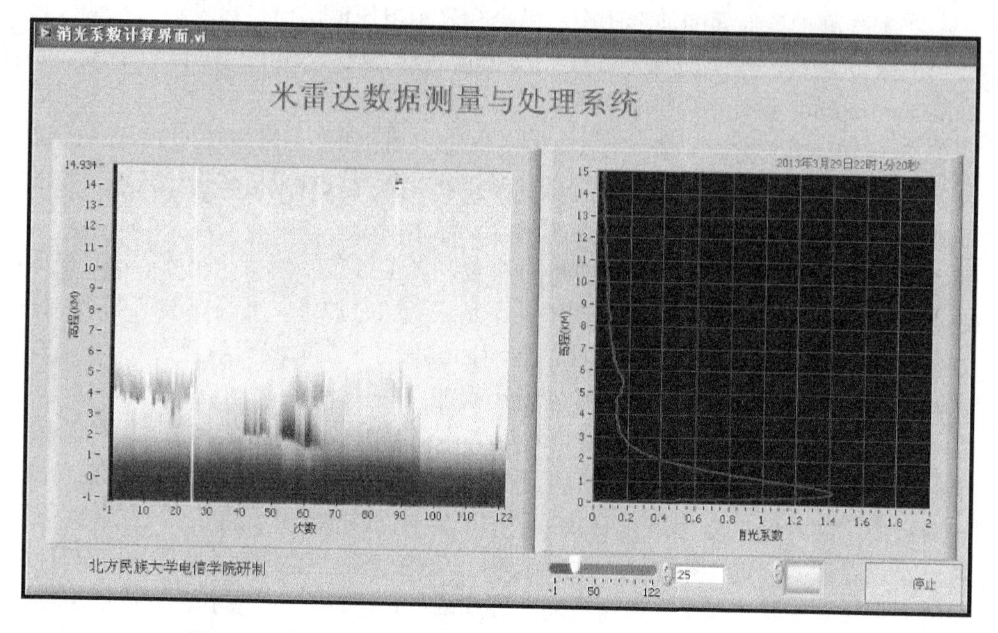

图 16.39　气溶胶消光系数演化趋势反演显示结果的一个样例

参 考 文 献

[1] 盛洪江, 冯翼. 传感器的在线静态标定研究[J]. 电子设计工程, 2012, 20(12): 153-155.

[2] 孙秋野, 吴成东, 黄博南. LabVIEW 虚拟仪器程序设计及应用[M]. 北京: 人民邮电出版社, 2015.

[3] 盛洪江, 孔德超. 基于 LabVIEW LabSQL 的小型超市收银机的设计[J]. 电脑知识与技术, 2016, 12(14): 219-220.

[4] 王建新, 隋美丽. LabWindows/CVI 虚拟仪器测试技术及工程应用[M]. 北京: 化学工业出版社, 2011.

[5] 孔德超, 盛洪江. 基于虚拟仪器直流电感测试系统的硬件设计[J]. 教育科学博览, 2015, 265(10): 68-69, 86.

[6] 孔德超, 盛洪江. 基于 LabVIEW 的直流电感数据采集系统的程序设计[J]. 信息技术与信息化, 2015, 190(10): 172-173.

[7] 盛洪江, 毛建东, 李学生, 等. 基于 Levenberg-Marquardt 算法的直流电感器电感参量估计研究[J]. 电力自动化设备, 2016, 36(5): 171-175.

[8] 盛洪江. 一种基于虚拟仪器的直流电感测试系统及方法: 201410653208[P]. 2017-05-24.

[9] WINZER P J, LEEB W R. Fiber coupling efficiency for random light and its applications to lidar[J]. Optics Letters, 1998, 23(13): 986-988.

[10] 向劲松. 采用光纤耦合及光放大接收的星地光通信系统及关键技术[D]. 成都: 电子科技大学, 2007.

[11] SHENG H J, MAO J D, LI X S. Analysis of influence of beam expender parameters on coupling efficiency of single mode fiber used in lidar[C]. Key Engineering Materials, 2013, 552: 339-344.

[12] SHENG H J, MAO J D, ZHOU C Y, et al. Analysis of influence factors for coupling efficiency of single mode fiber[C]. 6th SPIE International Symposium on Advanced Optical Manufacturing and Testing Technologies, Optical Test and Measurement Technology and Equipment, 2012, 8417: 84173P1-84173P8.

[13] 蒙志军, 盛洪江. 单模光纤耦合控制器的 LabVIEW 程序设计[J]. 电子设计工程, 2014, 22(8): 18-20.

[14] COLLIS R T H. Lidar: a new atmosphere probe[J]. Quarterly Journal of the Royal Meteorological Society, 1966, 92: 220-230.

[15] JAMES D K. Stable analytical inversion solution for processing lidar returns[J]. Applied Optics, 1981, 20(2): 211-220.

[16] FERNALD F G, HERMAN B M, REAGAN J A. Determination of aerosol height distributions by lidar[J]. Journal of Applied Meteorology, 1972, 11: 482-489.